制造业先进技术系列

抛丸机现代制造技术与应用
——原理、加工、安装与维护

王守仁　王瑞国　张　肖　张朝阳　李计良

刘旭东　王高琦　袁存波　刘　岳　徐志鹏　**编著**

邹文文　代德民　张加温　李福庆　王　伟

机械工业出版社

本书是一本全面、系统地介绍抛丸机现代制造技术的书籍。作者从抛丸机清理强化工艺要求、抛丸机部件构成、种类与结构设计、加工制造技术、控制系统、安装与维护、典型抛丸机清理解决方案、抛丸机结构与工艺数据管理平台等方面，分 9 章深入阐述了抛丸机技术的最新发展动态和实际应用案例。通过阅读本书，读者可以全面了解抛丸机技术的理论知识和实践经验。

本书可为从事抛丸机制造、研发、使用和维护等方面工作的工程技术人员提供有力的参考和支持，也可供高等院校机械制造专业师生参考。

图书在版编目（CIP）数据

抛丸机现代制造技术与应用：原理、加工、安装与

维护 / 王守仁等编著. -- 北京：机械工业出版社，

2025.7. -- (制造业先进技术系列). -- ISBN 978-7

-111-78453-1

Ⅰ. TG234

中国国家版本馆CIP数据核字第2025AM2785号

机械工业出版社（北京市百万庄大街22号　邮政编码100037）

策划编辑：孔　劲　　　　　责任编辑：孔　劲　田　畅
责任校对：樊钟英　李小宝　　封面设计：马精明
责任印制：张　博

北京新华印刷有限公司印刷

2025年7月第1版第1次印刷

184mm × 260mm · 18印张 · 441千字

标准书号：ISBN 978-7-111-78453-1

定价：79.00元

电话服务　　　　　　　　　　网络服务

客服电话：010-88361066　　机 工 官 网：www.cmpbook.com

　　　　　010-88379833　　机 工 官 博：weibo.com/cmp1952

　　　　　010-68326294　　金 书 网：www.golden-book.com

封底无防伪标均为盗版　　机工教育服务网：www.cmpedu.com

序 一

在制造业蓬勃发展的今天，技术创新与产业升级已成为推动行业前行的双轮驱动。作为制造业的重要一环，表面处理技术不仅是提升产品品质的关键，更是延长产品寿命、增强产品性能稳定性和安全性的重要保障。抛丸机作为表面处理装备中的佼佼者，其应用范围之广、作用之显著，早已成为众多行业不可或缺的利器。

《抛丸机现代制造技术与应用——原理、加工、安装与维护》一书为业界带来了全新的视角和丰富的知识，它不仅仅是一部技术专著，更是一部集理论与实践、历史与未来、传统与创新于一体的综合性著作。它从抛丸机的基本原理出发，层层递进，深入剖析了抛丸机的结构设计、制造工艺、控制系统等核心环节，为读者构建了一个完整而系统的知识体系。

该书在注重理论深度的同时，不忘结合大量实际案例，使抽象的技术理论得以生动展现，让读者既能理解理论知识，也能感受技术的力量与魅力。这种理论与实践相结合的编写方式，无疑为该书的实用性和指导性增色不少。

此外，该书还紧跟时代步伐，详细介绍了抛丸机技术的最新发展动态，包括新型材料的应用、制造工艺的创新、智能化控制系统的研发等前沿内容，充分展示了抛丸机技术的蓬勃生机和无限潜力。这不仅为读者提供了宝贵的信息资源，也为行业的未来发展指明了方向。

作为该书的作序者，我十分荣幸能够见证这一部具有里程碑意义的著作的诞生。我相信，该书的出版将为广大从事抛丸机制造、研发、使用和维护的工程技术人员提供有力的技术支持和参考依据，也必将为我国制造业的转型升级和高质量发展贡献重要的力量。

在此，我要向该书的作者团队表示衷心的感谢和崇高的敬意。他们以严谨的态度、扎实的功底和不懈的努力，为我们呈现了一部既有理论深度又具有实用价值的佳作。同时，我也要感谢所有为该书提供技术支持和帮助的单位与个人，是你们的鼎力相助，才使该书得以顺利出版。

最后，我衷心希望《抛丸机现代制造技术与应用——原理、加工、安装与维护》一书能够得到广大读者的喜爱与认可，并在推动抛丸机技术创新与发展的道路上发挥积极的作用。同时，我也期待更多的专家学者能够加入这一领域的研究中来，共同为制造业的转型升级贡献智慧和力量。

中国机械工业联合会副会长、中国铸造协会会长

序　二

在当今这个瞬息万变的时代，工业技术的迅猛发展不仅彻底改变了我们的生产模式，更深刻塑造了全球经济版图。制造业作为国家经济的基石，其技术革新与产业升级对国家竞争力的提升至关重要。表面处理技术作为制造业的关键环节，对产品最终品质和市场竞争力具有决定性影响。抛丸机作为该领域的一颗璀璨明珠，凭借其独特的处理工艺和广泛的应用领域，成为众多行业不可或缺的重要装备。

《抛丸机现代制造技术与应用——原理、加工、安装与维护》一书为我们全面、系统地揭示了抛丸机技术的最新发展与应用实践。书中不仅深入剖析了抛丸机的基本原理与设计思路，还系统介绍了其结构特点、制造工艺、控制系统、安装与维护等方面的内容，为读者构建了一个完整的知识体系。更难能可贵的是，书中融入了最新的技术成果与发展动态，通过大量实际案例，将理论与实践紧密结合，使书中的知识更加生动、具体，具有极强的实用性和参考价值。

书籍的创作与出版是一项浩瀚而艰辛的工程，它凝聚了作者们的汗水与智慧，更离不开众多专家学者的鼎力支持与无私奉献。该书的作者团队汇聚了业内的精英，他们凭借深厚的理论基础和丰富的实践经验，为我们奉献了这样一部高质量的学术著作。在此，向那些为该书提供技术支持与资料帮助的企事业单位表示衷心的感谢，正是有了他们的慷慨相助，才使得该书的内容更加详实、准确。

该书的出版必将对推动我国抛丸机技术的创新与发展产生积极而深远的影响，它不仅是从事抛丸机制造、研发、使用和维护的工程技术人员的必备参考书，也将成为高校相关专业师生的重要教学资料。我们衷心希望广大读者能够珍惜这一宝贵的学习机会，认真研读该书内容，汲取其中的知识精华，不断提升自己的专业素养与实践能力。同时，期待更多的专家学者能够投身到抛丸机技术的研究与探索中来，共同推动我国抛丸机技术迈向新的高度，为我国制造业的繁荣与发展贡献更多的力量。

最后，我要向该书的作者团队及所有为该书辛勤付出的人们表示最诚挚的感谢与敬意。愿《抛丸机现代制造技术与应用——原理、加工、安装与维护》一书能够成为连接理论与实践的桥梁，为抛丸机技术的创新与发展铺就一条更加宽广的道路。

中国机械工业联合会党委书记、会长

前　言

随着现代工业技术的快速发展，制造业作为国民经济的支柱产业，其技术创新和产业升级显得尤为重要。在制造业中，表面处理技术占据了举足轻重的地位，它不仅关乎产品的外观质量，更直接关系到产品的使用寿命、性能稳定性和安全性。抛丸机作为一种重要的表面处理技术设备，广泛应用于工程机械、海洋船舶、石油化工、风电、轨道交通、钢铁、铸造、汽车、桥梁、建筑等各个行业。

《抛丸机现代制造技术与应用——原理、加工、安装与维护》一书旨在全面、系统地介绍抛丸机的现代制造技术，包括其设计原理、结构特点、制造工艺、控制系统、安装与维护等。作者在编写过程中不仅注重理论知识的深度与广度，还结合了大量的实际案例和实践经验，力求为读者提供一本既有理论深度又具有实用价值的参考书籍。

本书有以下特点：

系统性：从抛丸机的基本原理出发，介绍了抛丸机的结构设计、制造工艺、控制系统等多个方面，形成了完整的知识体系。

前沿性：详细介绍了抛丸机技术的最新发展动态，包括新型材料的应用、制造工艺的创新、智能化控制系统的研发等，反映了当前抛丸机技术的先进水平。

实用性：结合大量实际案例，分析了抛丸机在不同行业、不同应用场景下的具体应用，为读者提供了宝贵的实践经验。

通俗性：语言通俗易懂，图文并茂，适合不同层次的读者阅读和理解。

本书的作者团队汇聚了业内众多专家与学者，他们不仅拥有深厚的理论知识，更积累了丰富的实践经验。负责本书各章编写的主要人员有：第1章王守仁、王高琦；第2章王高琦、王瑞国、张朝阳，第3章袁存波、张肖，第4章袁存波、张朝阳，第5章徐志鹏，第6章刘旭东，第7章刘岳、李计良，第8章张朝阳，第9章李计良。参与本书编写的还有山东开泰抛丸机械股份有限公司邹文文、代德民、张加温、李福庆、王伟。全书由王守仁总策划和统稿。

在编著过程中，我们得到了来自济南大学、山东大学、山东理工大学、山东交通学院的众多教授专家的热情帮助，他们给本书提出了许多宝贵的建议。此外，山东开泰抛丸机械股份有限公司、山东开泰智能抛喷丸技术研究院有限公司、山东罗泰通风装备有限公司、山东开泰耐磨件精铸有限公司、开泰易修技术服务有限公司为本书提供了翔实的技术资料及帮助。

本书适合从事抛丸机制造、研发、使用和维护的工程技术人员阅读，也可作为高校相关专业师生的教学参考书。希望本书能为推动抛丸机技术的创新与发展，为我国制造业的转型升级贡献一份力量。

由于作者水平有限，书中难免存在不足之处，敬请广大读者批评指正。

作　者

目 录

第1章

概述

1.1 抛丸机的发展历史与发展现状

抛丸机是一种利用高速旋转的抛丸轮（叶轮）将抛丸物料投射到工件表面进行清理、强化或涂覆的设备。它在多个行业中被广泛应用，包括汽车、航空、船舶、铁路和钢铁等。

1.1.1 抛丸机的发展历史

抛丸技术最早可以追溯到19世纪末。当时，人们开始意识到用高速抛射颗粒物料对金属表面进行清理和处理具有一定潜力。最初使用简单的手动装置，如木制抛丸机。随着时间的推移，机械化的抛丸设备逐渐出现，如蒸汽驱动的抛丸机和压缩空气驱动的抛丸机。

抛丸机的鼻祖是美国的蒂尔曼（B. C. Tilghman），他于1870年获得了喷砂清理机器的第一个英国专利（见图1-1）。在后续的发明专利中，他提出了离心击打式抛射装置和离心抛射磨料装置的概念，可以将这样的装置看作是现代离心抛丸单元和离心叶片的雏形。

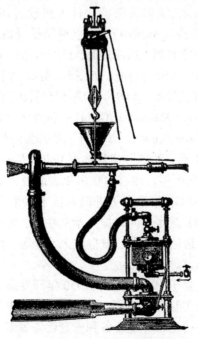

图1-1　1870年发明的喷砂清理机器

1872 年，英国和美国的相关专利分别提出了使用极小的急冷铸铁颗粒及细线切割短颗粒来提高喷射效率。

1877 年，马修森（J. E. Mathewson）发明了刻蚀玻璃、石材、木头、金属及其他硬材料的设备。

1887 年，尼科尔森（Thomas E. Nicholson）开始在英国生产铸铁丸。

1927 年，赫伯特（Herbert）发明了第一台喷丸机，并首次将其应用于汽车工业。

1930 年，美国铸造设备公司的派克（L. D. Peik）发明了履带式抛丸设备。

1935 年，美国维尔贝莱特（Wheelabrator）公司发明了叶片式抛丸机，为表面处理提供了更高效和可靠的解决方案。20 世纪上半叶，随着工业化进程的加快，抛丸机得到了进一步发展。在这一时期，电动抛丸机和自动抛丸机开始出现，并逐渐替代了传统的手动和机械化装置。

1952 年，维尔贝莱特公司开始生产并使用铸钢丸进行抛丸清理，对于抛喷丸技术的发展起到了重要的作用。这些新技术的引入提高了生产率，减少了人力投入，并为工件表面处理提供了更高的质量和一致性。随着科学技术的快速发展，抛丸机在 20 世纪后半叶迎来了显著的现代化和自动化改进。这一时期合金材料被用于制造更耐磨的抛丸轮，抛丸轮的转速也在不断提高，并且控制系统也在不断改进，电子设备的广泛应用使抛丸机能够实现更精确的参数调节和自动化操作。

1.1.2 国外抛丸机的发展现状

抛丸机在技术上有着不断地创新和发展，国外许多知名抛丸机生产公司都在致力于提升抛丸机的性能、效率、便捷性和智能化。

国外生产抛丸机的企业大约有 400 余家，其中高水平抛丸设备公司集中在欧美国家。知名企业有美国潘邦（Pangborn）、维尔贝莱特、丹麦迪砂（Disa）、德国罗斯勒（Rosler）、日本新东（SINTO）、荷兰爱博特（Airblast）、芬兰博斯曼（Blastman）等公司。

潘邦集团是美国一家世界知名的抛丸机制造商，已经有超过 100 年的历史，其抛丸机产品广泛应用于航空航天、汽车、船舶、钢铁等行业，如图 1-2 所示。潘邦公司于 1904 年由托马斯·潘邦创立，主要生产抛丸清理、强化设备。2009 年，潘邦公司收购了潘邦欧洲（Pangborn Europe）、沃格尔斯曼（Vogel & Schemmann Maschinen GmbH）和博格（Berger Strahltechnik GmbH）公司，并组建了潘邦集团（Pangborn Group）。2013 年，潘邦集团收购了抛丸工程技术（Shotblast Engineering Services）公司（SES），2015 年世代共擎 United Generations 公司收购潘邦集团。

维尔贝莱特公司成立于 1908 年，拥有 100 多年表面处理解决方案的经验，包括抛丸和喷砂技术，如图 1-3 所示。自 1932 年最早引进抛丸技术以来，一直致力于创新和发明，带来新的解决方案和技术，以降低成本，同时提高抛丸性能、效率和环境责任。维尔贝莱特公司拥有 15000 多家客户，包括铸造、汽车、航空航天、能源、船舶、铁路、建筑和其他行业的领先公司，遍布近 100 个国家。

日本新东工业株式会社成立于 1934 年，于 1950 年开发出了日本首台抛丸机和直流旋风除尘器，并持续推动铸造及相关行业的发展。目前在世界 12 个国家和地区设立 26 处子公司，其产品已涉及表面处理、铸造、环境设备和成套设备等多个领域。针对不同清理工件研发了 SNB、CND 等十几个系列的表面清理设备，技术水平达到世界先进。

图1-2　潘邦集团生产的抛丸设备

图1-3　维尔贝莱特公司生产的抛丸机

丹麦迪砂公司主要生产砂处理、抛丸清理及造型三大系列几十个品种的表面处理设备，机械手式抛丸系统最早是由迪砂公司生产的，其四十多年的经验为工件表面清理提供了高效、经济、完善的解决方案。

博斯曼公司是芬兰大型工程公司之一，开发了全球智能化程度最高的抛喷丸机器人。早在20世纪80年代，该公司就开发了全球第一台操控型喷丸机械装置。1982年，第一台该型装置在坦佩拉（Tampella）公司的车间里诞生并投入使用。1985年，第一个支持示教、具备自动化功能的机器人控制系统成功交付给芬兰维美德（Valmet）公司。此后不久，公司很快实现了该型设备的业务出口，并于1986年向瑞典的都铎（Tudor）公司交付了第一台操控型机器人，如图1-4所示。2016年博斯曼公司被山东开泰集团有限公司收购。

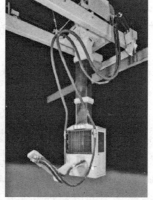

图1-4　博斯曼公司的抛喷丸机器人

1.1.3 国内抛丸机的发展现状

国内抛丸机的发展起步较晚，20世纪50年代抛丸机才开始生产使用。从2003年开始，因装备制造业的发展，我国抛丸机需求迅速增长。2010年，我国抛丸机消费占世界金属加工抛丸机生产总额的20%，成为全球最大的抛丸机需求国。国内企业生产的抛丸设备，约80%以上是滚筒式、履带式、转台式、吊链式、吊钩式和辊道通过式，如图1-5所示。

a) 滚筒式抛丸机　　　　　b) 履带式抛丸机　　　　　c) 转台式抛丸机

d) 吊链式抛丸机　　　　　e) 吊钩式抛丸机　　　　　f) 辊道通过式抛丸机

图1-5　国内抛丸机常见类型

20世纪80年代以前抛丸设备划归铸造机械行业管理，成立于1956年的济南铸造锻压机械研究所是铸造机械和抛丸技术与装备的行业研究所，也是国内成立最早的行业研究所，研制的多种抛丸设备填补了国内空白。成立于1949年的青岛铸造机械厂是国内最早生产抛丸设备的专业厂家，也是国内抛丸设备规格最为齐全的生产厂家，拥有山东省和青岛市技术中心。20世纪80年代以后，随着改革开放的深入，抛丸装备技术发展迅猛，很多抛丸设备被开发和研制出来，替代了国外进口。1987—1990年青岛铸造机械厂通过许可证贸易，引进并消化吸收了美国潘邦公司GN系列履带式抛丸机，将我国的抛丸技术与装备水平提高了一大步。

20世纪90年代末，抛丸机生产厂家越来越多，山东潍坊、江苏无锡、盐城等地成为抛丸设备生产基地，抛丸机制造企业较多但规模都不大。21世纪以来，随着我国铸件产量的迅速增长和抛丸机装备在各领域的应用，抛丸机装备生产企业也获得了快速发展，涌现出了一批创新能力强、产品水平高、规模较大的优秀企业。目前，我国抛丸机装备生产企业约有2230多家，主要以铆焊件生产为主，有大型精密加工设备的还不多，具有设备研究开发能力的更少，多数以产品生产为主，能够生产完整生产线的有3~4家。国内第一梯队抛丸机装备生产企业主要有山东开泰集团有限公司、青岛铸机机械有限公司、东莞市吉川机械设备有限公司、济南万通铸造装备工程有限公司、青岛安泰重工机械有限公司、盐城市丰特铸造机械有限公司、江苏锐达机械制造有限公司、江苏龙发铸造除锈设备有限公司等。

山东开泰集团有限公司起源于 2001 年成立的山东开泰金属磨料公司，应用先进的离心雾化生产工艺，快速进军全国市场，发展成为国内钢砂产能最大的生产企业。2005 年，公司的金属磨料被评为国内金属磨料第一品牌。2008—2009 年，开泰环保型抛丸清理机械项目启动建设，金属磨料自主生产工艺改造升级完毕，实现了完全自动化生产。经过多年努力，山东开泰集团有限公司开发出系列抛喷丸工艺与装备，提出了适合各种复杂机械构件表面抛喷丸处理的完整技术解决方案，并实现了工业化规模生产，形成了多项具有完全自主知识产权的专利技术，整体技术达国际先进水平。抛喷丸装备产品已在海洋装备、铁路、工程机械等工业领域得到广泛应用，可完全替代国外同类产品，并出口世界各地。2012—2016年，山东开泰集团全资收购荷兰爱博特（Airblast）、荷兰赛博（Sybrandy）、澳大利亚巴博（Pumpline）及世界智能喷砂机器人领跑者——芬兰博斯曼机器人有限公司（Blastman），努力打造具有国际竞争力的企业，成为金属抛喷丸处理行业的领跑者。

青岛铸造机械有限公司（前身为青岛铸造机械厂，创建于 1949 年）是我国铸造机械行业的带头兵，原国家机械部部属企业，通过 ISO9001 质量体系认证企业。公司以砂处理、清理、造型三大系列产品为主导，先后引进美国潘邦公司的抛丸技术、荷兰杰姆科（Gemco）公司的混砂技术，并且早期与日本新东公司和德国尼欧迪克（Neotechnik）公司合资合作。2015 年与斯洛文尼亚高斯泰尔特（GOSOTL TST d. d.）公司在青岛成立合资公司，先后开发研制了多个系列的抛喷丸（砂）清理设备、强化设备、除尘设备、耐磨铸件等。

济南万通铸造装备工程有限公司主营抛丸打砂机、抛丸机、钢管抛丸机等，是专业从事金属加工领域抛、喷丸工艺及设备的专业研究、设计、制造厂家。公司集近 30 年的抛、喷丸专业理论及实践经验，开发了几十个系列，近百种型号的抛丸机、喷丸机等设备，这些设备已广泛用于机械加工、交通运输、化工、冶金等各个领域。

江苏锐达机械制造有限公司是一家集各类喷砂设备，喷砂房，抛丸机生产、贸易于一体的股份公司，位于黄海之滨的江苏省盐城市。公司成立于 20 世纪 80 年代初期，设备齐全，技术力量雄厚，拥有现代化的加工制造手段及多年的加工制造经验，产品畅销全国二十多个省市和自治区。公司主要产品有钢带抛丸机、专用汽车抛丸机、台车式抛丸机、吊钩式抛丸机、铝合金抛丸机、工程机械抛丸机、吊链式抛丸机、大理石抛丸机、转台式抛丸机、抛丸机易损件、半挂车抛丸机、金属表面清理设备、8 抛头通过式抛丸机等。

抛丸机目前正处于不断创新和发展的阶段。国内外著名的抛丸机生产公司积极引入新技术、改进设计，并关注环保和智能化发展方向，努力提升抛丸机的质量、效率和可持续发展能力。这些努力将进一步推动抛丸机行业的发展，并满足不同行业对于高品质表面处理的需求。

1.1.4 抛丸机的发展趋势

当前，抛丸机已经成为许多行业必备的设备之一。虽然抛丸机的一些基本原理和设计在过去几十年中没有变化，但仍有一些新的技术和创新不断涌现。抛丸机技术逐步向自动化、智能化和节能环保方向发展。

1. 自动化和智能化

自动化和智能化是当前抛丸机发展的重点。随着"中国制造2025"和"工业4.0"的兴起，抛丸机制造商正积极探索，将新技术和智能系统应用于设备中，以提高生产率、质量和可靠性。

1）自动化控制系统。传统的手动操作逐渐被自动化控制系统取代。现代抛丸机配备了先进的传感器、计算机控制和监控系统，能够实时监测并调整抛丸参数，确保每个工件都能得到均匀一致的处理效果。通过使用可编程逻辑控制器（PLC）和人机界面（HMI），操作人员可以轻松地设置和监控抛丸工作过程。

2）智能自适应控制。自适应控制是一个更重要的发展趋势。抛丸机的工作环境和条件可能会变化，如工件形状、材料类型等。自适应控制系统可以根据不同的工件和工艺要求进行实时调整，以确保最佳的抛丸处理效果。这种自适应性控制策略可以通过使用多个传感器和反馈机制来实现，以实时监测和调整抛丸参数。通过引入传感器、算法、仿真和机器学习工具，提高了抛喷丸技术在性能和质量方面的应用，进一步实现了工艺的不断改进，提高了生产率。

3）远程监控和维护。在现代铸造等行业，抛丸机是一个必须全天候运转的关键设备。一旦抛丸机发生故障导致停机，将给企业带来重大的经济损失。通常情况下，需要设备制造商派遣工程师到现场进行故障诊断和维修，但这种方式耗时费力，且经济成本高昂。此外，抛丸机遍布全国各地甚至国外，导致国内生产厂商的售后维护成本不断上升。目前，随着抛丸机厂家信息化水平的提升，物联网、云平台等新技术逐渐应用于抛丸机领域。为了提高设备购买客户的实际效益，降低自身售后维护成本，实现设备的良好转型升级，增加竞争力，将物联网远程运维应用于抛丸机成为一个关键的解决方案。通过传感器和仪器仪表可以收集各种参数，如抛丸时间、速度、压力等，并将数据传输到云端进行分析，以诊断问题、进行远程维护和升级。这种远程访问还可以与其他生产设备和系统集成，实现全面的生产线管理和过程化控制。通过利用物联网和云平台技术，抛丸机厂商能够实时监控设备的状态并收集关键数据。一旦出现故障或异常情况，系统会迅速发出报警通知，同时提供详细的故障诊断和解决方案。制造商可以通过远程连接对设备进行维修和调整，避免了昂贵的现场服务费用和时间延误。此外，物联网技术也使抛丸机能够与其他相关设备和系统进行无缝集成，实现智能化的生产线管理和优化。

2. 节能环保

随着全球环境意识的增强，抛丸机制造商致力于开发更节能环保的设备，如开发高效过滤系统，循环利用抛丸机介质，研发环保介质替代品，智能化控制优化资源利用等。

1）开发高效过滤系统。引入更高效的过滤系统，可以有效捕捉和处理抛丸过程中产生的颗粒物和废气，有助于减少对环境的污染，确保清洁的工作环境。

2）循环利用抛丸介质。通过闭路循环系统和先进的分选技术，抛丸机将更好地收集、清洗和再利用抛丸介质，不仅节约了原材料，还减少了废物产生和处理的成本。

3）研发环保介质替代品。抛丸机制造商将积极研发新型环保介质替代品，如可生物降解的颗粒、再生材料等，有助于降低对自然资源的依赖，减少其对环境的影响。

4）智能化控制优化资源利用。利用先进的智能化控制系统，面向抛丸机可以实现更精确的操作，并优化能源利用。通过实时监测和调整，还可以提高设备的工作效率和节能效果。

抛丸机作为一种重要的表面处理设备，在其诞生的一百多年里经历了漫长的发展历程。从最初的手动装置到现代化的自动化抛丸机，技术不断演进，为多个行业提供了高效、精确和可靠的表面处理解决方案。随着科学技术的不断进步，可以预见抛丸机将持续发展，并在更多领域取得技术突破。自动化、智能化和节能环保将是未来抛丸机发展的关键方向，将为行业带来更高的价值和可持续性发展。

1.2　抛丸机的选用原则

1.2.1　选用抛丸机的一般原则

1）待处理构件特点（尺寸、重量、形状和材质等）、生产性质（生产批量大小、铸件品种多少）和使用要求是选择清理方法和设备的主要依据。

2）在干法清理和湿法清理都能满足要求的前提下，优先采用没有污水处理问题的干法清理。在干法中，首先考虑效率高、能耗低的抛丸清理。对于复杂表面和具有内腔的铸件，根据铸件大小和生产批量，可选用鼠笼式、机械手式、履带式、清理时吊钩可以摆动或移位的吊钩式等形式的抛丸机或抛喷丸机。

3）对于多品种小批量生产场合，宜选用对构件大小适应性强的或设有两种运载装置的清理设备；对于少品种大批量的生产场合，宜选用高效或专用的清理设备，如积放链式和通过式等。

4）清理方法和设备的确定，应结合上道工序的生产工艺一并考虑。清理铸件时，尽量采用型砂溃散性好、落砂容易的型砂工艺；铸件尽量在落砂后进行清理，为清理创造有利条件。当采用抛丸落砂工艺时，在批量生产场合，落砂和表面清理宜分两道工序，在两台设备上进行。对于难于用落砂机落砂的熔模铸造件及内腔复杂难以出芯的铸件，可采用抛喷丸+电液压清砂方式；对于内腔复杂、狭小、清洁度要求很高的铸件，如液压件、阀类铸件，易用抛喷丸+电化学复合清理模式。

1.2.2　各种抛丸机的特点及适用范围

1）各类清理设备的特点和适用范围见表 1-1。

表 1-1　各类清理设备的特点和适用范围

设备类型		工作原理	特点	适用范围
干法清理	普通清理滚筒	利用铸件与生铁间及铸件间的碰撞和摩擦来清理铸件	1. 结构简单，易于制造，造价低，维修量小 2. 清理效果尚可，适应性广 3. 效率低 4. 噪声大，装卸料劳动强度大	主要用于单件小批量生产的中小型铸造车间，可清理形状简单、不怕碰撞的小件和长件。多边形滚筒常用于纺织、印刷、缝纫等机械上的扁平件和长形件的清理

（续）

设备类型		工作原理	特点	适用范围
干法清理	喷砂设备	利用压缩空气将弹丸或砂等颗粒高速喷射到铸件内外表面进行清砂和表面清理	1. 结构较抛丸设备简单，铸造机维修方便 2. 喷枪指向灵活，能清理复杂表面，特别适于清理内腔 3. 功率消耗较大 4. 用于大面积清理时效率低 5. 操作喷枪劳动强度大	适合清理产量不大的各类铸件，或与抛丸设备配合使用补充清理复杂外表和内腔。喷砂则常用于小件，尤其是有色合金铸件的光整处理
	抛丸设备	利用高速旋转的抛丸器将弹丸抛向工件内外表面进行清理	1. 清理效果好，生产率高 2. 动力消耗少 3. 劳动强度低 4. 铸件运载装置形式多，适应性广 5. 弹丸抛射方向不能任意改，清理某些复杂件时效果差些，易与喷丸设备配合使用	广泛用于清理各种大小铸件，是目前国内外清理设备的主导设备
湿法清理	电液压清砂	利用电液压效应产生的液力冲击波来清除铸件内外表面的型（芯）砂	1. 清理效果好、效率高 2. 能耗低 3. 去除黏砂的效果不如电化学清砂 4. 一次性投资较大	适合清理熔模铸件及批量生产的复杂中小件
	电化学清理	把铸件放在电解槽内的熔融电解液中，分别以铸件和槽体为电极通电，经一系列化学、电化学反应后，铸件外表和内腔的残砂、黏砂、氧化皮被清除	1. 清理效果好，能把铸件内外表面，尤其是狭小深凹部位的黏砂和氧化皮清除干净 2. 有利于提高铸件表面的耐蚀性 3. 生产率较低，电耗较高 4. 设备易腐蚀	适合清理内腔复杂、狭小和表面质量要求高的熔模铸造件和液压件、阀类铸件

2）常用干法清理设备的特点及适用范围见表 1-2。

表 1-2　常用干法清理设备的特点及适用范围

工件运载装置形式	设备名称	产品型号举例	工作原理简图示例	特点简述	适用范围
滚筒式	普通滚筒式抛丸机	Q116 Q168	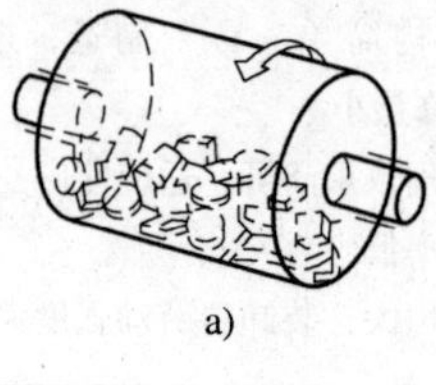 a)	间歇作业、结构简单，适应性广；效率不高、噪声大、装卸劳动强度较大	适合单件小批量生产的中小车间，可清理形状简单、不怕碰撞的小件和长件

（续）

工件运载装置形式	设备名称	产品型号举例	工作原理简图示例	特点简述	适用范围
滚筒式	水平滚筒式抛丸机	Q3110B Q3110E Q3100C Q3113B Q3113C Q3113D	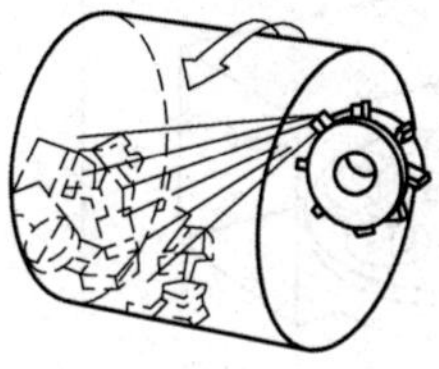 b)	间歇作业、结构紧凑、造价低、清理效果尚可；噪声较大	适合清理30kg以下的不怕碰撞的铸件，目前在国内应用较多
	倾斜滚筒式抛丸机	Q3313B	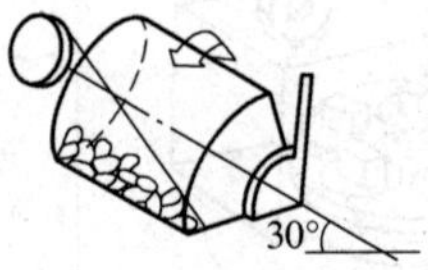 c) 30°	间歇作业，滚筒轴线与水平面成30°角，有利于工件翻滚，清理质量好，自动装卸料，每一循环自动完成，生产率较高	适合大中型铸造车间，可清理中小铸件，既可单机使用，也可组成清理自动线
	连续滚筒式抛丸机	Q6112 Q6116	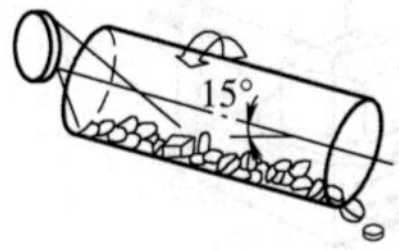 d) 15°	连续作业，滚筒轴线倾斜15°，一端进料，一端出料，生产率高，清理效果好，劳动强度低	适合大中型车间不太复杂的中小件表面清理，既可单机使用，亦可组线生产
履带式	履带式抛丸机	Q326B Q326C Q326E Q328 Q3210A Q3210D 6GN-5R，5M 15GN-6M	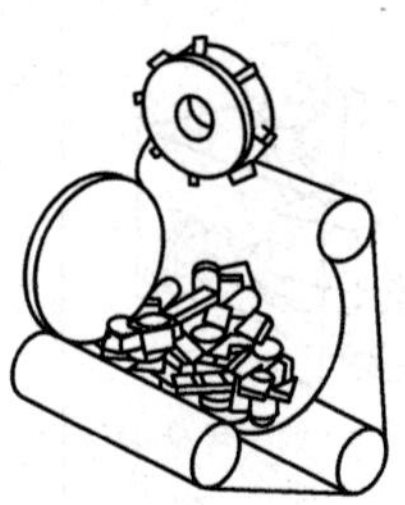 e)	间歇作业，装卸料机械化、自动化程度较高，工件翻滚平稳，清理效果好，噪声小；设备密封性稍差	适合单件或大、小批量生产的中小件的清理，也适合怕磕碰的铸件。目前在国内外应用广泛
	连续式履带抛丸机	Q623	 f)	连续作业，清理效果好，生产率高，劳动强度低	适合中、大批量生产的中小件清理

（续）

工件运载装置形式	设备名称	产品型号举例	工作原理简图示例	特点简述	适用范围
转台式	转台式喷丸机	Q2512	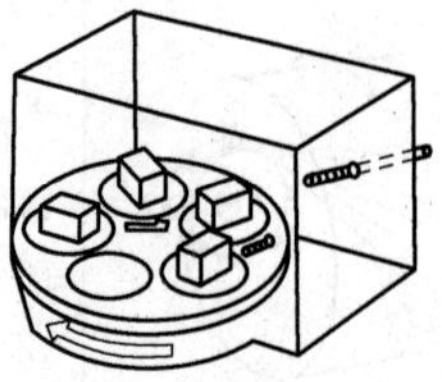 g)	生产率不高，铸件支撑面须翻转后才能清理	适于清理薄壁或易破裂变形的中小件和扁平类中大铸件
	转台式抛丸机	Q3512 Q3516B Q3518 Q3525B（D）	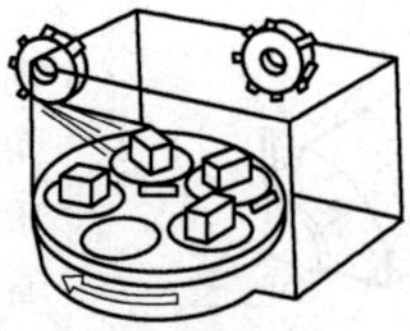 h)		
台车式	台车式喷丸机	Q265	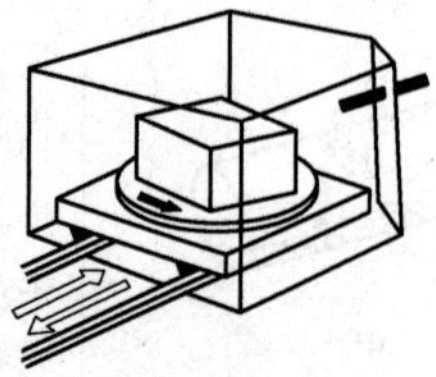 i)	台车既能沿轨道进出抛丸室，清理时又能做平稳旋转运动，铸件支撑面须翻转后才能清理	适合清理中大型和重型件；也可采用抛喷丸结合作为具有落砂、表面清理等多功能的设备
	台车式抛丸机	Q365C（D） Q3610（H） Q3620H Q3630	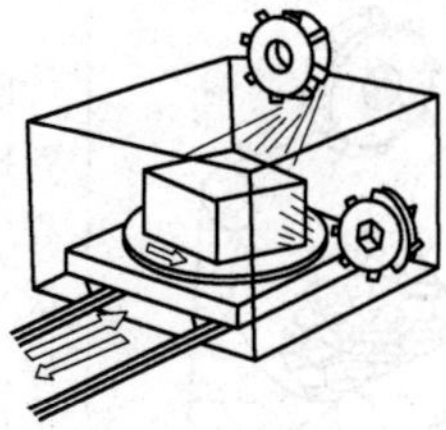 j)		
吊钩式	吊钩式抛丸机	Q378（D） Q378E（A） Q3730 Q3750 Q37100	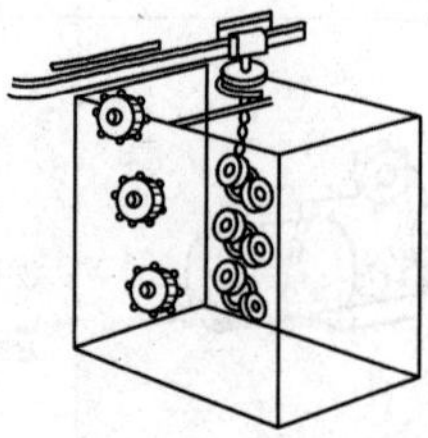 k)	可设 1~3 个吊钩，一个吊钩在室内清理，其余吊钩在室外装卸	适合多品种、小批量生产

（续）

工件运载装置形式	设备名称	产品型号举例	工作原理简图示例	特点简述	适用范围
吊链式	吊链连续式抛丸机	Q383C（D） Q384B（C，D） Q385 QZJ042A Q68 系列	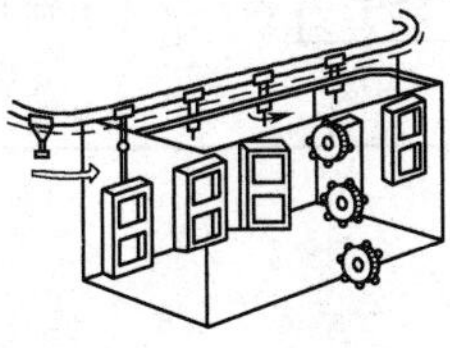 l）	吊链匀速前进，连续作业，生产率高，适应性广，吊链布置灵活，易于与上下工序组成流水作业；需要每钩清理，时间不可调节	适合中、大批量中等铸件的清理
	吊链步进式抛丸机	Q483 Q485 Q423 Q425		吊链脉动前进，一步1钩或多钩，铸件在室内定位抛射，时间可调	适合各种批量的中等铸件清理，适合多品种和复杂件清理
	积放链式抛丸机	Q582 Q583A Q584A（B，C） Q588	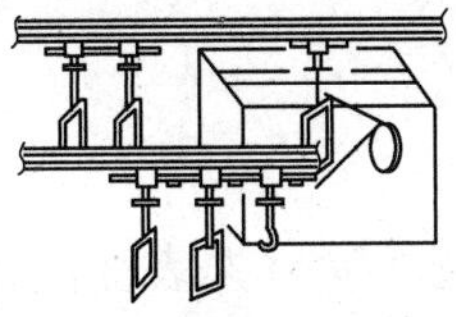 m）	吊钩采用积放链输送，吊钩在抛射区内停留时间和吊钩的间距可调，操作灵活性大	适合大、小批量不同复杂程度的中等铸件的清理
吊钩（链）转盘式	吊钩转盘式抛丸机	Q3405 Q341	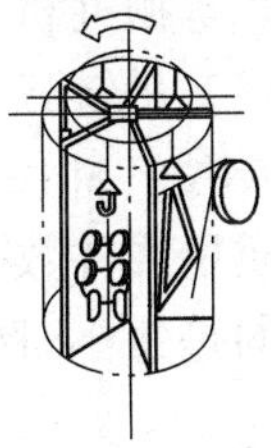 n）	由吊钩（或吊链）和转盘结合组成工件运载机构，结构紧凑，占地面积小，造价低，可以连续作业	适合多品种，中、小批量生产场合中小件的清理，尤其适合怕碰撞件和长形件的清理
辊道通过式	辊道通过式抛丸机	Q69 系列	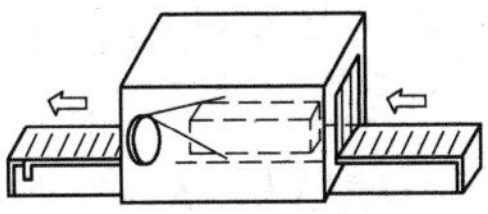 o）	工件在辊道上可以接受来自顶部和两侧的抛射，受抛面积大，可以清理长度大于室体的工件	适合中、小批量长形件和扁平件的清理，目前较多地用于型钢的除锈处理
鼠笼式	鼠笼式抛丸机	QL2D ZJ023 QSZ 系列 QS212A	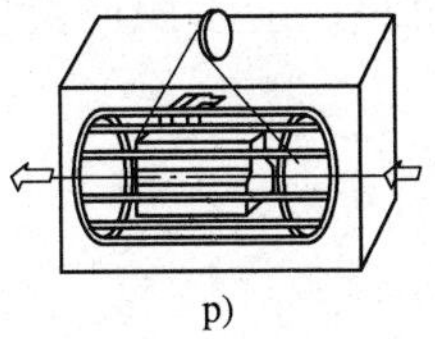 p）	铸件在鼠笼状工具内清理，清理过程按要求自动进行，清理质量好，生产率高	适合批量生产的复杂件（如缸体、缸盖、齿轮箱）的清理

11

（续）

工件运载装置形式	设备名称	产品型号举例	工作原理简图示例	特点简述	适用范围
机械手式	机械手式抛丸机	QJ30 DV 系列 DS 系列	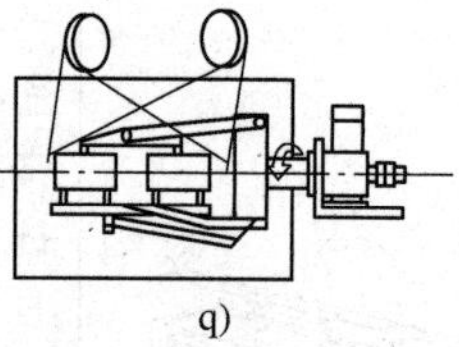 q)	工件在机械手夹持下可以实现各种运动，生产率高，清理质量好，自动化程度高	既适合大批量，也可用于小批多品种中件的清理，尤其适合缸体等复杂件的清理

1.2.3 抛丸机的选择计算原则

在确定设备类型后进行有关计算。

1）对于中、小型单台清理设备，一般初定规格，计算需要的设备数量：

$$N = \frac{Q(1+K_1)K}{qT} \tag{1-1}$$

式中 N——计算所需的设备数量（台）；

Q——全年合格铸件数量（t 或件）；

K_1——铸件废品率（%）；

K——生产不平衡因数。当一次抛（喷）丸表面清理时，中小型件取 1.1~1.2，大、重型件取 1.2~1.3；

q——设备生产率，对滚筒式、履带式等抛丸机，设备生产率指的是每小时生产的铸件质量（单位：t/h），对吊钩式、吊链式抛丸机，设备生产率指的是每小时生产的铸件件数或所用的钩数（单位：件/h 或钩/h），对台车式抛丸机，设备生产率指的是每小时生产的铸件质量或件数（单位：t/h 或件/h），对鼠笼式、机械手式抛丸机，设备生产率指的是每小时生产的铸件件数（单位：件/h）；

T——设备年时基数（h）。

若计算所需的设备数量过多或过少，则相应增大或减小初定规格。变换式（1-1），也可以初定设备数量，计算设备生产率。

2）对于大型设备或清理生产线，一般一个车间设置 1 套，则计算该设备生产率，以确定规格

$$q = \frac{Q(1+K_1)K}{T} \tag{1-2}$$

清理设备的名义生产率一般接近实际生产率，因此，对单件小批量生产可按名义生产率取值；对于批量生产，尤其是少品种大批量，应参照同类设备清理类似铸件的实际能力来确定生产率。

1.3 抛丸机的应用

随着技术的不断进步，抛丸机的应用领域也在不断扩大。除了传统的金属表面清理和强

化外，抛丸机还被应用于混凝土表面修复、桥梁防腐、航空航天零部件成形加工等领域。

1.3.1 金属表面的清理

1. 各种铸件的表面清理

抛喷丸设备首先应用于铸钢、铸铁件的表面黏砂及氧化皮的清除。绝大部分铸钢件、灰铸铁件、可锻铸铁件、球墨铸铁件等都要进行抛喷丸处理。这不仅是为了清除铸件表面氧化皮和黏砂，还是铸件质量检查前不可缺少的准备工序，如大型汽轮机机壳在进行无损检测前必须进行严格的抛喷丸清理，以保证检测结果的可靠性。在一般铸件生产中抛喷丸清理是发现铸件表面缺陷（如皮下气孔、渣孔及黏砂、冷隔、起皮等）必不可少的工艺手段。有色金属铸件，如铝合金、铜合金等的表面清理，除清除氧化皮、发现铸件的表面缺陷外，更为广泛采用的目的是通过抛喷丸来清除压铸件的毛刺和获得具有装潢意义的表面质量，以及对结构件的强化等综合效果。

2. 各种锻件及热处理件的抛喷丸清理

多数金属工件在锻造、热处理加热过程中会出现表面氧化现象，氧化皮对零件的化学涂层除锈有严重的破坏作用，需要抛喷丸清理。对需要切削加工的零件而言，清除氧化皮是提高切削刀具的使用寿命、保持机床精度、控制锻坯尺寸以获得最佳切削状态的必要条件，对自动加工机床而言这一点显得更为重要。经最终热处理的工件进行抛喷丸处理可以获得清除氧化皮和强化工件的综合效果，如绝大多数汽车、拖拉机的齿轮都进行热处理后的抛喷丸处理。

3. 在钢铁冶金中的应用

在钢铁冶金中，抛喷丸+酸洗是保证获得高生产率而采用的机械化学联合除氧化皮的工艺方法。在硅钢片、不锈钢薄板等其他合金钢板、带的生产中，在冷轧工序中，都必须进行退火+抛喷丸+酸洗处理，以保证冷轧钢板的表面粗糙度及厚度精度。

4. 钢板、型钢及钢结构件的表面抛喷丸清理

在重型机器、矿山机械、船舶、车辆制造及各种高、中压力容器、锅炉制造过程中，为使机器获得最佳的表面质量和防锈功能，对其原材料钢板、各种工字钢、槽钢、角钢必须进行抛喷丸除锈+喷漆预处理。在这种预处理中，金属表面的氧化皮被清除的重要意义是给以后的工序特别是数控自动气/切割及各种自动焊接提供良好的表面准备，因为在金属表面有氧化皮的情况下，自动气割及自动焊接的工艺质量是得不到保证的。

在另外一些情况下，钢结构经冲压、焊接成形，在进行涂漆以前，要进行整体钢结构的表面抛喷丸除锈。这种抛喷丸机一般是大型、专用的，针对被清理的钢结构设计的，如火车整体车厢、大型集装箱的抛喷丸清理属这种类型。

以上所述均为以清除金属表面氧化皮为主要目的的抛喷丸工艺，其多采用铸铁弹丸或是中等硬度的铸钢弹丸，对弹丸的形状及粒度要求不甚严格。对铸锻件的抛喷丸清理，为获得较高的抛喷丸清理效率，一般采用较大粒度的弹丸，对钢铁冶金行业中的不锈钢板、硅钢片的抛喷丸清理，则采用较细粒度的弹丸，更高的工艺要求可选用不同粒径的丸料进行配比。

1.3.2 金属工件的强化

根据现代金属强度理论，增加金属内部的位错密度是提高金属强度的主要手段。实践证明，抛喷丸是增加金属表面位错结构的行之有效的工业方法之一。对一些不能通过相变硬化（如马氏体淬火等）或希望在实现相变硬化的基础上再进一步强化的工件而言，抛喷丸更具有十分重要的意义。航空工业、汽车、拖拉机等零部件要求轻质化，同时对可靠性的要求越来越高，其重要的工艺措施就是采用抛喷丸来提高零部件的强度，包括疲劳强度。在这方面的工艺措施主要有：

1. 弹簧抛喷丸强化

抛喷丸作为强化手段首先应用在弹簧等零部件中。这些零部件经各种热处理后仍不能满足负载对其要求，在这种情况下，通过抛喷丸强化可以得到十分显著的效果。试验证明高速发动机气门弹簧的疲劳断裂寿命经抛喷丸强化后可以由十万次提高到百万次以上；汽车的主负载板簧经抛喷丸强化后疲劳强度也能成倍提高。当今机械装备中使用的高负荷弹簧全部都采取抛喷丸强化来进一步提高疲劳强度。

2. 连杆、扭杆、齿轮等零部件的抛喷丸强化

现在采用抛喷丸强化的构件和工件越来越多。对工件结构尺寸限制严格，经热处理满足材料力学性能的汽车、拖拉机发动机连杆，在运行中仍不能保证其疲劳寿命高于发动机的整体寿命，因而发动机因连杆疲劳失效引起整机破坏的事故时有发生。连杆抛喷丸强化已经成为目前汽车、拖拉机、发动机制造业中必不可少的工艺环节。同样采用抛喷丸强化来提高齿轮的疲劳强度也是最有效、最经济的工艺方法。

抛喷丸强化也应用在航空、航天起升支架、螺旋桨等关键零部件上。

1.3.3 金属抛喷丸成形

抛喷丸技术已经远远超出了铸造行业等金属表面抛喷丸清理的范围而发展成为金属表面加工的主要工艺方法之一，与磨削、抛光等一起跻身于金属表面加工技术行列，并有磨削、抛光所不及的独到之处，是一种利用高速弹丸流撞击金属表面，通过控制表层材料的塑性变形实现工件成形的加工工艺。

1. 复杂结构件抛喷丸成形

在航空领域，该技术广泛应用于飞机壁板、机翼蒙皮等大型复杂曲面的成形，兼具成形与强化的双重作用。弹丸（钢丸、陶瓷丸等）以高速（通常 $50\sim100\mathrm{m/s}$）撞击工件表面，导致表层材料发生压缩塑性变形，而深层材料保持弹性状态。弹丸撤离后，弹性层回弹受限，形成残余压应力层，最终使工件向受喷面凸起弯曲。通过调整喷丸区域、弹丸参数（速度、角度、覆盖率），可精确控制残余应力梯度，实现定向弯曲或复杂曲率（如机翼的双曲率壁板）。例如可通过分区喷丸（如机翼壁板的弦向与展向分区）实现渐变曲率调控，替代传统模具压制，降低成本。喷丸后表面残余压应力可达 $500\sim800\mathrm{MPa}$，可显著提升铝合金（如 2024-T3）、钛合金（TC4，Ti-6Al-4V）的疲劳寿命，适用于高应力区（如紧固孔周围）。针对碳纤维复合材料（CFRP），采用低动能喷丸（如 0.1mm 玻璃丸）调整层间应力，可减少固化后的回弹变形。抛喷丸成形属于无模具成形，适合小批量、多品种航空零件，可缩短生产周期；在实现综合性能提升的同时同步改善疲劳强度（提升 30%～50%）、应力腐蚀抗力；其适应性广，可处理铝合金、钛合金、高温合金及复合材料。抛喷丸成形在航空领域的深化应用将持续推动高精度、高性能轻量化结构制造的发展。

2. 切割刀具刃具的表面强化

钻头、丝锥、成形铣刀、滚刀、绞刀等经过热处理以后进行抛丸（或喷丸）处理来提高工件疲劳强度，清除热处理氧化层，可获得装饰性抛喷表面的综合效果。以强化金属构件或工具刃具为主要目的抛喷丸所用弹丸要求较高的硬度，一般在 45~55HRC，而经马氏体淬火的刀具刃具往往采用硅砂、氧化铝等高硬度弹丸。这些弹丸的粒度也较表面清理用的细小。

3. 提高金属表面质量的抛喷丸加工

在某些情况下，如为提高工件窄细沟槽的表面质量，采用磨削因受砂轮外形尖锐度的限制，往往无能为力或者费用很高，在这种情况下，采用含有一定磨料的塑料细小弹丸来抛射工件，则可达到较低的表面粗糙度值，获得较好的表面质量。这些相当于磨料的弹丸是根据工件的技术要求和原始状态进行设计和制造的。

4. 获得一定金属表面粗糙度的抛喷丸加工

钢铁行业对一些薄板的表面有一定的特殊要求，如制造搪瓷制品的钢板、热镀铝板，为利于表层与基体金属的结合，要求金属具有一定的表面粗糙度来增加其附着力。为此，首先要制造具有一定表面粗糙度的精轧辊，这种压辊经热处理淬火硬化硬度可达 95HS 以上，然后以外圆磨床进行磨削加工，得到一定的轴向鼓形度和 $Ra0.8\mu m$ 的表面粗糙度值，然后采用硬度为 58HRC 以上的、形状为多角形的、粒度经严格筛选的弹丸（钢丸）来进行抛打，以获得要求的表面粗糙度值。这种表面加工技术是 20 世纪 70 年代末武汉钢铁公司从德国引进的。当然在小批量生产的情况下，一定金属表面粗糙度的获得亦可以直接用弹丸抛打，而不必以昂贵的轧辊来轧制。一些大型搪瓷制品也是通过抛喷丸或喷砂获得哑光表面的。

1.3.4　其他方面的应用

抛喷丸技术不仅应用到上述金属材料的加工处理中，还应用到非金属的加工中，如剪除各种橡胶制品和塑料制品的毛刺是一件功效低且费人工的操作，现已应用带有冷冻装置的抛喷丸机，将各种橡胶制品低温冷冻脆化后，在抛喷丸机中接受弹丸抛射，毛刺便很容易被清除。

酚醛类塑料制品采用核桃皮制成的弹丸喷射既可清除毛刺又会不破坏其制件的表面粗糙度；变压器总成后要去掉其上的一些多余线头或其他不需要的杂物，也可采用以核桃皮制成的弹丸进行喷射。

在现代化机场、高速公路的养护中需要将旧水泥地面清刷干净才能接合新水泥层，采用专用的移动式抛喷丸机进行地面抛射，可得到具有高结合强度的结合表面，该设备是提高施工效率、降低工程造价的有效设备。

新型建材，如砌块，已经采用抛喷丸工艺增加砌块的表面效果；大理石等石材业开始采用抛喷丸工艺逐渐代替传统的火烧方法，以提高成材率和表面光饰效果。

有些模具清理或清洗采用了抛喷丸或喷砂，也有采用喷射干冰等工艺。

可以说抛喷丸技术方兴未艾，其应用范围正在随着工业技术的发展日益扩大。抛喷丸技术的发展对工业发展起了重大的促进作用，并将对今后的工业发展做出更大的贡献。

1.3.5　抛丸机的应用领域举例

以下是抛丸机常用领域的相关实例。

1. 汽车制造

汽车制造行业是抛丸机的主要应用领域之一。在汽车生产过程中，许多零部件需要进行表面处理，以提高精度、耐久性和外观质量。抛丸机可用于清洗发动机缸体、底盘组件、齿轮和曲轴等，可以有效地去除焊渣、氧化物和污染物，并为后续涂层或喷漆提供清洁的工件表面。此外，抛丸机还能够强化传动轴、悬架系统和制动盘等关键零部件，提高其耐久性和性能。例如，在汽车制造过程中，涂装前的钢板通常需要进行喷丸处理以去除氧化物和污垢；稳定杆在装配前需要进行抛丸强化（见图1-6）。抛丸机能够对钢板表面进行高速喷射，清除表层杂质并提供光洁的表面，以确保涂层的附着力和耐蚀性。这种抛丸处理在汽车制造中起着至关重要的作用，它不仅提高了产品质量，还延长了零部件的使用寿命。

图1-6　汽车稳定杆的抛丸强化

2. 航空航天

抛丸机在航空航天领域也有广泛的应用。航空航天部件对表面处理的要求非常高，因为它们必须经受极端的环境条件和高强度的工作环境。抛丸机可以用于去除焊渣、氧化物和污垢，并产生纹理或提高表面质量以提高涂层附着力。例如，飞机发动机的涡轮叶片等零部件需要经过抛丸处理来清除焊渣和其他杂质（见图1-7），并改善其表面质量。通过使用抛丸机，可以确保发动机叶片的几何形状和表面质量符合设计要求，并提高其耐久性等性能。

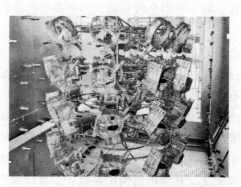

图1-7　飞机发动机零部件的抛丸处理

3. 铁路运输

在铁路行业，抛丸机在火车车厢的制造和维修中具有重要的应用。在制造过程中，车厢表面通常需要进行清理和准备工作，以确保涂层的附着性和质量。抛丸机可以去除车厢表面的氧化皮、锈蚀、污垢和旧的涂层等不良物质（见图1-8），为后续的喷涂和涂层工作提供一个洁净和表面粗糙度适宜的表面。在车厢的维修和修复中，抛丸机也发挥着重要作用。当车厢出现损坏、划痕或涂层老化时，抛丸机可以用来清理和准备受损区域的表面。通过去除受损区域的不良物质，抛丸机为修复工作提供了一个良好的基础。此外，抛丸机还可以平整车厢表面，并改善其光洁程度和外观，使车厢恢复到原始的状态。

图1-8　高铁车厢的抛丸清理

抛丸机还被广泛应用于轨道表面的清理。轨道在长时间使用后会受到油污、锈蚀和其他杂质的影响，从而降低了轨道的牢固性和安全性。抛丸机通过高速投射金属弹丸，可以有效去除轨道表面的不良物质，使其恢复到原始状态，以保证轨道的平整度和稳定性，从而提高列车运行的安全性和舒适性。

4. 船舶制造和维护

在船舶维修中，抛丸机也发挥着重要作用。船体长时间在海洋环境中航行后，会面临积累海洋附着生物、腐蚀和旧的涂层等问题。抛丸机可用于去除船体表面的这些不良物质（见图1-9），并为船体的维修和喷涂做准备。通过清理船体表面，抛丸机确保了船体的完整性和可靠性，并提高了其耐久性等性能。

图1-9　船体的抛丸清理

5. 能源行业

能源行业是使用抛丸机的另一个重要领域。在核电站、火力发电厂和风力发电场等能源设施中，管道、容器、锅炉和燃气轮机等设备表面的清洁和准备至关重要。抛丸机可以去除这些设备表面的油污、锈蚀和附着物，以保证设备的安全性和高效性（见图1-10）。通过对设备表面的处理，可确保设备运行平稳，并延长其维护周期。

图1-10　管道的抛丸清理

6. 混凝土修复

抛丸机在混凝土修复领域也扮演着重要角色。它们的应用主要包括表面清理、混凝土修补、表面增强和混凝土重建。通过高速投射金属弹丸或适当介质，抛丸机能有效清除混凝土表面的污垢和附着物，并为修复工作提供准备（见图1-11）。对于裂缝、孔洞和凹陷，抛丸机可用于精确清理受损区域并提供良好的黏附表面。此外，抛丸机还能增加混凝土表面的粗糙度和纹理，以提高涂层附着力。在混凝土结构出现大范围损坏时，抛丸机结合喷射系统，可实现混凝土的重建。通过使用抛丸机，可以提高混凝土修复的效率、质量和耐久性，延长结构的使用寿命。

图1-11　混凝土路面的抛丸处理

第2章

抛丸机清理强化工艺要求

2

2.1　抛丸工艺的应用背景

抛丸清理与喷丸清理同属机械清理的范畴，前者利用高速旋转的抛丸轮（叶轮）使磨料颗粒获得足够的用以清理工件表面所需的动能，而后者是依靠高速流动的压缩空气使磨料获得很高的速度，从而实现对工件表面的清理或处理。抛丸技术从1932年起才进入实用阶段，比喷丸技术晚了几十年，但由于其工作效率高发展速度很快，从而得到广泛的应用。

钢结构件涂装前的表面处理是抛丸清理最主要的用途之一。用抛丸方法来清理钢结构件要追溯到20世纪40年代，大型建筑工程中的钢结构件涂装前开始用抛丸方法来清理其表面。从20世纪50年代中期开始，钢板和型钢等原材料及复杂的钢结构件都开始用抛丸方法来做涂装前的表面预处理。将抛头和其他不同的机械设备组合起来形成一条生产线或流水线，使表面前处理和涂装作业可以连续不停地进行，生产率相当高（见图2-1）。抛丸机或抛丸生产线是绝大部分的钢结构制造厂不可或缺的生产手段。

抛丸技术不仅仅用于钢结构件的表面清理，还被广泛用来进行工件表面粗化、去毛刺、褪光、暴露材料的纹理和强化等多种作业。用抛丸方法清理的对象主要有铸锻件、卷钢、钢板、型钢、钢结构件、橡塑件、石材和吸声板等。由于环境保护和生态保护等方面的要求及清理成本的居高不下，每年都有许多原本用其他方法处理的工件转用抛丸来处理，从而使抛丸技术的应用范围不断扩大。

在很长的一段时间内，抛丸机都是在工厂的固定位置工作的，而如今，移动式抛丸机已经在许多行业和场合得到广泛的应用。例如油罐、船舶、停机坪、高速公路等都是移动式抛丸机充分发挥其优点的领域，不但工作效率高，而且不存在空气污染的问题，也不会妨碍其他人员在清理作业点附近进行其他作业，如图2-2所示。

图2-1　钢材抛丸流水线

图2-2　移动式抛丸机清理路面

与喷丸清理相比，抛丸清理更省时、省力、省能源、省磨料。抛丸清理还可以实现全自动生产，清理效果更好，作业环境更佳。

2.2　抛丸清理的分类

抛丸清理有多种分类方法，按工艺要求分：抛丸清理可分为表面抛丸清理、抛丸除锈、抛丸落砂与抛丸强化；按设备结构形式分：滚筒式抛丸清理、振动槽式抛丸清理、履带式抛丸清理、转台式抛丸清理、转盘式抛丸清理、台车式抛丸清理、吊钩式抛丸清理、吊链式抛丸清理、鼠笼式抛丸清理、辊道通过式抛丸清理、橡胶输送带式抛丸清理、悬挂翻转器式抛丸清理、组合式抛丸清理、定制式专用抛丸清理及其他形式的抛丸清理设备。

2.3　抛丸清理的原理

抛丸清理是依靠高速旋转的叶轮将磨料颗粒使劲地抛向工件表面来实现的，抛丸器（抛头）内装有叶片、分丸轮、定向套等耐磨件，如图2-3所示。工作时，磨料通过进料口进入抛头的中央，在抛头的中央安装与抛头一起旋转的分丸轮，分丸轮外面是定向套，分丸轮把磨料通过定向套上的开口送到叶片靠近抛头中心的一端。由于离心力的作用，磨料颗粒沿着叶片长度的方向加速，直到到达叶片的顶端以极高的速度撞击工件表面，如图2-4所示。

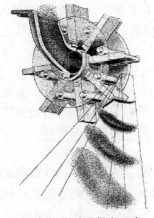

图2-3　抛头及抛丸示意

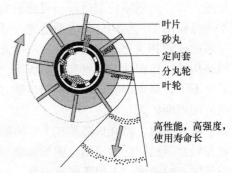

叶片
砂丸
定向套
分丸轮
叶轮

高性能，高强度，
使用寿命长

图2-4　抛头叶片、定向套和分丸轮

分丸轮的作用是将磨料按一定的要求正确地"喂"到叶片上，分丸轮的开口处一旦严重磨损，磨料就会撞击叶片的端头，造成叶片非正常磨损，磨料的发散流将变得没有规则。因此，要按照使用说明书的要求定期检查分丸轮的磨损情况并及时更换磨损严重的分丸轮。

定向套开口的位置决定了磨料被分丸轮"喂"到叶片的位置，而定向套上开口的形状会影响磨料的发散形状和热区的大小。所谓热区，就是磨料发散面上磨料比较集中的一个区域，这是由于磨料在叶片上分布不均造成的（见图2-5）。可调定向套的定位可以根据开口的磨损情况进行适当的调节，以保证抛头在良好的运行状态下工作。

抛头中的叶片与磨料直接接触，其质量好坏与抛头的性能密切相关。叶片的耐磨性直接决定了叶片的寿命和抛丸机的运行成本，因此，抛头的叶片都要使用高耐磨材料制成。叶片的耐磨性除了与叶片的材料有关外，还与抛丸机的工况条件关系密切。比如，磨料中存在1%的砂，叶片的寿命就要缩短80%。有人说，分离装置（将磨料中的砂分离出来的装置）的寿命决定了抛丸机的寿命，这种说法并不为过，图 2-6 所示为两组抛头叶片磨损情况的比较，左边一组由于磨料中砂没有得到彻底分离，磨损相当严重，另外，抛头中的分丸轮和定向套磨损严重也会加剧叶片的磨损。

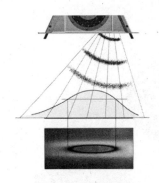

图 2-5　抛丸的热区

图 2-6　两组抛头叶片磨损的比较

　　叶片磨损或开裂会使叶轮高速旋转时产生振动。因此，要经常检查叶片的完好情况，有问题的叶片要及时更换。为了保证抛头运转的稳定性，叶片更换必须成双成对地进行，即与不合要求的叶片相对应的叶片也必须同时换掉，以获得良好的动平衡。如果怀疑是叶片的问题导致抛头工作不正常，就需要把所有的叶片全部换掉。对叶片磨损最小的磨料是钢丸，其原因有两个，一是钢丸的颗粒形状为球形；二是因为钢丸的硬度适中，从经济性考虑，钢丸是抛丸清理的理想磨料。

　　叶片的铸造缺陷必然会加速叶片的磨损，当使用冷作铸铁丸作为磨料时情况会更为严重。对磨损了的叶片进行分析后认为，存在铸造缺陷的叶片会使磨料颗粒在运动过程中出现弹跳现象，弹跳的磨料颗粒反过来又会对叶片产生冲刷作用，从而加剧了叶片的磨损。若磨料中有砂粒存在，则会加剧叶片的磨损。有些公司曾经用碳化钨甚至碳化硼来制造抛头的叶片，大大延长了使用寿命。但这些超硬材料的脆性使这些耐磨性能优异的叶片不能真正地在抛丸领域发挥其作用。

　　长期以来，抛头叶片都为平面状，图 2-7 所示为潘邦公司的曲面状抛头叶片，其性能更优越。图 2-8 所示为曲面状叶片抛丸器实物图。

图 2-7　曲面状抛头叶片

图 2-8　曲面状叶片抛丸器实物图

抛头有大有小，常用的抛头直径为400~500mm，功率为11~45kW，最大功率可以达到110kW甚至更高，多数抛头与配套电动机成套供应，也有抛头与电动机采用带传动，即直联式抛头（见图2-9）。现今最大的抛头的抛丸量已超过1000kg/min。

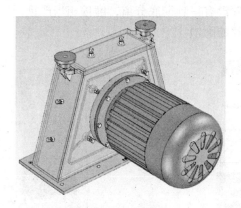

图2-9 直联式抛头

在很长一段时间内，抛丸清理时磨料的最高速度通常都在70m/s左右。现在，磨料的速度已经达到90~95m/s。根据动能公式，磨料速度的提升可以提高清理效率。

抛头叶片的数量以6片和8片为多见，潘邦公司开发的安装12片叶片的抛头（见图2-10）在原有（以6片叶片为例）的基础上增加了1倍，使单片叶片的抛丸量减少1/2，使叶片的磨损情况有了很大的改善，更换叶片的间隔时间延长，减少了维修保养作业量。抛头有点像风机，高速旋转时会把一部分空气吸进抛头。进入抛头的空气会扰乱磨料的运动方向，从而影响清理效果。

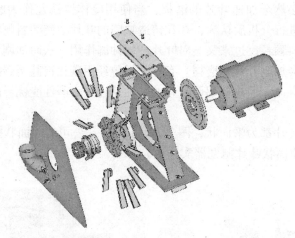

图2-10 潘邦公司开发的安装12片叶片的抛头

进料管要精确设计，才能使磨料的流量符合实际使用要求。如果磨料进入过多会造成磨料出料不畅，使工作效率降低。进料管的位置不能离分丸轮太远，否则磨料就会从进料管和分丸轮之间的缝隙流出，严重扰乱磨料的运动。控制磨料流量的方法很多，最新的方法是采用电子控制技术，电子磨料控制器具有自我补偿功能，可以在预先设定的控制范围内自动调节磨料的流量，从而使抛头始终在最佳状态下工作。

2.4　抛丸清理强化工艺的主要参数

2.4.1　抛丸清理工艺参数

抛丸清理工艺参数有：弹丸直径、弹丸速度、抛丸量、抛丸密度、零件表面移动速度、抛丸距离、抛丸入射角、弹丸压痕大小、压痕深度、零件表面积等。

在弹丸对零件表面的碰撞力学分析中，可根据各项计算公式在实践的基础上进行验证。然后再根据公式选择各项工艺参数。下面是其中一些参数的计算方法。

1. 零件表面积的计算

零件单位质量的表面积随其壁厚减薄而增加。任何形状的零件，均可想象成为按基本壁厚 t 展开而成的平板。设平板为正方形，周长为 L，则零件体积为 $L^2t/16$，表面积为 $(Lt+L^2)/8$。零件单位质量的表面积 $S_G(m^2/t)$ 为

$$S_G = \frac{k}{k_1 t} \tag{2-1}$$

式中　k——零件大小系数，$k=2+\dfrac{4t}{b}$，b 为展成正方形平板的边长（mm），k 值见表 2-1；

　　　k_1——零件材质系数，铸铁 $k_1=1$，钢材 $k_1=1.09$，铝材 $k_1=0.36$（零件材质密度与铸铁材质密度之比）。

表 2-1　零件大小系数 k 值

零件级别	小件 $\left(\dfrac{b}{t}=1\sim10\right)$	中件 $\left(\dfrac{b}{t}=10\sim100\right)$	大件 $\left(\dfrac{b}{t}>100\right)$
k	41	29.6	27
零件举例	手轮、齿轮	水暖管件、电动机、小型发动机、缝纫机头	机床床身、柴油机体
可能产生的误差	$b/t=1$ 时，误差 100% $b/t=100$ 时，误差 18%	最大误差 11%	最大误差 3%

2. 弹丸直径与弹丸速度的计算

根据力学分析，弹丸碰撞零件表面的力值与材料性质（布氏硬度 HBW）、弹丸直径 d_0、压痕深度 h 有关。碰撞力 $P(N)$ 按下式计算

$$P = HBW\pi d_0 h \tag{2-2}$$

压痕深度 $h(mm)$ 计算公式

$$h = 1.114\times10^{-7}\sqrt{\frac{k_1 k_2}{HBW}}\eta v_0 d_0 \tag{2-3}$$

式中　k_1——零件材质系数；

　　　k_2——碰撞速度损失系数，一般中碳钢、高碳钢、高级铸铁、球墨铸铁零件，$k_2=0.28\pm0.1$（相当于速度损失 10%～20%）；低碳钢、普通铸铁零件，$k_2=0.75\pm0.20$（相当于速度损失 40%～60%）；

η——考虑弹丸不完全正面碰撞及热、声损失效率，一般取 $\eta = 0.95 \pm 0.25$。

弹丸直径 d_0（mm）计算公式

$$d_0 = 0.9 \times 10^5 \sqrt{\frac{\text{HBW}}{k_1 k_2} \cdot \frac{h}{\eta v_0}} \tag{2-4}$$

弹丸速度 v_0（mm/s）计算公式

$$v_0 = 0.9 \times 10^5 \sqrt{\frac{\text{HBW}}{k_1 k_2} \cdot \frac{h}{\eta d_0}} \tag{2-5}$$

2.4.2 抛丸强化工艺参数

抛丸强化时，要求碰撞力（冲量变化率）在零件碰撞点上产生的主应力超过零件材质的屈服点，以产生塑性变形。其外围处于弹性变形状态。当碰撞第一阶段结束时，弹性变形区的张应力会压缩塑性变形区，使其产生压应力。凡是承受交变载荷的零件（如齿轮、连杆、板簧等）均可以利用抛丸强化以提高疲劳强度，延长使用年限。

抛丸强化的工艺参数主要有强化层厚度、试片挠度、弹丸直径、弹丸速度、残余应力等。根据力学分析，可得参数的计算公式如下：

强化层厚度 h_0（mm）计算公式

$$h_0 = 3.8 \times 10^{-3} k_8 k_5 \sqrt{k_7} \sqrt[4]{\frac{k_1 k_2}{\text{HBW}}} \sqrt{v} d_0 \tag{2-6}$$

式中 k_5——覆盖率系数，$k_5 = C$（覆盖率）；

$\quad\quad k_7$——材料的硬度和强度换算系数（见表2-2）；

$\quad\quad k_8$——设备系数（见表2-3）。

强化试片（Almen）挠度 H_A（mm）计算公式

$$H_A = 3.8 \times 10^{-3} k_8 k_5 \sqrt{\frac{k_1 k_2}{\text{HBW}}} \sqrt{v} d_0 \tag{2-7}$$

强化用弹丸直径 d_0（mm）计算公式

$$d_0 = 0.26 \times 10^3 \frac{1}{k_8 k_5 \sqrt{k_7}} \sqrt[4]{\frac{\text{HBW}}{k_1 k_2}} \frac{H_A}{\sqrt{v}} d_0 \tag{2-8}$$

强化用弹丸速度 v（mm/s）计算公式

$$v = 0.69 \times 10^5 \frac{1}{k_8^2 k_5^2 k_7} \sqrt[4]{\frac{\text{HBW}}{k_1 k_2}} \frac{H_A^2}{d_0} \tag{2-9}$$

表 2-2　k_7 系数值

低碳钢	中碳钢	高碳钢	锰钢	铬钢	弹簧钢
7	6.5	6	4.5	3	2

表 2-3　k_8 系数值

设备名称	抛丸滚筒	台车式抛丸室	吊钩式抛丸室	抛丸转台
k_8	1.15±0.56	6.0±2.03	2.45±0.91	2.31±1.00

如果要求表面粗糙度，在计算 d_0 值时，改用式（2-4）、式（2-8）。

残余应力 σ_r 计算公式

$$\sigma_r = 0.244 \frac{E\sigma_z}{G} \tag{2-10}$$

式中　　E——材料的弹性模量（Pa）；

　　　　σ_z——材料的屈服点；

　　　　G——材料的剪切模数（Pa）。

2.5 抛丸机参数检验检测装置

抛丸机参数检验检测装置是指针对抛丸机核心部件进行检验检测的装置，分为钢丸性能检验检测平台、抛丸器测试平台等。通过检测抛丸机核心部件的性能数据，判定其性能能否满足用户使用工况。

2.5.1 钢丸性能检验检测平台

目前金属磨料市场存在着钢丸、钢砂质量高低不一的情况，并且单从产品外观和简单检测无法比较出金属磨料质量的好坏（其质量的好坏主要体现在它的使用寿命上）。钢丸性能检验检测平台可实现对磨料的多次循环抛打、自动称重、自动记录等，通过多次计量来确定钢丸的使用寿命。为保证钢丸使用过程与实际工况尽可能相同，其标靶材质、抛射速度等参数可根据实际情况进行变更。为此用户在选择磨料时，可以根据自己的使用情况有效地选择性价比更高的钢丸、钢砂。

1. 钢丸性能检验检测平台测试能力

钢丸性能检验检测平台测试能力见表 2-4。

表 2-4　钢丸性能检验检测平台测试能力

序号	项目	测试能力
1	抛丸速度	$40\sim120\text{m/s}$
2	测试磨料颗粒粒度	$0.125\sim2\text{mm}$（120~10 目）
3	测试磨料材质	铝丸、铜丸、铸钢丸、不锈钢丸、钢丝切丸等
4	标靶材质	铝、铜、铸铁、不锈钢、合金钢等
5	寿命判定	根据磨料在标靶上循环 500 次后所剩质量，计算其磨料消耗
6	抛丸强度测试	不同射速、不同丸情况下测试其抛丸强度

2. 钢丸性能检验检测平台原理

钢丸性能检验检测平台由抛丸测试机体、加料系统、称重系统、旋振筛筛分系统、提升加料装置、电气控制系统组成，其实物图如图 2-11 所示。

设备运行前根据实际工况环境选择标靶材质及抛丸射速，并将所测磨料添加进加料机中。当设备运行时抛丸测试机体内的叶轮开启，并由加料系统底部振动加料机对称重系统内的料斗进行加料，当加料满足 500g 时停止加料。加料完成后由称重系统内的振动输送机将物料送入

图 2-11 钢丸性能检验检测平台实物图

提升加料装置中，并由提升加料装置将物料送至抛丸测试机体顶部，将磨料通过顶部加料口加入抛丸测试机体中。磨料在抛丸测试机体中通过叶轮将磨料加速并将磨料高速甩出，使磨料高速冲击标靶然后落入底部料仓中。标靶及舱体采用特殊角度设计，可尽可能减少弹丸反弹以保证试验的准确性。当磨料完全冲击标靶落入底部料仓后，提升加料装置进入抛丸测试机体，磨料由底部料口进入提升加料装置中。然后提升加料装置将物料送入旋振筛筛分系统中，由筛分系统将破碎磨料与完整磨料筛分，完整磨料重新进入称重系统中重新计量并循环，当物料循环达 500 次后，循环结束，至此称重最终重量，即可得到丸料的使用寿命及丸料消耗量。

当需要测定抛丸强度时，可在标靶位置安装阿尔门试片。测试前需要调整抛丸射速及磨料类型，通过一定时间抛丸，得到所选工况下的抛丸强度。

2.5.2 抛丸器测试平台

抛丸器测试平台具有多规格抛丸器测试能力，可以测定不同抛丸器在不同功率、不同射速、不同磨料时的抛丸量。也可以用于抛丸器稳定性测试，包括抛丸器振动测试、轴承座温升测试、抛丸器耐磨件耐磨性测试等多种测试，以便于在面对各种工况时选用最优的抛丸器。

1. 抛丸器测试平台测试能力

抛丸器测试平台测试能力见表 2-5。

表 2-5 抛丸器测试平台测试能力

序号	项目	测试能力
1	抛丸器转速	1500~3000r/min
2	抛丸器功率	7.5~45kW
3	抛丸器型号	Q360、Q130、Q180、Q034 等各类抛丸器
4	最大供丸量	60t/h
5	振动测试	空载振动速度≤0.35mm/s
6	轴承座温度测试	温度范围 40~80℃

2. 抛丸器测试平台原理

抛丸器测试平台由抛丸室体、提升机、抛丸器总成、一级料仓、二级料仓、除尘系统、电气控制系统组成。设备工作前需根据要求更改转速参数并调整弹丸闸阀使所适配的电动机达到满载状态。当实际工作时首先开启除尘系统与提升机，当需要计量抛丸量时，弹丸闸阀设置开启 1min，关闭舱室大门开启抛丸器。二级料仓装有称重装置可记录原有料仓质量，弹丸闸阀开启消耗二级料仓丸料 1min 后记录质量，计算二级料仓的消耗量，多次运行求取平均值即得此工艺参数下单位时间内的抛丸量。

测试抛丸器振动及轴承座温升时，只需在设备运行前将振动传感器及温度传感器分别安装在轴承座上进行测量即可，根据范围表对比其振动及温度是否满足要求。

抛丸器耐磨件耐久性测试只需设定循环时间，使得抛丸器始终处于满载状态，每间隔 24h 观察并测量耐磨件使用状态并进行记录，直至抛丸器耐磨件达到完全损坏状态，以便得到其极限耐磨性能。多次测试求取平均值得到此种耐磨件的正常使用寿命。

此种抛丸器测试数据有助于抛丸器的优化改良，并且可以通过更为准确的数据匹配抛丸器规格，从而提高抛丸机的生产率。

2.6　抛丸工艺检验检测装置及方法

2.6.1　抛丸工艺检验检测装置

为探索抛丸装置各参数的关联性及其运行规律，优化现有产品，开发新产品，需进行抛丸工艺检验检测，这些工艺包括抛丸器功率消耗、最佳抛射速度、弹丸抛射区、抛丸量、抛丸强度、弹丸破碎率、抛丸叶片磨耗量、抛丸器减振和降噪等。抛丸工艺检验检测装置可由相应型号的抛丸机经过改造，并加装所需传感器制成。例如，山东开泰集团将 Q3520 转台式抛丸机进行了改装（见图 2-12），其作为试验机可对上述工艺参数进行检验检测。该机由抛丸器、气动闸阀、料斗、丸砂分离器、斗式提升机、转台、抛丸室、除尘系统、喷丸装置等部分组成。

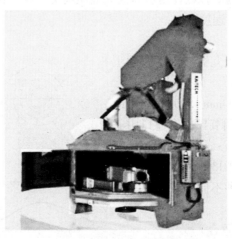

图 2-12　Q3520 转台式抛丸机

27

试验机可检测的参数见表2-6所示。

表2-6　试验机可检测的参数

序号	名称	代号	单位	备注
1	抛丸器转速	n	r/min	
2	抛丸器功率消耗	N	kW	
3	弹丸抛射速度	v	m/s	
4	抛丸量	Q	kg/min	
5	抛丸强度	P	MPa	
6	抛丸叶片磨耗量	W	g	
7	弹丸破碎率			
8	抛丸器振动振幅	A	mm	
9	抛丸器振动频率	f	Hz	
10	噪声		dB	

2.6.2　抛丸工艺检验检测方法

1. 抛丸器功率消耗试验

该试验的目的是测试抛丸器不同转速的空载功率、负载功率，探讨降低功率消耗的途径。试验仪器包括变频电动机、变频器和功率表等。

试验方法：以不同转速在空载或负载状态下运行抛丸器，利用功率表监测功率变化。

2. 最佳抛射速度试验

该试验的目的是检测抛丸器转速、功率消耗、抛射时间、抛射速度等与试样表面粗糙度的关系，以优化最佳抛射参数。试验用仪器有激光测速仪、表面粗糙度测试仪等。

试验方法：取尺寸500mm×300mm×10mm的钢板（带锈蚀）共9块，每个试样抛射5s。用激光测速仪测试不同的抛丸器、不同转速的抛射速度，并与理论计算值比较，找出两者差异，用表面粗糙度测试仪测试各试样抛射后的表面粗糙度，综合试样抛射效果、功率消耗等因素确定抛丸器的最佳抛射速度。

3. 弹丸抛射区试验

该试验的目的是检测抛丸器使用不同的工件及不同的安放位置的要求。

试验方法：取尺寸1000mm×500mm×10mm的钢板（带锈蚀）若干，调节导向套窗口中心线与抛丸器垂直方向的中心线之间的角度 β，以改变弹丸抛射区，如图2-13所示。

用高速摄像机观测三种不同角度下弹丸抛射区的情况。

1）$\beta=0$（即两中心线重合）。

2）β 角左偏8°~15°。

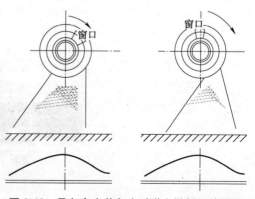

图2-13　导向套安装角度对弹丸抛射区的影响

3）β 角右偏 $8° \sim 15°$。

经过抛丸处理后，采用表面粗糙度测试仪测量试样的表面粗糙度。通过摄像仪观测试样的表面粗糙度，找出三种不同角度下抛射区的抛丸强度高峰区位置。

4. 抛丸量试验

该试验的目的是准确测量抛丸器不同转速的抛丸量，研究叶轮有效宽度、分丸轮直径、分丸轮窗口面积、定向套直径、定向套窗口面积、定向套与分丸轮间隙等对抛丸量的影响。

为了使抛丸量试验得到精确的数据，可将斗式提升机的整体高度提高 0.5m，在丸砂分离器的下方增加一个料斗（见图 2-14），具体要求如下：

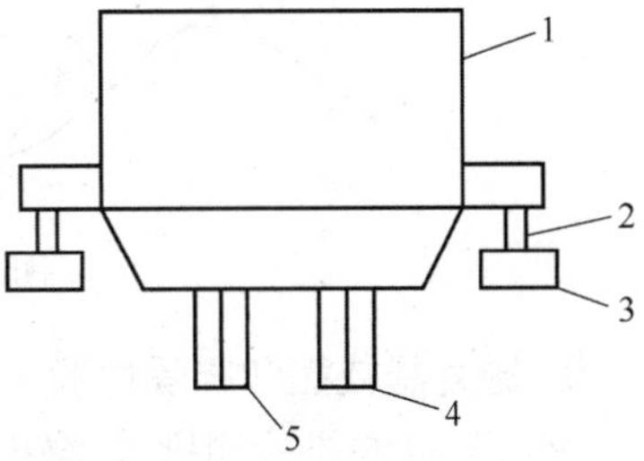

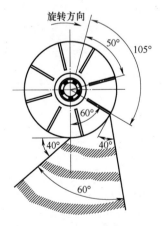

图 2-14　料斗示意图
1—料斗　2—电子秤　3—支架
4—主管道　5—旁管道

料斗可容纳 1000～2000kg 左右的弹丸，料斗下部安装电子秤，可实现自动称量。电子秤最好采用座式三点安装，在制造试验机时一并安装好。料斗下部设两头排丸管和两个气动闸阀，一套排丸管直通抛丸器，另一套排丸管作为卸料管，在更换弹丸时使用。

5. 抛丸强度试验

该试验的目的是测试弹丸材质、弹丸粒径、弹丸硬度、弹丸形状、弹丸抛射速度及抛射时间对抛丸强度的影响。

弹丸离开抛丸叶片后，以云层状（见图 2-15）冲击工件表面，可以用压力传感器（见图 2-16）检测抛丸强度。将传感器放在抛丸强度最大区（见图 2-17），采用内藏式安装，只将探头露在外面并将金属材料力学性能测试所用试样用夹具固定在转台上。抛丸之后，测量试样的硬度、抗拉强度、抗弯强度等。

图 2-15　弹丸运行状态图

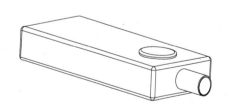

图 2-16　压力传感器

6. 弹丸破碎率试验

该试验的目的是检测抛丸器转速、抛丸量对弹丸破碎率的影响。

7. 抛丸叶片磨耗试验

该试验的目的是检测抛丸器转速、抛丸叶片材质、抛丸叶片表面强化、弹丸含砂、弹丸破碎率等对抛丸叶片磨耗的影响。

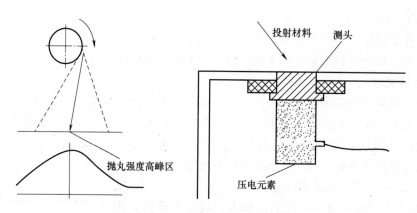

投射材料　　测头

抛丸强度高峰区

压电元素

图 2-17　传感器安装位置与安装方式

8. 抛丸器减振和降噪试验

该试验目的是检测抛丸器转速、抛丸量、抛丸器轴承对振动和噪声的影响，并检验抛丸器过振报警装置。试验设备包括机械振动测试仪、噪声监测仪等。

第3章

抛丸机部件构成

3

3.1 抛丸机系统概述

抛丸是利用高速旋转的叶轮在离心力的作用下把丸（砂）抛掷出去并高速撞击零件表面，以实现表面处理的各种要求，丸砂速度一般在 50~100m/s。抛丸设备最早用在铸造行业，用来实现铸件表面的清理。除实现铸、锻、焊件金属表面清理外，还可以对各种钢结构件等型材进行涂装前清理。近年来，在机械制造和冶金行业中，用抛丸方法对金属结构件或钢材表面去除氧化皮和锈层得到广泛应用。另外，还可以实现机械构件的抛丸强化，如齿轮、汽车板簧的强化等。

自从 20 世纪 30 年代美国 Wheelabrator 公司制造出世界上第一台抛丸机以来，抛丸技术与装备日臻完善，性能不断提高，应用范围从单纯的铸造业表面清理扩大到冶金矿山、兵器制造、轻纺机械、船舶车辆、航空航天等不同行业，其工艺范围亦从铸锻件的表面清理扩展到金属结构件的强化、表面加工、抛丸成形等不同的领域。随着抛丸工艺的广泛应用，世界上已经发展了适应各种不同工艺要求的抛丸设备，规格可达上千种，反过来抛丸设备的普及又促进了抛丸技术的发展，扩展了抛丸工艺及技术的应用。

抛丸机的工作原理是将规定数量的工件放入抛丸室中，起动机器，工件开始转动，抛丸器起动，高速抛出的弹丸形成扇形束，均匀打击在工件的表面上，黏土、锈层、氧化皮等杂物迅速脱落，显现出金属本色，从而达到清理的目的。在清理过程中，撒落下来的丸砂混合物由螺旋输送器汇集于提升机下部，再由提升机提升到设备的顶端分离器内，分离后的纯净弹丸落入分离器的料仓中，供抛丸器循环使用。抛丸清理产生的灰尘，由除尘管道送入除尘系统，从而将净化处理后的洁净空气排入大气中。

抛丸机的基本结构主要由抛丸室、抛丸器、弹丸循环装置、除尘器、工件承载系统及电气控制系统等组成。抛丸室为板式箱形结构组焊而成，它是工件进行清理时防止弹丸飞射、粉尘外溢的一个封闭空间。室内由特种耐磨护板全方位防护，最大限度地延长了抛丸室的使用寿命，减少了维修次数，提高了生产率。抛丸器由以下主要零部件构成：叶轮及叶轮驱动盘、分丸轮、定向套、叶片、电动机、罩壳、高耐磨防护衬板、橡胶防护衬板、进丸管、底板及减振胶板等。在抛丸器的中央是与抛丸器一起旋转的分丸轮，分丸轮外面是定向套，工作时，弹丸通过喂料口进入抛丸器的中央，分丸轮把弹丸通过定向套上的开口送到叶片靠近抛丸器中心的一端。由于离心力的作用，弹丸沿着叶片的长度方向加速，到达叶片顶端以一定速度形成扇形束抛出并撞击工件表面。弹丸循环装置由提升机、分离器、螺旋输送器、供丸管道组成。抛丸机基本工作流程如下：

1）一定量的弹丸在重力作用下从分离器料仓通过进料管流入旋转的分丸轮。

2）分丸轮使弹丸经定向套上的开口抛射到旋转的叶片上。

3）抛丸器通过离心力作用把弹丸抛向待处理的工件。

4）撞击工件后，弹丸与从工件上清理下的砂、锈皮等杂质一起进入传送漏斗。

5）弹丸处理系统把含有杂质的弹丸通过斗式提升机提升到抛丸机上方丸砂分离系统。

6）弹丸分离系统依据工作需要，通常由筛桶、螺旋传送器和空气分离器组成。

7）经筛桶作用，大片的杂质进入废料桶，弹丸进入空气分离器。

8）空气分离器把小颗粒的弹丸和锈屑等轻的物质送进一个单独的垃圾箱。

9）干净的合适粒度的弹丸进入储料斗，循环使用。

除尘系统由除尘器、风机、除尘管道等组成。抛丸清理产生的灰尘，由除尘管道送入除尘系统，净化处理后的净气排入大气中。工件承载系统主要负责被清理产品的运送，根据不同的产品种类工件承载系统有不同的结构形式，比如 QH69 系列辊道式抛丸清理设备的工件承载系统是输送辊道，Q37 吊钩式抛丸清理设备的工件承载系统是导轨支架及吊钩组，Q76 转台式抛丸清理设备的工件承载系统则是台车等。电气控制系统控制整台设备各部分的运行，并设有"急停按钮"来防止设备损坏和事故的发生。

3.2　抛丸器

3.2.1　抛丸器的结构与规格

抛丸器是抛丸机的核心部分，是整个设备的"心脏"，它的作用是把弹丸抛出，弹丸由中央进料口进入抛丸器，依靠叶轮产生的离心力作用并以一定的控制手段将弹丸抛向工件，以达到清理或强化的目的。抛丸器既可与电动机直接连接，称为直连式抛丸器，也可通过键轴和带轮及 V 带和电动机连接，称为悬臂式抛丸器。

抛丸器由叶轮、定向套、分丸轮、叶片、主轴承座、进丸管、电动机等部分组成。分丸轮固定在主轴上与叶轮一起旋转，定向套则固定在护罩体上。若转动定向套，则可改变弹丸的抛出方向，定向套窗口的角度大小，决定了弹丸的径向散射角，一般为 60°左右。每一种抛丸器都分左右旋向，其判别方法是面对中央进料口，顺时针方向为右旋，逆时针方向则为左旋。根据设备的不同类型和规格，可安装一个或几个抛丸器。图 3-1 和图 3-2 所示分别为悬臂式抛丸器和直连式抛丸器的三维视图。

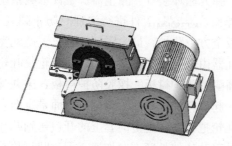

图 3-1　悬臂式抛丸器三维视图

图 3-2　直连式抛丸器的三维视图

抛丸器的基本参数见表 3-1。

表 3-1 抛丸器的基本参数

抛丸器型号	QY360			Q034			Q034Z		
叶轮直径 D/mm	$\phi360$			$\phi420$			$\phi390$		
叶轮转速 n/(r/min)	3000			2600			2940		
叶轮内宽 b/mm	60			80			80		
叶片数量/片	8			8			8		
电动机功率 N/kW	7.5	11	15	7.5	11	15	7.5	11	15
抛丸量 Q/(kg/min)	110	150	220	120	180	250	120	180	250

抛丸器主要技术规格见表 3-2。

表 3-2 抛丸器主要技术规格

抛丸器型号	叶轮直径/mm	叶轮转速/(r/min)	抛射速度/(m/s)	叶片宽度/mm	电动机功率/kW	抛丸量/(kg/min)	备注
QY360	360	3000	≈73	60	22	330	
Q034	420	2600	≈75	80	22	350	
Q034Z	390	2950	≈80	80	18.5	350	
Q035	500	2200	≈75	80	30	480	
Q130	330	2900	≈70	55	22	340	
Q180	468	2500	≈85	88	45	535	
GF500	500	2350	≈80	124	75	1000	
Q390	390	3000	≈80	50	15	225	新型号
KT380	380	3000	≈78	65	22	330	新型号

直径较大的抛丸器，采用双叶盘结构，它的优点是可以增加叶片的相对强度，也就是说，采用双叶盘结构的抛头，对叶片材料的强度要求可以低一些。单叶盘结构的缺点是叶片单边受力，当叶片局部被磨薄以后容易断裂而影响使用寿命，所以目前只用于直径较小的抛丸器。山东开泰集团近年来研发了一系列新型抛丸器，如图 3-3 所示，包括悬臂式抛丸器及直连式抛丸器等多个新机型。

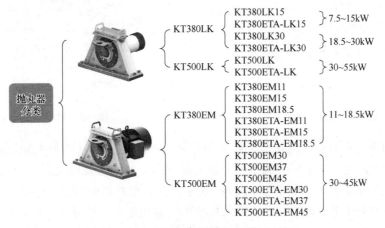

图 3-3 新型抛丸器系列图

3.2.2 抛丸器的结构特点与分析

抛丸清理设备主要是利用抛丸器抛出弹丸的动能来完成构件清理作业的，因此抛丸器性能的好坏直接影响抛丸清理设备的性能和工作效率。如何正确使用抛丸器，使其始终处于良好的工作状态，将会使清理效率和清理质量明显提高。抛丸器结构如图 3-4 所示，主要由叶轮、定向套、分丸轮、工作叶片、进丸轮及传动机构等部件组成。比较常见的抛丸器由叶轮、罩壳、轴承座和电动机等四个部分组成。

为了适应抛丸器在各种不同的安装位置上的不同转向的需要，主副叶盘上都开有与结合盘连接的螺孔，以便配合不同位置的旋转方向来装配叶盘。

抛丸器按弹丸进入叶轮的方式分为机械进丸和鼓风进丸两种。机械进丸抛丸器的弹丸进入叶轮，是由抛丸器本身的转动来实现，此种抛丸器应用较普遍；鼓风进丸抛丸器的弹丸进入叶轮是靠风力来实现的，应用较少。按其叶轮结构可分为双圆盘、单圆盘两种。双圆盘的结构应用较多。按其叶轮直径可分为不同规格的抛丸器。抛丸器按不同特点可分为不同的种类。

1. 按进丸方式分

按进丸方式可以分为机械进丸、风力进丸。

（1）机械进丸抛丸器　机械进丸抛丸器是目前应用范围较广的一种抛丸器，如图 3-5 所示。弹丸由进丸管加入，落到与叶轮同轴旋转的分丸轮中。分丸轮将弹丸卷起旋转，在离心惯性力的作用下，弹丸通过分丸轮窗口，进入定向套，并由定向套窗口抛出，并立即被高速旋转的叶片所承接。在离心惯性力的作用下，弹丸沿叶片向外运动，最后以 50～100m/s 的速度离开叶片，抛向构件。由于弹丸离开叶片的时间先后不一，故沿叶轮径向散射成一扇面。调整定向套窗口位置，可以改变抛射的方向。

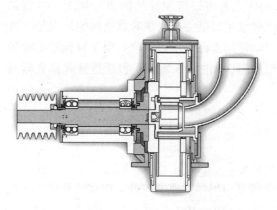

图 3-4　抛丸器结构

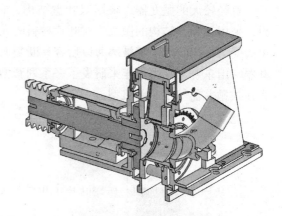

图 3-5　机械进丸抛丸器

（2）风力进丸抛丸器　机械进丸抛丸器中的一些主要零件（如分丸轮、定向套）均易磨损，为此，国内外一些工厂研制了风力进丸抛丸器。风力进丸抛丸器无分丸轮及定向套，弹丸靠风力进入叶轮，其工作原理如图 3-6 所示。此种抛丸器由叶轮、喷嘴、弹丸加速器等组成。弹丸经进丸斗进入加速器，在鼓风机低压气流加速下，经喷嘴喷出，并进入高速旋转的叶轮，然后从叶轮抛出。调整喷嘴出口的位置，即可改变抛射方向。此种抛丸器与机械进丸抛丸器相比省去了分丸轮及定向套等易损件,结构简单,维修方便,且结构上无左右旋之分,但功率消耗较大,抛丸率低。风力进丸抛丸器的抛射方向,可通过改变喷嘴喷出弹丸的方向来进行调整。目前,风力进丸抛丸器根据加速气流的来源可分为鼓风进丸及压缩空气进丸两种。

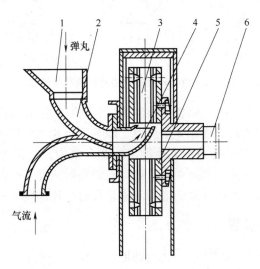

图 3-6 风力进丸抛丸器工作原理

1—进丸斗 2—弹丸加速器 3—叶轮 4—喷嘴 5—圆盘 6—传动主轴

2. 按圆盘数分

按圆盘数可以分为单圆盘、双圆盘。

双圆盘制造工艺较单圆盘复杂,但对叶片的支承较好。

3. 按电动机连接形式分

按电动机连接形式可以分为悬臂式、直连式。

4. 按叶片形状分

按叶片形状可以分为直线叶片、曲线叶片、管式叶片。

(1)直线叶片抛丸器 目前国内外普遍使用的大部分是径向直线状的直线叶片。抛丸器叶片多采用径向直叶片。实践证明,这种叶片抛射区抛射强度的分布较均匀,且结构简单,制造、安装都较方便。

(2)曲线叶片抛丸器 曲线叶片抛丸器分为前、后弯曲曲线叶片,其抛射区抛射强度的分布不如直线叶片。前弯叶片在同样叶轮直径和同等转速的条件下,可获得较高的抛射速度,但叶片的磨损加剧;后弯叶片正相反,寿命较高,但抛射速度较低。在直径和转速相同的条件下,后弯叶片与弹丸的摩擦力较普通叶片小,故使用寿命较长。但弹丸抛射速度比直线叶片低,抛丸效果差,且制造复杂,故目前很少使用。前弯曲线叶片抛丸器在直径和转速相同的情况下,弹丸可获比直线叶片高 19% 的抛射速度,抛射效果明显提高。但弹丸与叶片的摩擦力增大,故叶片磨损显著增加,动力消耗亦增大,因此这种叶片目前应用亦很少。

曲线叶片和直线叶片的装配结构如图 3-7 所示。

(3)管式叶片抛丸器 近年来,为了适应精密铸件表面清理的需要,开发了高耐磨性的丸料(如氧化铝丸料)。这样叶片的磨损问题更为严重,为此国外开发了管式叶片抛丸

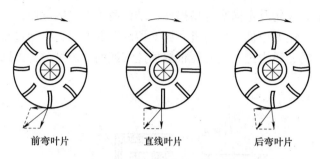

图 3-7　曲线叶片和直线叶片的装配结构

器，即用管子代替叶片，管子常用陶瓷材料制成。管式叶片抛丸器在抛丸过程中，管子的磨损痕迹很窄，甚至一个圆管可以换用 8 个位置，即等于有 8 个可利用的磨损面，使用寿命可为普通叶片的 10~20 倍。管式叶片抛丸器抛出的弹丸集中，打击力大，故清理效率高，此外，由于管中形成的高速气流会加速弹丸，故弹丸的抛射速度亦比普通叶片高，资料介绍在采用氧化铝弹丸时，管式叶片抛丸器的清理效率是普通叶片式抛丸器的两倍。

3.2.3　抛丸器的工作过程

抛丸器剖面示意图如图 3-8 所示，电动机带动叶轮、分丸轮，以 2250~2600r/min 的速度旋转。弹丸由进丸管进入分丸轮，经搅动，获得一定动能从定向套进入叶轮中加速，抛向工件表面。弹丸是呈散体性质的群体，颗粒间无黏滞性。每一弹丸的运动轨迹千差万别，只能以统计方法就其主流做概略分析。弹丸进入分丸轮后，做圆周运动。由于离心作用，弹丸滑入定向套内周，并在分丸轮叶片外端之间聚成堆。弹丸转到定向套窗口时，定向套失去约束作用，弹丸离开分丸轮叶片沿一定方向飞出。其速度大小与方向取决于弹丸离开分丸轮叶片时的相对速度与牵连速度（即圆周速度）的矢量和。弹丸飞出后与叶片相遇前为"自由飞行阶段"，如图 3-9 所示。"自由飞行"的弹丸与叶片相遇后，运动方向改变，除随叶片做圆周运动外，还在离心力作用下沿叶片做相对运动，直至离开叶片为止。弹丸的抛射速度为其脱离叶片时的相对速度与牵连速度的矢量和。因各弹丸离开叶片的时间差异与速度差异，弹丸抛出后沿径内散射，呈扇形分布。

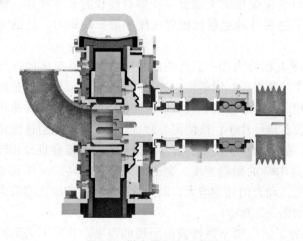

图 3-8　抛丸器剖面示意图

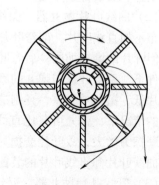

图 3-9　高速丸流的形成

3.2.4　抛丸器的理论基础及计算

1. 分析对象的选取

在当今虚拟样机广泛应用的时代，抛丸器研究者想到应用虚拟现实技术来研究其优化设计问题。这就要选择分析样机，所选择的样机要能较普遍地代表分析对象，使分析问题能揭露普遍规律，不只是优化设计一个产品，而是要优化设计系列产品。由此，笔者认为应将标准抛丸器产品参数、图样和资料导入 ADAMS 中为好。目前我国各制造厂制造的标准抛丸器有 $\phi360mm$（3000r/min 直连）；$\phi420mm$（260r/min）和 $\phi500mm$（2250r/min）三个基本规格品种。为满足机械零部件抛丸强化要求，另设置：$\phi380mm$（配 2 极电动机），$\phi420mm$（2600r/min），$\phi500mm$（2400r/min）三个变型规格产品，前者是直径变大，转速不变，大多数采用电动机直连传动，后两者是直径不变，转速加快，一般采用 V 带轮转动。由于叶片宽度不同，存在一些派生规格，也还有个别非标准无分丸轮、单轴、双叶片、多叶轮串联式抛丸器用于非机械制造行业部门。

2. 分丸轮作用

根据有关资料，可建立弹丸在抛丸器内运动的微分方程。

设 N 为叶片反作用力（即弹丸法向力）；T 为切向力；f 为摩擦系数；m 为质量；ω 为角速度。并设初始条件：$t=0$ 时，径向位移 $r=R_k$，相对运动速度 $v_r=0$。于是可求解运动微分方程，得到在叶片任一位置上的 K 点弹丸的绝对运动速度

$$v_a = \omega\sqrt{2R_k^2-R_0^2}/\sqrt{1+f} \tag{3-1}$$

（此处 R_0 是坐标原点，本例为抛丸器中心）

当 R_k^2/R_0^2 足够大时

$$v_a = \omega R_k\sqrt{2}/\sqrt{1+f} = (1.3\sim1.4)\omega R_k \tag{3-2}$$

不考虑摩擦和 R_k^2/R_0^2 够大时

$$v_a = \omega\sqrt{2R_k^2-R_0^2} = 1.4\omega R_k \tag{3-3}$$

相对运动（径向）速度

$$v_r = \omega\sqrt{R_k^2-R_0^2}/(1+f) \tag{3-4}$$

（此处 R_0 是相对速度起始点，本例为叶片进口点）

设牵连速度　　　　　　　　　　　$v_e = \omega R_k$

不考虑摩擦和 R_k^2/R_0^2 够大时

$$v_r = \omega R_k = v_e(牵连速度) \tag{3-5}$$

当 $R_k=R_0$ 时 $v_r=0$

方向角为

$$\tan\alpha = \sqrt{1-(R_0/R_k)^2} \tag{3-6}$$

设下角 f 表示分丸轮；下角 d 表示定向套；下角 x 表示叶轮；下角 0 和 1 分别表示内径和外径。弹丸团运动情况分析如图 3-10 所示。

弹丸从供丸阀流出至抛丸器中心，挤入并充满分丸轮中心（ϕ_{f0} 包围的弹丸）和它的叶片间空腔上，并向定向套内壁挤压。分丸轮两叶片之间被塞满弹丸的同时被推到定向套窗口

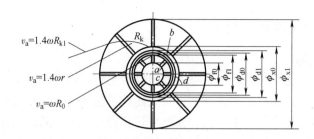

图 3-10　弹丸团运动情况分析

起始边，ab 边的弹丸首先摆脱了定向套内壁的约束力，b 点的弹丸以一定的速度，以切线方向飞向叶轮叶片，在 R_k 点与叶片相遇，并接受了叶片上按微分方程式的力的加速，从叶片叶顶端以一定的关系抛出。在 b 点弹丸抛出后，第二颗弹丸接着跟随其后，直到 ab 线上的弹丸全部跟出后，b 点在没有越过定向套窗时，还能够从分丸轮中心（即 ϕ_{f0} 包围的弹丸）取得弹丸继续跟随其后，从而使全窗口的弹丸都能得到充分利用，达到最大抛丸量（大抛丸量，要配相应的大功率，若要配备小功率，可用供丸阀控制供丸量，使其不超载，此时不需要 ϕ_{f0} 的弹丸补充），而后重复上述过程，直到 bd 边越过定向套窗口为止。受分丸轮和定向套之间间隙的影响，有些弹丸没有被抛出，其会在第二圈继续按上述过程飞向叶轮叶片，如此重复上述过程。由此可见，要提高抛丸量，首先应在有限分丸轮的体积内，尽量加大中心内腔空间，以聚集更多的弹丸，使弹丸源源不断地补充到 ab 边供抛丸之用，不但减少了风送的气流阻力，充分发挥了风送作用，还使弹丸挤入了分丸轮中心及其叶片间空腔内，保证了 ab 边的延长线上的弹丸补充；其次可以匹配地加大进丸管通道，使弹丸在风力作用下畅通无阻，从而减少阻力损失。

在此要说明的是，大抛丸量抛丸器的进丸管、分丸轮都很大，因鼓风作用而产生的风力对输送弹丸作用很大，而阿克肖诺夫所遇到的是小抛丸量抛丸器，进丸管和分丸轮都较小，抛丸器的鼓风作用，被小进丸管、小分丸轮所挡而忽略了是可以理解的。现在国内使用的都是大抛丸量抛丸器，还沿用阿氏观点分析现代抛丸器，由此得到的结论难以和现代抛丸器的真实性能所吻合。风力进丸抛丸器在国内外都有产品使用过（不是试用），图 3-11 所示为国外风力进丸抛丸器结构图。从闫教授使用情况而言，抛丸量比机械进丸小些，未推广开来，但抛丸器的鼓风作用能促使弹丸充满分丸轮内腔，并挤入分丸轮叶片间空腔是毋庸置疑的，从此抛丸器分析看，风力不起作用是不可能达到 $600 \sim 700 \mathrm{kg/min}$ 的抛丸量的。

为了增加分丸轮内腔中的弹丸容积，现在生产的抛丸器的分丸轮叶片越来越短，如 Q033 型抛丸器的分丸轮叶片

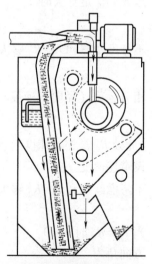

图 3-11　国外风力进丸抛丸器结构图

只有 9mm，也有的厂家制造的抛丸器，其分丸轮去掉了 8 个叶片，用四根小柱代替，效果很好，既增大了分丸轮内腔容量，又加强了分丸轮耐磨性能（因为每根小柱的直径大于叶片厚度的 2 倍），也使弹丸送进来的通道更加通畅。

3. 定向套作用

定向套是固定在抛丸器机壳上的零件，其作用是使在分丸轮内初步被加速的弹丸只能从定向套窗口飞出，除飞出的弹丸外，其余的弹丸会被定向套阻挡不能外飞并随分丸轮旋转。如果定向套和分丸轮间隙很小，且小于一颗弹丸直径时，其间隙中会夹杂着硬度极高的破碎弹丸，那就像砂轮切割机那样，不是分丸轮切割定向套内壁，即碎弹丸嵌在分丸轮上；就是定向套切割分丸轮外圈，即碎弹丸嵌在定向套上。为提高抛丸器抛丸量，须加大分丸轮直径，但圆周速度也会加大，从而使磨损加大。阿氏的观点具有局限性，这使抛丸器国产化走了很多弯路。经研究和探索而得到试验公式如下

$$R_{d0} - R_{f1} = (3 \sim 5)\, d_{丸} \tag{3-7}$$

式中　$d_{丸}$——弹丸直径。

该公式可以减轻"定向套与分丸轮"磨损，也是提高抛丸量的关键。

4. 叶轮叶片形状

叶轮叶片有直线叶片、前曲叶片和后曲叶片三种，目前广泛使用的是直线叶片，少量抛丸器制造厂采用曲面叶片。学者萨威林在他的理论分析中，列出如下方程式

$$v_a = \omega\sqrt{2R_k^2 - R_{x0}^2 + 2R_{x0}\sqrt{R_k^2 - R_{x0}^2}} \quad （适用前曲叶片） \tag{3-8}$$

$$v_a = \omega\sqrt{2R_k^2 - R_{x0}^2 - 2R_{x0}\sqrt{R_k^2 - R_{x0}^2}} \quad （适用后曲叶片） \tag{3-9}$$

$$N = m\omega^2\left(2\sqrt{R_k^2 + R_{x0}^2} + R_{x0}\right) \quad （适用前曲叶片） \tag{3-10}$$

$$N = m\omega^2\left(2\sqrt{R_k^2 + R_{x0}^2} - R_{x0}\right) \quad （适用后曲叶片） \tag{3-11}$$

在此列出直线叶片抛丸器的弹丸对叶片产生的压力的方程式

$$N = m\omega^2\left(2\sqrt{R_k^2 + R_{x0}^2}\right) \tag{3-12}$$

比较上述各式以后，可知：对于前曲叶片，弹丸抛出速度增加且对叶片磨损加大。速度加大，对抛丸器有利，但耗费能量多，对抛丸器寿命很不利。对后曲叶片，由于其曲率是按弹丸对叶片的正压力为零而设计的，无论抛丸器速度如何，其正压力都接近零（考虑到制造误差），故弹丸对叶片的磨损明显减轻了［由式（3-13）可知］，但抛丸速度也减小了。萨氏认为，上述两种曲叶片结构都应弃之，只推荐直线叶片。但后曲叶片也有它的优点，其速度与 ω 的一次方呈正比，故可以用提高抛丸器转速来提高弹丸抛出速度，虽然转速提高了，但对叶片正压力并不会提高，因而使大大延长了抛丸器的寿命，既节约磨损能耗，又方便生产（较长时间可连续使用）。为此，后曲叶片最小曲率半径计算公式如下

$$\rho_{min} = 3/4\sqrt{(R_k^2 - R_0^2)} \tag{3-13}$$

可算出如下数列（此处 $R_0 = R_{x0}$）

$R_k = 1.0R_0,\ 1.5R_0,\ 2.0R_0,\ 2.5R_0,\ 3.0R_0$

$\rho_{min} = 0,\ 0.84R_0,\ 1.30R_0,\ 1.72R_0,\ 2.12R_0$

图 3-12 所示的叶片的进口端呈径向起端，便于弹丸顺利进入叶片间空隙，不会打在叶片背面，接着以一段圆弧过渡到直线段（或准直线），使弹丸以零（或接近零）压力，在直线（准直线）段上滑动（滚动），直到在叶片顶端抛出。这种形状的叶片使用效果很好，称为后曲叶片。

5. 叶轮叶片长度

在叶轮外径确定的条件下，为了提高抛丸器抛丸量，可缩短叶片长度，以加大分丸轮直

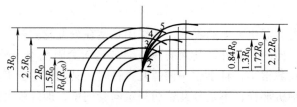

图 3-12　叶片分析

径。已知 Q033 型抛丸器的叶轮内径为 $\phi140mm$，分丸轮外径为 $\phi90mm$，可求得由分丸轮飞出的速度和叶轮进口速度之比为

$$90\omega/140\omega \approx 0.64 = 64\% \approx 2/3 \tag{3-14}$$

由分丸轮飞出的弹丸会在叶轮的叶片间隙处发生碰撞，经过 3~4 次跳跃才能稳定。此过程会对叶片产生一定磨损，如图 3-13 所示，故叶片的长度要能够保证弹丸稳定地抛出。

很多国家曾经都生产制造过无分丸轮抛丸器，20 世纪 50 年代我国机械制造行业也有进口使用。它是将几乎静止的弹丸直接送到高速旋转的叶轮叶片上的，而这就势必会发生碰撞，也正因这个缺点，现在机械制造行业内几乎没有再使用，只在船舶制造、建筑工地现场钢板、钢筋除锈等场合还有使用。为解决有分丸轮抛丸器的弹丸和叶轮叶片的碰撞问题，可假定由分丸轮飞出的弹丸只比叶轮进口处速度小 1/3。

萨氏认为，速度为零的弹丸在叶片上第一次跳起再落下，叶轮要转过 57°18′ 的转角，假定用比无分丸轮抛丸器速度大 2/3 的弹丸与叶片相撞，则有理由设定第一次跳起再落下叶轮只转 57°18′/3 = 19°6′，上述萨氏理论的应用见表 3-3。

图 3-13　磨损叶片实物照片

表 3-3　萨氏理论的应用

碰撞顺序	碰撞半径比 R_k/R_0	叶轮的转动角度（结论数据）		弹丸碰撞前后的速度 $v/(\omega R_0)$（结论数据）
		每次碰撞前的转角 φ	连续两次碰撞间的转动角 $\Delta\varphi$	
1	1	0	19°6′	0.56
2	1.28	19°6′	6°46′	0.92
3	1.48	25°50′	3°8′	1.17
4	1.63	28°24′	1°35′	1.31
5	1.687	30°33′	0°51′	1.4

碰撞的连续次数多少与碰撞反弹系数有关，若反弹系数 $K = 0$，表示没有反弹，若叶片材料硬度小于弹丸硬度，那么碰撞后弹丸被嵌到叶片里。根据弹丸和叶片使用的材料，取 $K = 5/9 \approx 0.55$，属于弹性碰撞，因此每次碰撞后，弹丸都会反弹出来，并向前跳跃一段距离，设 R_k 表示每次碰撞后弹丸跳动在叶片上前进的距离（即径向增量差）和叶片进口半径 R_0 之比为（萨氏数据除 3 以后）

$$R_k/R_0 = 1 + 0.28 + 0.20 + 0.13 + 0.077\cdots\cdots$$

由上数据可设定弹丸跳跃 3~4 次，此时弹丸可以稳定。考虑富余系数 1.5 后，得到按最小叶片长度计算的叶轮外半径为

$$R_{x1} = (1.687 \times 1.5) R_{x0} = 2.53 R_{x0} \tag{3-15}$$

于是可得到最小叶片长度的叶轮外径是叶轮内径的 2.53 倍。

3.2.5　抛丸器的主要参数

1. 运动参数

（1）弹丸的受力参数　抛丸器的叶片多为径向辐射状，旋转角速度为常数，如图 3-14 所示。质量为 m 的弹丸，在旋转着的叶片上运动，所受的力有

1）离心惯性力 P_e。

$$P_e = m\omega^2 r \tag{3-16}$$

式中　ω——叶轮角速度；

　　　r——弹丸所在点半径。

2）科里奥利力 P_k。

$$P_k = 2m\omega \frac{\mathrm{d}r}{\mathrm{d}t} \tag{3-17}$$

式中　$\dfrac{\mathrm{d}r}{\mathrm{d}t}$——弹丸相对运动速度；

　　　t——时间。

3）叶片推力 N。

$$N = -P_k = -2m\omega \frac{\mathrm{d}r}{\mathrm{d}t} \tag{3-18}$$

4）摩擦力 P_f。

$$P_f = fP_k = 2mf\omega \frac{\mathrm{d}r}{\mathrm{d}t} \tag{3-19}$$

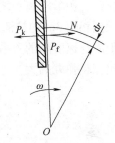

图 3-14　旋转叶片上的
弹丸受力情况（动静法）

式中　f——摩擦系数。

弹丸重力可忽略不计。为求得抛丸器运动参数，必须分析弹丸沿叶轮叶片运动的方程。由牛顿第二定律知

$$m \frac{\mathrm{d}^2 r}{\mathrm{d}t^2} = P_e - P_f \tag{3-20}$$

将前面导出的 P_e、P_f 表达式代入式（3-20）得

$$\frac{\mathrm{d}^2 r}{\mathrm{d}t^2} + 2f\omega \frac{\mathrm{d}r}{\mathrm{d}t} - \omega^2 r = 0$$

此常微分方程的通解是超越函数

$$r = C_1 e^{\omega(\sqrt{f^2+1}-f)t} + C_2 e^{-\omega(\sqrt{f^2+1}+f)t} \tag{3-21}$$

作合理简化，按麦克劳林级数展开，略去高次项，得

$$\left. \begin{aligned} t &= \frac{1}{\omega}\sqrt{\frac{2(r-r_0)}{r_0}} \ （经历时间） \\ \theta &= \sqrt{\frac{2(r-r_0)}{r_0}} \ （转角） \\ v_r &= \omega\sqrt{2r_0(r-r_0)} \ （相对速度） \end{aligned} \right\} \tag{3-22}$$

（2）弹丸的抛射速度 抛射速度一般是根据工艺要求来定的。当用于铸件表面清理时，其弹丸抛射速度可选 70m/s 左右；而用落砂清理时，其弹丸的抛射速度可选 75m/s 左右。

抛射速度与抛丸轮的转速及叶轮直径大小有关。提高叶轮的角速度 ω 或加大其外半径 R_1 均可使抛射速度增大，以达到要求的指标。但叶轮的转速不宜过高，因为随着转速的提高，轴承等易发热，从而使抛丸器振动加剧，对抛丸器的动平衡要求也会更高，叶片产生的鼓风阻力按转速的三次方增加，会使叶片寿命急剧下降。一般叶轮的转速不超过 2800r/min。为了使抛丸器的结构紧凑，叶轮的直径也不宜过大，一般取 300~500mm。

弹丸自抛丸器抛出后，在飞向工件的过程中，由于受到空气的阻力，速度将逐渐降低。据介绍，抛射距离每增加 1m，弹丸的动能损失就增加 10%。抛出速度为 80m/s 的弹丸，当接触到相距 3m 的被清理铸件时，丸速将降到 69m/s。图 3-15 所示为对不同大小的弹丸，抛射距离与速度降的关系。由图可知，弹丸越小，速度降越大，而形状不规则的碎弹丸的速度降比完整弹丸的大。

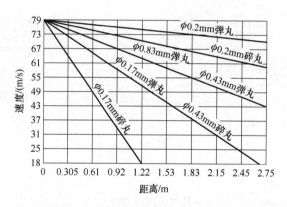

图 3-15 不同大小的弹丸，抛射距离与速度降的关系

（3）抛丸量 抛丸器每分钟抛出的弹丸量称抛丸量，是表示抛丸器性能的一个重要指标。抛丸量越大，清理能力越强。抛丸量主要取决于电动机功率、叶轮转速、抛丸器的结构及供丸能力。

要加大抛丸量或提高叶轮转速（亦即提高抛射速度），均须增加驱动功率。如果在不增加功率的情况下要加大抛丸量，那么就必须要降低抛射速度；反之亦然。

抛丸器的结构对抛丸量的大小影响也很大。国内对 $\phi500$mm 机械进丸抛丸器的试验研究结果表明：

1）适当增大分丸轮的内径、采用大分丸轮和增大分丸轮出口尺寸，抛丸量均会显著提高。因为这样可以减小弹丸在分丸轮中的运动阻力，增大离心力，从而提高运动速度。但分丸轮内径过大，其外径和定向套也会相应增大，从而导致抛丸器功率增大，降低抛丸率。

抛丸率 $q[\text{kg}/(\text{min}\cdot\text{kW})]$ 为单位功率的抛丸量，它是衡量抛丸器效率高低、性能好坏的主要经济指标，其计算公式为

$$q = \frac{Q}{N} \tag{3-23}$$

式中 Q——抛丸量（kg/min）；
$\quad\quad N$——耗用功率（kW）。

2）加大定向套出口的中心角，可增加抛丸量。但过大则会使弹丸扇形束流的夹角增大，从而使护板的磨损加剧，降低清理效率。

此外，为了减少弹丸在定向套内随分丸轮转动时的摩擦损耗，提高有效功率以提高抛丸量，分丸轮与定向套之间的间隙应为最大弹丸直径的 2~2.5 倍。

鼓风进丸抛丸器的抛丸量主要取决于弹丸的大小和鼓风机的性能参数。如何合理选择鼓风机性能参数，还有待进一步研究。

（4）弹丸的散射与分布　当抛丸轮叶片经过定向套出口时，由于弹丸与叶片相遇有先后，所以弹丸被抛出时也有先后，弹丸分布如图 3-16 所示。扇形的夹角 α 称散射角，一般 α 为 55°~70°；轴向也有一散射角 β，一般为 8°~15°。

但在散射角范围内，弹丸并不是均匀分布的，大约在扇形对称轴线（AE）附近有一个弹丸密集区。弹丸的散射范围和密集区分布与定向套窗口位置有关。定向套出口中心角 γ 越大，散射越厉害，清理效果也就越差。定向套出口的中心角 γ 一般为 45°~46°。

抛丸器工作时，由于定向套出口前缘的磨损改变了定向套出口的形状和尺寸，因而影响弹丸散射的范围和密集区位置，所以在使用中应根据定向套出口磨损的情况及时调整定向套的位置。当磨损量超过 13mm 时，由于弹丸抛射区域偏移过大，应更换新的定向套。

由于抛丸器抛出的弹丸呈扇形分布，因此工件上被抛射的面积与抛射距离有关。抛射距离越大，则抛射面积越大，而弹丸密集程度也随之降低，故会降低抛丸清理效果。一般认为，工件至抛丸器的抛射距离以 600~1500mm 为宜。如果采用大抛丸量的强力抛丸器，抛射距离可增大到 2000mm 左右。

叶片、定向套、分丸轮的关系如图 3-17 所示。分丸轮扇形体工作表面应比叶片工作表面超前 6mm 左右，或 $\psi = 15°$ 左右（对于 $\phi500mm$ 抛丸器），以保证弹丸由分丸轮飞入叶轮时，避免撞击叶片根部，甚至到叶片背后去。否则既会加速叶片的磨损又会因弹丸的相互撞击而增加功率消耗。

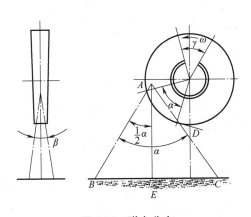

图 3-16　弹丸分布

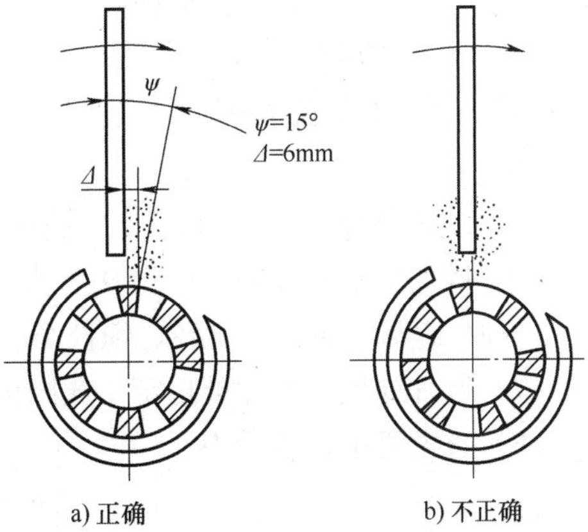

图 3-17　叶片、定向套、分丸轮的关系

a) 正确　　b) 不正确

2. 结构参数

抛丸器的结构如图 3-18 所示。

各结构参数的计算公式如下

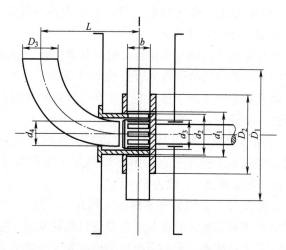

图 3-18　抛丸器的结构示意图

D_1—叶轮外径　D_2—叶轮圆盘直径　D_3—进丸管上口直径　d_1—叶轮内径　d_2—定向套外径

d_3—分丸轮外径　d_4—进丸管下口内径　b—叶片宽度　L—进丸管位置

（1）分丸轮外径 d_3（mm）

$$d_3 = \delta_1 + 50 + 0.1Q \tag{3-24}$$

式中　δ_1——分丸轮壁厚度（mm）；

　　　Q——抛丸量（kg/min）。

（2）进丸管下口内径 d_4（mm）

$$d_4 = 45 + 0.1Q \tag{3-25}$$

（3）定向套外径 d_2（mm）

$$d_2 = \delta_2 + 6d_n + d_3 \tag{3-26}$$

式中　δ_2——定向套壁厚（mm）；

　　　d_n——弹丸直径（mm）。

（4）叶轮内径 d_1（mm）

$$d_1 = 6d_n + d_2 \tag{3-27}$$

（5）叶轮外径 D_1 由标准选定　我国标准规格有 360mm、420mm、500mm 三种。

（6）叶轮圆盘直径 $D_2 = 0.75D_1$　有三种规格：270mm、320mm、380mm。国外近年来研制了一种小圆盘叶轮，质量轻、惯性小、振动弱、噪声低。

（7）叶片宽度 b 由标准选定　我国标准有 62mm、80mm、100mm、120mm 四种规格。

（8）进丸管上口直径 D_3

$$D_3 = (1.3 \sim 1.5)d_4 \tag{3-28}$$

（9）进丸管位置尺寸 L

$$L = \frac{D_1}{2} + b \tag{3-29}$$

定向套窗口和分丸轮窗口的长度按经验取 $(0.90 \sim 0.95)b$，定向套窗口宽度取 55°，分丸轮窗口宽度取 $360°/(2z)$，式中 z 为分丸轮叶片数。

3. 抛射距离

影响抛丸器最佳抛射距离的因素有很多，抛丸器与工件的距离取决于两方面：

1）弹丸在空气中运动时，速度衰减率为

$$\Delta = 100e^{-0.5801/d_n} \tag{3-30}$$

式中　Δ——弹丸速度衰减率（%）；

　　　e——自然对数的底（$e = 2.71828\cdots\cdots$）；

　　　d_n——弹丸直径（mm）。

Δ 随 d_n 而变化的曲线如图 3-19a 所示。在常规范围内，弹丸速度在空气中的衰减率与距离的关系近似于直线（见图 3-19b）。

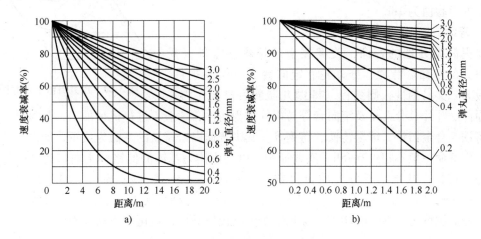

图 3-19　弹丸在空气中的速度衰减

其计算公式如下

$$\Delta = \frac{100 - bs}{100} \times 100\% \tag{3-31}$$

式中　b——直线的斜率；

　　　s——弹丸在空气中的运动距离。

b、s、d_n 三者间的关系见表 3-4 所示。

表 3-4　速度按直线规律衰减的有效距离与斜率

弹丸直径 d_n/mm	0.2	0.4	0.6	0.8	1.0	1.2	1.4	1.6	1.8	2.0	2.5	3.0
弹丸在空气中的有效距离 s/m	0.8	1.6	2.4	2.6	3	3.8	4	5	5.6	6	8	10
斜率 b	25.3	12.7	8.62	6.6	5.36	4.13	3.75	3.32	2.99	2.61	2.13	1.77

2）弹丸的密度。弹丸的密度与弹丸射流截面面积有关。

$$A = 4S^2\tan\frac{\alpha}{2}\tan\frac{\beta}{2} + 2\omega S\tan\frac{\alpha}{2} \tag{3-32}$$

式中　A——弹丸射流截面面积（m²）；

　　　S——抛丸器与工件表面间的距离（m）；

ω——叶片宽度（m）；

α——纵向抛射角（°）；

β——横向抛射角（°）。

由式（3-32）知，射流截面面积随抛丸距离的平方（S^2）增加而增加。

综上所述，抛丸距离 S 不可太远，否则速度会剧烈衰减，并且会使抛散面积剧增，从而降低了弹丸密度。抛速与密度的降低都不利于抛丸清砂的有效进行。然而，抛丸距离 S 又不可太近，否则抛丸器会承受反射流，从而加剧抛丸器的磨损。图 3-20 所示为抛丸流散射示意图。最佳抛丸距离的经验值为 1m。

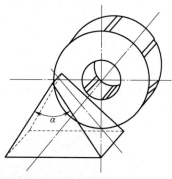

图 3-20　抛丸流散射示意图

4. 寿命

要提高抛丸器的寿命，关键在于延长耐磨零件（见图 3-21）的寿命。叶片、分丸轮、定向套为一类易损件，顶弧板为二类易损件，侧弧板（即抛丸器前后衬板）为三类易损件。叶片、分丸轮及定向套等易损件均为铸件，一般不进行机械加工，其材质有普通白口铸铁、合金铸铁、球墨铸铁、铸钢等。其中普通白口铸铁的寿命为最短，如白口铸铁叶片的工作寿命一般不超过 6~8h。实践证明，以马氏体为基体的低铬稀土白口铸铁叶片的使用寿命比较长，其化学成分（质量分数）为：O：2.4%~2.8%；Si：1.0%~1.2%；Mn：0.4%~0.6%；Cr：3.5%~4.2%；稀土合金：1.5%。这种材质的耐磨件应经过淬火和低温回火，最后硬度可达 64~68HRC，金相组织为马氏体基体，碳化物为断续网状组织。

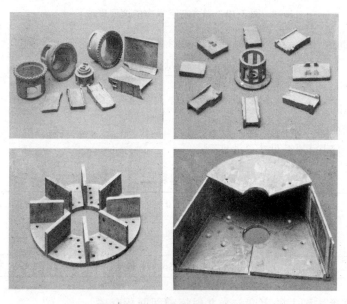

图 3-21　部分耐磨零件实物图

要提高易损件的寿命，首先要让设计力求结构简单，应尽量减少易损件的数量，并采用高耐磨的材质。二类易损件应采用特种铸铁：

1）稀土特种铸铁（C 的质量分数为 2.4%~2.8%；Si 的质量分数为 1.0%~1.2%；Mn

的质量分数为 0.4% ~ 0.6%；Cr 的质量分数为 3.5% ~ 4.2%；稀土合金的质量分数为 1.5%），寿命为 50~120h。

2）中铬特种铸铁（Cr 的质量分数为 12% ~ 13%），寿命为 120~250h。

3）高铬特种铸铁（C 的质量分数为 3.09%；Si 的质量分数为 0.44%；Mn 的质量分数为 0.44%；Mo 的质量分数为 0.11%；V 的质量分数为 0.09%；Ni 的质量分数为 0.41%；Cr 的质量分数为 27.5%），热处理后叶片的硬度可达 60HRC 以上（相应地，弹丸硬度应为 40~50HRC），寿命为 500~1000h。

三类易损件过去用铬钢，近年来采用 A8 钢板，寿命与二类易损件接近，便于维修且更为经济。叶轮采用铬钢，热处理工艺对其寿命影响很大，一般要求热处理后硬度达 55HRC 以上。

近年来美国潘邦公司研制了一种单圆组曲线叶片抛丸器（见图 3-22），不仅减少了叶片磨损，还改善了抛丸性能，延长了抛丸器寿命。

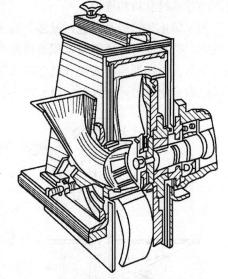

图 3-22　美国潘邦公司研制的一种单圆组曲线叶片抛丸器

其次，要提高分离效率。分离效率是影响抛丸器易损件使用寿命的重要因素之一。由于钢丸中含有石英砂，石英砂颗粒的棱角锋利，会加快易损件的磨损。如钢丸中含砂量占 2%（质量分数）时，叶片寿命将降低 50%。磁风分选系统的分离效率达 99.8%，可以把钢丸中的砂分离干净，故是提高易损件使用寿命的重要途径之一。图 3-23 所示为纯钢丸对叶片的磨损，叶片表面呈微波浪形；图 3-24 所示为钢丸中含砂量达 2%（质量分数）时对叶片的磨损，叶片表面呈构槽形。

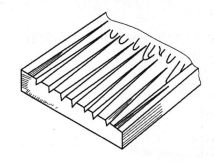

图 3-23　纯钢丸对叶片的磨损

图 3-24　钢丸中含砂量达 2%（质量分数）时对叶片的磨损

3.3　弹丸循环输送装置

3.3.1　设备的形式和布置

抛丸室集丸斗内铁丸的机械回收设备主要由垂直提升机械和水平输送机械所组成。在小型尺度的抛丸室，为了简化回收设备，可以采用图 3-25 形式，将集丸斗排料口直接与垂直输送的斗式提升机相连接。

为了防止斗式提升机进料过多，避免在没有开动提升机时，集丸斗内的铁丸直接落入提升机内，造成提升机底部铁丸积聚而使电动机超载，在集丸斗排料口应该安装带有限制流量的闭锁器；闭锁器与斗式提升机之间采用电控联锁，闭锁器平时呈常闭状态。在斗式提升机起动以后，闭锁器才能倾倒卸料。图 3-26 所示为集丸斗排料用的托槽闭锁器。

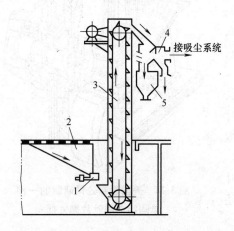

图 3-25　集丸斗排料口直接与垂直输送的
斗式提升机相连接

1—闭锁器　2—集丸斗　3—斗式提升机
4—丸尘分离器　5—储丸仓

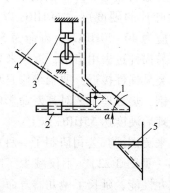

图 3-26　集丸斗排料用的托槽闭锁器

1—带有限流口的转动槽　2—配重　3—牵引电磁铁
4—集丸斗　5—提升机进料口
注：α 为铁丸自封角

实际产品的电磁铁行程较小，图中采用了滑轮放大型式电磁铁。电磁铁线圈与斗式提升机的电动机联锁，起动时先起动提升机，后接通电磁铁。关闭时，先切断电磁铁线路，后切断电动机线路。

在大型的抛丸室内，由于集丸斗不可能挖得太深，所以多数抛丸室采用垂直提升机械和水平输送机械的组合式。图 3-27 所示为水平输送与垂直提升组合型式。

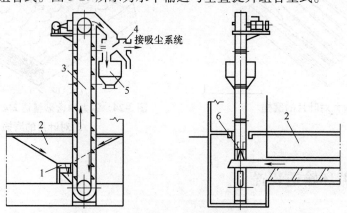

图 3-27　水平输送与垂直提升组合型式

1—水平输送机械（图中以振动输送机为代表）　2—V 形集丸斗
3—斗式提升机　4—丸尘分离器　5—储丸仓　6—吸尘口

抛、喷出来的铁丸积聚在 V 形集丸斗内，通过安装在集丸斗底的水平输送机械把铁丸输送到提升机进料口，再经提升机输送到储丸仓内。

垂直输送机械，基本上只有一种型式，即斗式提升机。而水平输送机械，则型式比较多。用来回收铁丸的水平输送机械有振动输送机、刮板输送机、带输送机、螺旋输送器。

上述设备中，采用振动输送机来输送铁丸是比较理想的，因为振动输送槽没有机械转动机构，即使在料槽内落入大粒异物，也不会影响物料的输送。它的缺点就是在设备开动时会产生一定的噪声。

刮板输送机的优点是设备安装高度小，采用链条（锚链或套筒滚子链）和角钢组成的传送带，制造和维修都比较方便；缺点是容易被异物卡住。

带输送机的优点是功率损耗较小、无噪声；缺点是设备安装高度大、所占面积多。

螺旋输送器常用于输送铁丸，它的优点是设备安装高度小；缺点是机械磨损很大，大的异物落入螺旋叶片内，容易损坏机器，同时，其维修也比较麻烦。因此最近设计设备时都不希望采用螺旋输送器来输送铁丸。

水平输送机械在铁丸的水平输送过程中还能起到筛选的作用。振动输送机出料一端的筛网和螺旋输送机出料口的滚筒筛就是用来筛选铁丸的。

垂直提升机械和水平输送机械分别都配备有电动机传动装置。在电气控制上应该采用联锁装置，在起动时，先开垂直提升机械，后开水平输送机械；在关闭时，先关水平输送机械，后关垂直提升机械。如果，集丸斗底部没有装上限制流量的装置，在抛、喷丸操作开始以前，必须先开动输送机械，以防止集丸斗内铁丸积聚过多，堵塞输送机械。

为了使设备布置紧凑，也可以采用图 3-28 所示的布置型式。螺旋输送器不单独配备电动机传动装置，而由提升机下辊筒伸出轴带动，这样的布置型式可以保持水平进料和垂直提升自然联锁。在采用这种方式时，应该注意到两者之间的旋转方向，图 3-28 中所示的螺旋输送器叶片应为逆转进料。图 3-29 所示为提升机带动刮板输送机简图。

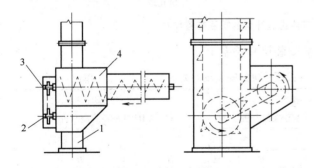

图 3-28 提升机带动螺旋输送器简图
1—提升机底座 2—提升机下辊筒伸出轴
3—螺旋输送器伸出轴 4—螺旋输送器

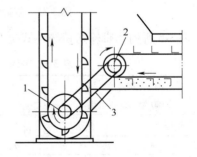

图 3-29 提升机带动刮板输送机简图
1—提升机下辊筒伸出轴 2—刮板输送机传动轮
3—传动链条

水平输送机械和垂直提升机械在联合使用时，要注意它们之间的输送量关系，垂直提升机械的输送能力应大于水平输送机械的输送能力，这样，就不会造成提升机底部物料的积存。

一般用于水平输送物料的机械，进料口的长度都比较短，设备运转时，受到物料的压力作用很小，而用于抛丸间内的水平输送机械，由于集丸斗不可能挖得很深，所以进料口往往是统一长度的，在安装水平输送机械时，应该在集丸斗卸料口上装上挡板和限流设施，一方面可以减少物料对水平输送机械的压力，另一方面可以限制水平输送机械的进料量，避免水平输送机械因短时进料过多而超载。

图 3-30 所示为 V 形集丸斗排料口下的扇形阀限流装置。根据水平输送机械的运输能力，调整扇形阀的开启度。当仓内出丸时，倒入集丸斗内一时来不及运走的铁丸会留在集丸斗内，图中 B、L 分别表示集丸斗档位及扇形阀的宽度。

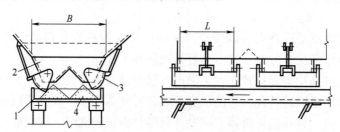

图 3-30　V 形集丸斗排料口下的扇形阀限流装置
1—水平输送机械　2—V 形集丸斗底槽　3—间断形扇形阀　4—物料

图 3-31 所示为带输送机与斗式提升机的相互布置尺寸，图中 B 为带输送机带宽。

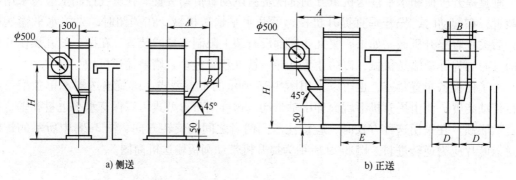

a) 侧送　　　　　　　　　　　　b) 正送

图 3-31　带输送机与斗式提升机的相互布置尺寸

表 3-5 所列为带输送机与斗式提升机的安装尺寸关系 1。

表 3-5　带输送机与斗式提升机的安装尺寸关系 1　（单位：mm）

B400 型带输送机与 D160 型斗式提升机				B500 型带输送机与 D250 型斗式提升机				B650 型带输送机与 D350 型斗式提升机			
正送		侧送		正送		侧送		正送		侧送	
H	A	H	A	H	A	H	A	H	A	H	A
2000	1150	2100	950	2200	1250	2300	1100	2400	1300	2600	1250

表 3-6 所列为带输送机与斗式提升机的安装尺寸关系 2。

表 3-6　带输送机与斗式提升机的安装尺寸关系 2　（单位：mm）

型号	D160 型斗式提升机	D250 型斗式提升机	D350 型斗式提升机	D450 型斗式提升机
E	1100	1200	1300	1600
D	950	1100	1200	1300

3.3.2 斗式提升机

图 3-32 所示为斗式提升机的一种型式——胶带离心式斗式提升机。

胶带离心式斗式提升机由壳体、传动装置、进料口、出料口、上下辊筒和安装在胶带上的料斗组成。

胶带离心式斗式提升机在订货时，须注明所规定的代号。

代号示例如下：

右装提升机 $D250S_1—X_2J_1—K_1Z_1—C_3—11.68$。

右装——表示传动装置的位置在进料口右方；

$D250$——提升机型号，250 表示料斗的宽度；

S_1——深斗（Q——浅斗）；

X_2——水平出料口（X_1——倾斜出料口）；

J_1——$\alpha = 45°$的进料口（J_2——$\alpha = 60°$）；

K_1Z_1——中间机壳上的检修门参阅图 3-33；

C_3——传动装置功率，参阅表 3-7。

由于铁丸的流动特性比较好，选用斗式提升机时，均采用 $\alpha = 45°$ 的进料口和深斗型式。采用水平或倾斜出料口时，要根据设备布置需要而定。

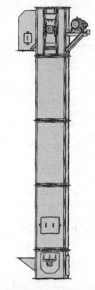

图 3-32 胶带离心式斗式提升机简图

表 3-7 传动装置功率 （单位：kW）

代号	型号			
	D160	D250	D350	D450
C_1	1.7	2.8	4.5	7
C_2		4.5	7.0	14
C_3		4.5	7.0	
C_4		7.0	10	

斗式提升机的输送量可以按照连续输送装置的输送量 $Q(\mathrm{t/h})$ 来计算

$$Q = 3600qv$$

式中　q——每米运输带上所运载的质量（t/m）；

　　　v——带速度（m/s）。

$$q = \varphi \frac{10^{-3}\omega}{t}\gamma_\mathrm{m} \tag{3-33}$$

式中　φ——料斗装载系数（对于深斗 $\varphi = 0.6$；对于浅斗 $\varphi = 0.4$）；

　　　ω——料斗容积（L）；

　　　t——料斗间距（m）；

　　　γ_m——物料堆密度（t/m³）。

代入上述输送量计算公式，得

$$Q = 3.6\frac{\varphi\omega}{t}\gamma_\mathrm{m}v \tag{3-34}$$

标准产品斗式提升机的输送量、带速度和空转系数见表3-8。

表3-8　标准产品斗式提升机的输送量、带速度和空转系数

项目	浅斗 Q			深斗 S		
	D160	D250	D350	D160	D250	D350
输送量 $Q/(\text{m}^3/\text{h})$	3.1	11.8	25	8	22	42
带速度 $v/(\text{m/s})$	1	1.25	1.25	1	1.25	1.25
料斗容量 w/L	0.65	2.6	7.0	1.1	3.2	7.8
料斗间距 t/m	0.3	0.4	0.5	0.3	0.4	0.5
空转系数 c	0.011	0.023	0.04	0.0125	0.0365	0.045

斗式提升机的功率 $N(\text{kW})$ 为

$$N = \frac{K}{\eta}H(c+0.0034Q) \tag{3-35}$$

式中　H——提升机上下辊中心高度（m）；

K——高度系数：$H \leqslant 10$ 时，$K=1.45$；$10 < H \leqslant 20$ 时，$K=1.25$；$H>20$ 时，$K=1.15$；

η——传动效率，$\eta \approx 0.75 \sim 0.85$；

c——空转系数，参阅表3-8；

Q——输送量（t/h）。

对于 D 型斗式提升机，当 $\varphi=1$ 时，不同密度的输送物料所需功率见表3-9。

表3-9　不同密度的输送物料所需功率

物料堆比重 $/(\text{t/m}^3)$	D160 型		D250 型		D350 型	
	高度/m	功率/kW	高度/m	功率/kW	高度/m	功率/kW
0.8	34	1.18	41	3.9	26	5
1.0	30	1.34	37	4.3	22	5.4
1.25	27	1.48	32	4.8	18	6.2
1.6	22	1.67	26	5.3	13	6.4
2.0	17	1.86	19	5.8	9	6.5

注：表内的功率为深斗，装载系数为1时的功率。

当斗式提升机的进出料口布置在与机体的同一方位时，如图3-33所示，物料进入斗式提升机底壳后，用料斗掏料方式取料。这种方法虽然会增加一些摩擦阻力，但在实际使用中经常可以看到。

斗式提升机的传动带基本上有两种型式，一种是用胶皮（或帆布带）；另一种是用链条（锚链）。用锚链制成的传动带，便于工厂制造、检修、调整长度。链条与料斗的连接方法如图3-34所示。此时，上下辊筒都采用链轮。由于采用链条传送，所以斗式提升机在运输过程中料斗不会打滑。

图3-35、图3-36所示分别为斗式提升机三维示意图及工作原理图。

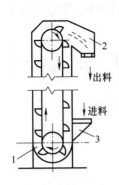

图 3-33　料斗反向进料型式

1—提升机底壳　2—出料口　3—进料口

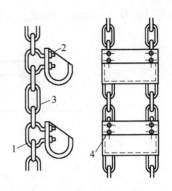

图 3-34　链条与料斗的连接方式

1—链钩　2—料斗　3—锚链　4—螺母

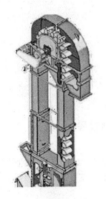

图 3-35　斗式提升机三维示意图

图 3-36　斗式提升机工作原理图

3.3.3　振动输送机

目前，国内用来输送铁丸的振动输送机有两种，一种是曲柄振动输送机（见图 3-37），另一种是双偏心振动输送机（见图 3-38）。曲柄振动输送机由曲柄振幅为 A 的曲柄机构所驱动。偏心振动输送机是用一对同步回转振幅为 A 的偏心重块所驱动。

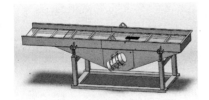

图 3-37　曲柄振动输送机

图 3-38　双偏心振动输送机

图 3-39 所示为曲柄振动输送机的简图和物料运动过程。料槽 1 由摆杆弹簧 2 所支撑，由于弹簧斜置角度为 β，故料槽 1 为斜向上下运动。物料被抛起后，即按自由落体的轨迹继续向前，直到与槽面接触，才会重新得到加速而又被抛起。一台设计得比较成功的振动输送机，物料与槽面接触的时间只占一个振动周期的极小部分，大部分是抛料运动过程。由于物

料抛起的高度只有 0.1~1mm，因此，实际上看起来，槽里的物料好像是在连续不断地流动。

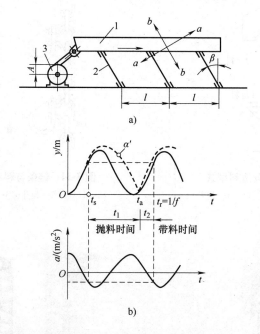

a)

b)

图 3-39　曲柄振动输送机的简图和物料运动过程

1—料槽　2—摆杆弹簧　3—曲柄

A—曲柄的振幅　β—弹簧斜置角　α'——粒物料　a—a 方向为柔性　b—b 方向为刚性

l—支撑间距　t_1—抛料时间　t_2—带料时间

图 3-39b 表示输送槽里一粒物料的运动过程，y 为料槽和物料的垂直位移；a 为槽体的垂直加速度。此物料颗粒 α' 在 t_s 时达到了重力加速度负值 $-g$ 而脱离槽体，至 t_a 时才再与槽体接触，在隔了一个槽体振动周期 $t_s + \dfrac{1}{f}$ 时又被抛起（f 是槽体的振动频率）。这样断续的微跃运动是一种周期性跳跃过程，即物料的跳起点与接触点同在一个槽体振动周期之内。

振动输送机的频率 f、振幅 A 和重力加速度 g 的关系式用 K 来表示，称为机器系数，即槽体最大加速度与重力加速度的比值

$$K = \frac{4\pi^2 f^2 A}{g} \tag{3-36}$$

式中　f——槽体振动频率（Hz）；

　　　A——振幅（m）；

　　　g——重力加速度（m/s²）。

K 的大小受槽体强度和惯性力所限制，目前一般设计时 $K = 4 \sim 6$（也有 $K = 10$），因为钢丸不会受振动而碎裂，故 K 可以取大值。

抛料指数 Γ，主要由垂直加速度的大小确定

$$\Gamma = \frac{4\pi^2 f^2 A \sin\beta}{g} = K\sin\beta \tag{3-37}$$

周期性跳跃过程的抛料指数 $\Gamma = 1.0 \sim 3.3$。当 $\Gamma = 3.3$ 时，物料恰好越过一个槽体振动

周期，即抛料持续时间 $t_a \sim t_s$ 等于一个槽体的振动周期 $\frac{1}{f}$。

物料输送速度 $V(\mathrm{m/s})$

$$V = \frac{a\sin\beta}{\pi f} \tag{3-38}$$

式中　a——振动加速度幅值（$\mathrm{m/s^2}$）；

　　　β——振动方向与筛面的夹角（°）；

　　　f——振动频率（Hz）。

$n_\rho = f(t_a - t_s)$，n_ρ 与抛料指数 Γ 的关系为

$$\Gamma = \sqrt{\left(\frac{\cos 2\pi n_\rho + 2\pi^2 n_\rho^2 - 1}{2\pi n_\rho - \sin 2\pi n_\rho}\right)^2 + 1} \tag{3-39}$$

Γ 与 n_ρ 的关系见表 3-10。当 $\Gamma = 3.3$ 时，抛料时间 $t_a - t_s$ 即等于振动周期 $\frac{1}{f}$，此时 n_ρ 就等于 1。

表 3-10　Γ 与 n_ρ 的关系

Γ	1	1.25	1.5	1.75	2	2.25	2.5	2.75	3	3.3
n_ρ	0.1	0.43	0.59	0.68	0.75	0.8	0.86	0.92	0.96	1

输送速度 V 也可以写成

$$V = \eta \sqrt{g}\, \pi\, \frac{n_\rho^2}{\sqrt{K}} \sqrt{A}\, c\tan\beta \tag{3-40}$$

在输送量最大时，弹簧斜置角 β 的最佳值与 K 的关系见表 3-11。

表 3-11　弹簧斜置角 β 的最佳值与 K 的关系

K	1.4	1.5	2	3	4	5	6	7	8	9	10	11	12
$\beta(°)$	0	60	50	37	31	26	25	22	20	17	16	15.5	15

摆杆弹簧间距大小与槽体刚度有关，当槽体的振动频率低时，支撑间距可以增大。振动料槽一般水平放置，但也可以倾斜安装，向下倾斜时可以提高物料的输送速度。倾斜安装对速度增加的关系见表 3-12。

表 3-12　倾斜安装对速度增加的关系

向下倾角（°）	2	4	6	8	10	12	14	14.5
速度增加（%）	4	7	13	21	35	54	80	100

料槽向下倾斜的角度一般采用 5°，因为倾角太大会影响输送机的安装高度。如果设备安装在地坑内，则会增加地坑的深度。料槽也可以向上倾斜，但向上倾斜的角度不应大于 12°，因为每升高 1°，将使输送速度降低 2%。

影响驱动大小的因素，不是功率，而是所需要的驱动力。

料槽加速度 $a(\mathrm{m/s^2})$

$$a = 4\pi^2 f^2 A \tag{3-41}$$

最大激振力 $P(\mathrm{kg})$

$$P = ma = \frac{G}{g} 4\pi^2 f^2 A \tag{3-42}$$

式中　G——槽体及物料质量（kg）。

图 3-40 所示为某造船厂铸工车间铸件喷丸清砂设备上用来水平输送铁丸的曲柄振动输送机简图。输料槽的宽度为 500mm，长度为 2.3m，偏心轴的偏心值为 5mm，偏心轴转速为 395r/min，配备电动机的功率为 2.2kW。

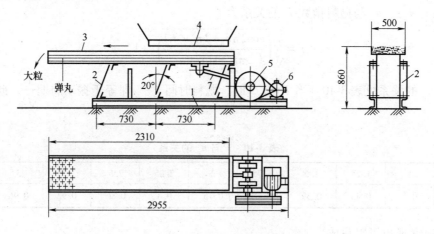

图 3-40　曲柄振动输送机简图
1—机座　2—摆杆弹簧　3—槽体　4—接杆及轴承　5—偏心轴　6—电动机　7—料仓

图 3-41 所示为某锅炉厂包装车间喷丸室内的偏心振动输送机简图。喷丸室地坑下安装了布置成 90° 相连接的水平振动输送机。

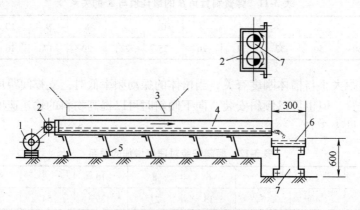

图 3-41　偏心振动输送机简图
1—1.1kW 电动机　2—振动箱　3—料仓　4—输料槽　5—摆杆板簧　6—横向振动输送机　7—偏心块

造船厂在实际生产过程中观测料槽内物料的移动速度为 4~5m/min；锅炉厂在实际生产过程中观测料槽内物料的移动速度为 6~7m/min。偏心振动输送机由于存在撞击，所以发出的噪声较大。

3.3.4　带输送机

通用固定式带输送机是由传动装置、传动及张紧辊筒、上下托辊、头尾及中间机架组成。带输送机简图如图 3-42 所示。

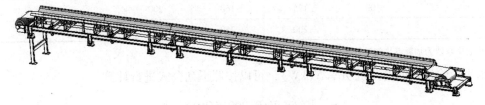

图 3-42　带输送机简图

用来输送铁丸的带输送机采用槽形托辊，一般用来输送物料的堆密度为 $1 \sim 2.5 t/m^3$，由于铁丸的堆密度较大（$4.5 t/m^3$），所以采用此设备时，必须增加上托辊的数量，托辊之间的距离为 800mm。

带输送机安装尺寸如图 3-43 所示。安装带输送机通道所需要的宽度见表 3-13。

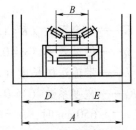

图 3-43　带输送机安装尺寸

表 3-13　安装带输送机通道所需要的宽度　（单位：mm）

带宽度 B	A	D	E
400 及 500	1800	1200	600
650	2000	1300	700
800	2300	1400	900

带宽度 $B(m)$ 的核算，可按下列公式

$$B = \sqrt{\frac{Qm}{310V\gamma_m}} \tag{3-43}$$

式中　Q——输送量（t/h）；

　　　V——带速度（m/s）；

　　　γ_m——物料堆密度（t/m^3）；

　　　m——加料时不均匀系数，从料斗直接进料时，$m = 2.5 \sim 3$。

槽形托辊带输送机的输送量 Q（t/h）由下列公式确定

$$Q = \frac{310B^2 V\gamma_m}{m} \tag{3-44}$$

槽形带输送松散物料时的输送量见表 3-14。

表 3-14　槽形带输送松散物料时的输送量　（单位：m^3/h）

带宽度 B/mm	带速度 V/(m/s)					
	0.8	1	1.25	1.6	2	2.5
300	21.5	27	34	43		
400	40	50	63	80		

（续）

带宽度 B/mm	带速度 V/(m/s)					
	0.8	1	1.25	1.6	2	2.5
500	63	80	100	125		
600	100	125	160	200		
800		200	250	315	400	

注：表中数值为加料不均匀系数 $m=1$ 时的情况。

水平带输送机的电动机功率 N(kW)，可以按照下列公式进行计算

$$N = \frac{K}{\eta}\left[(LK_1V + 0.00015QL)K_2 + N_空\right] \tag{3-45}$$

式中　K——安全系数（$K=1.2\sim1.25$）；

　　　η——传动效率（$\eta=0.85\sim0.9$）；

　　　L——带输送机长度（m）；

　　　K_1——宽度系数（当 $B=400$mm 时，$K_1=0.015$；当 $B=500$mm 时，$K_1=0.018$；当 $B=650$mm 时，$K_1=0.022$）；

　　　Q——输送量（t/h）；

　　　K_2——长度系数（当 $L=15\sim30$m 时，$K_2=1.12$；当 $L=30\sim45$m 时，$K_2=1.05$；当 $L\geqslant45$m 时，$K_2=1.0$）；

　　　$N_空$——空载功率（$N_空\approx0.07QB$，但不小于 0.4kW）。

3.3.5　螺旋输送器

螺旋输送器是由机壳、螺旋叶片和安装在同轴上的滚筒筛和电动机传动装置等组成，如图 3-44 所示。

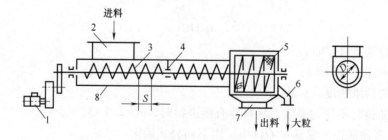

图 3-44　螺旋输送器简图

1—机壳　2—进料口　3—螺旋叶片　4—中间轴承　5—带螺旋叶片的滚筒筛　6—大粒物料出料口
7—铁丸出料口　8—电动机传动装置　S—叶片的螺距

螺旋叶片固定在转动轴上，在开动机器以后，由于螺旋叶片的转动，把积聚在机壳下的物料向前输送。安装在出料一端的滚筒筛是用来筛选铁丸和除去混在铁丸内的大粒异物。

螺旋输送器的输送量 Q(t/h) 可以按下列公式计算

$$Q = 3600\phi\frac{\pi D^2}{4}\frac{Sn}{60}\gamma_m = 60\phi\frac{\pi D^2}{4}Sn\gamma_m = 47\phi D^2Sn\gamma_m \tag{3-46}$$

式中　D——螺旋片直径（m）；

　　　S——螺距（m）；

　　　ϕ——剖面装载系数（一般取 $\phi = 0.25 \sim 0.3$）；

　　　n——每分钟转速（r/min）。

螺旋输送器的功率 N(kW)，可按下列公式进行计算

$$N = \frac{K}{\eta} \frac{QL\omega}{367} \qquad (3\text{-}47)$$

式中　K——安全系数，取 $K = 1.2 \sim 1.25$；

　　　η——传动效率，取 $\eta = 0.85 \sim 0.9$；

　　　Q——输送量（t/h）；

　　　L——螺旋输送器的长度（m）；

　　　ω——经验系数（砂 $\omega = 4$；煤 $\omega = 2.5$）。

如果螺旋输送器的进料口很长，接近螺旋输送器全长时，螺旋片上应加装挡板，防止螺旋输送器受压太大，如图 3-45 所示。

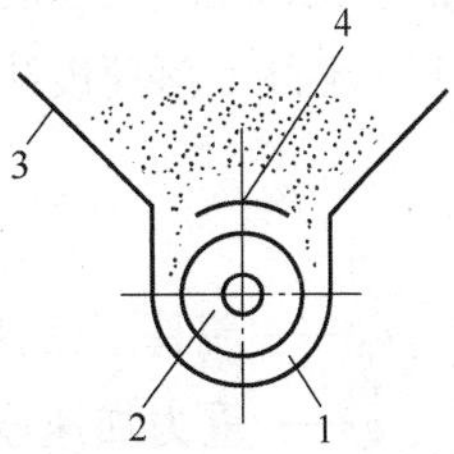

GX 型螺旋输送器在订货时应作如下标明：

螺旋输送器—公称直径×公称长度—螺旋型式—轴衬材料。

公称直径有 $\Phi150$、$\Phi200$、$\Phi250$、$\Phi300$、$\Phi400$、$\Phi500$ 及 $\Phi600$mm。公称长度从 3m 开始，每隔 0.5m 为一级，直到 70m 为止。

例如螺旋输送器直径 200mm、公称长度 4m、采用实体螺旋、轴承用巴氏合金，则此螺旋输送机的规格代号为：

$$GX\text{—}200\times4\text{—}B_1\text{—}C_1\text{—}M_1$$

代号中　B_1——实体螺距（B_2——带式螺距）；

　　　　C_1——单端驱动（C_2——双端驱动）；

　　　　M_1——中间悬吊巴氏合金轴衬（M_2——耐磨铸铁轴衬）。

螺旋输送器的螺距与功率转速比见表 3-15。

图 3-45　螺旋片上加装挡板
1—机壳　2—螺旋片
3—地坑　4—挡板

表 3-15　螺旋输送器的螺距与功率转速比

公称直径	150	200	250	300	400	500	600
带式螺距/mm	150	200	250	300	400	500	600
实体螺距/mm	120	160	200	240	320	400	480
功率转速比/[kW/(r/min)]	0.013	0.030	0.060	0.100	0.250	0.480	0.850

采用标准产品来输送铁丸时，必须对轴承的密封加以改进，以严格防止铁丸进入轴承内部。另外，螺旋片与机壳底部的间隙要适当放大。

3.4　丸渣尘分离器

3.4.1　风选分离器

弹丸沿分离区宽度方向均匀下落，由于弹丸因较重，在 $4 \sim 7$m/s 的水平风速作用下，会

垂直或斜向落至丸斗中，而砂较轻，则会被吹落到砂斗中，从而随气流进入除尘器，其示意图如图 3-46 所示。

风选区的参数：流幕宽度和厚度、分离风速与风量、分离板坐标。

1. 根据分离量计算流幕宽度和厚度

流幕宽度（即分离区宽度）可按有限数列选定，通常为 315mm、630mm、1250mm、1800mm、2500mm。

1）流幕下落速度决定了弹丸对平衡板的侧压力，即

$$v_0 = \frac{1}{\sqrt{1+\zeta}}\sqrt{2gH} = \varphi\sqrt{2gH} \tag{3-48}$$

式中　v_0——流幕下落速度（m/s）；

　　　g——重力加速度（9.8m/s²）；

　　　H——平衡板受弹丸混合料侧压力高度（m）；

　　　ζ——局部阻力或散体物料间的摩擦因数，取 $\zeta = 0.75 \sim 3$；

　　　φ——系数，$\varphi = 1/\sqrt{1+\zeta}$。

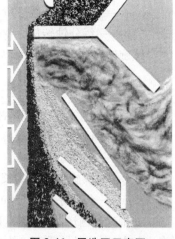

图 3-46　风选区示意图

2）流幕厚度计算公式如下

$$S = \frac{Q}{3600 l \gamma u_\beta} = 2.78 \times 10^{-4} \frac{Q}{l \gamma \varphi \sqrt{2gH}} \tag{3-49}$$

式中　S——流幕厚度（m）；

　　　Q——风量（m/h）；

　　　l——流幕宽度（分离器有效宽度，m）；

　　　γ——弹丸混合料分离量（t/h）；

　　　u_β——常数。

3）分离风速和风量的确定，分离风速是根据经验预先给定的，一般取 $v_0 = 4 \sim 7$m/s，风速可以调整，风量为

$$Q_n = 3600 \tau_\varphi A \psi \tag{3-50}$$

式中　τ_φ——风速 v_0 时的阻力（Pa/m²）；

　　　A——分离器面积（m²）；

　　　ψ——经验系数，$\psi = 1.2 \sim 1.6$，一般取 1.4。

4）风量 Q_e（m³/h）计算的另一种公式

$$Q_e = 3600 K y_0 L v_0 \tag{3-51}$$

式中　K——漏损系数，取 1.10 ~ 1.115；

　　　y_0——下部流板端点垂直坐标距离；

　　　L——分离器长度；

　　　v_0——分离区所需风速，一般取 4 ~ 6m/s，对丸径大而粉尘多者宜取上限；（仅限于 0.5mm 以上的钢丸，0.5mm 以下的钢丸、铝丸及非金属丸料的风选区风速另做讨论）。

分离器所需风量

$$Q = 1.1 \sim 1.7 Q_e \tag{3-52}$$

2. 风选分离器的丸砂分离量 G

$$G = G_丸 + G_砂 \tag{3-53}$$

式中　G——丸砂分离量；

　　$G_丸$——抛丸总量；

　　$G_砂$——落砂量。

$G_砂$ 可按丸砂比 β 确定。

一般情况下：

铸铁件 $\beta = G_丸 / G_砂 = 4 \sim 6$

铸钢件 $\beta = G_丸 / G_砂 = 8 \sim 10$

3. 风选分离器的长度 L

$$L = G / q \tag{3-54}$$

其中 q 为每米分离量，按经验数据选取，铸造件一般取 $q = 28 \sim 45 t / (m \cdot h)$，非铸造件（除锈、强化）一般取 $q = 60 \sim 120 t / (m \cdot h)$（如果摆放空间允许，$q$ 值越小，分离效果越好）。

3.4.2　磁选分离器

磁选分离器是一种去除磨料中含有的非金属材料的有效方法，尤其是铸件在抛丸清理过程中留下的型砂。其主要由两个磁选滚筒构成，以美国潘邦公司的连续通过式钢履带抛丸机磁选分离器为例，简要介绍磁选分离器的结构。两级磁选分离器结构构成如图 3-47 所示。

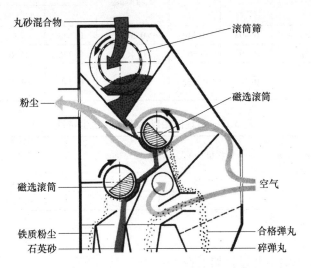

图 3-47　磁选分离器示意

磁选滚筒直径 400mm，转速约 70r/min；二级滚筒直径 200mm，转速约 60r/min；

每个磁选滚筒由一个可以覆盖 180°范围、位置可调的永磁磁芯及非磁性材料制成的滚筒构成，工作时，非磁性材料制成的滚筒绕磁芯转动。磨料均匀地分布在磁力滚筒上，大约为 8 ~ 13mm 的一层。吸附厚度取决于分离器的长度及参与循环磨料的重量。

分离器的长度及磁选滚筒的驱动功率与参与循环的磨料重量成比例。通过调节螺栓（G）可调节主导流板（H）与磁选滚筒的间隙，从而可控制物料的循环量。

一般情况下，磁选滚筒每分钟的磁选量 Q_c（t/min）：

$$Q_c = 3.14 \times D \times n \times h \times L \times \rho \tag{3-55}$$

式中　D——滚筒直径（m）；

　　　n——滚筒转速（r/min）；

　　　h——吸附厚度（m）；

　　　L——磁选区长度（m）；

　　　ρ——物料疏松系数（钢丸取 4.3）。

一般磁选分离器都是两级磁选+风选的结构形式，先磁选再风选，二级磁选的主要作用是回收混在型砂中的剩余钢丸。

3.5　弹丸的储存和供应装置

3.5.1　铁丸特性和制造工艺

目前抛（喷）丸间使用的直径 1~1.5mm 的铁丸特性测定数据见表 3-16；清理旧船以后排出的粉尘特性见表 3-17。

表 3-16　铁丸特性测定数据

铁丸直径 /mm	堆比重 /(t/m³)	自倾角 /(°)	$\tan\varphi$	$\sin\varphi$	$m = \dfrac{1-\sin\varphi}{1+\sin\varphi}$	与钢板摩擦系数及摩擦角		附注
						f_t	$\alpha_1/(°)$	
1	3.9	26.48	0.498	0.446	0.383	0.423	23	
1.5	4.4	21.56	0.395	0.367	0.463	0.336	18.6	
1~1.5 混合	4.4	23	0.425	0.392	0.436	0.349	19.25	

表 3-17　清理旧船以后排出的粉尘特性

名称	堆比重/(t/m³)	自倾角 $\varphi/(°)$	$\tan\varphi$	$\sin\varphi$	$m = \dfrac{1-\sin\varphi}{1+\sin\varphi}$
粗灰[①]	1.54	28.25	0.537	0.473	0.358
细灰[②]	1.44	38	0.773	0.612	0.240

① 旧船清理后产生的油漆皮粗灰。

② 除尘器排出的细灰。

铁丸生产的简易方法工艺过程如下：

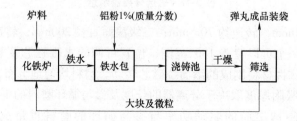

铁丸浇铸池如图 3-48 所示。

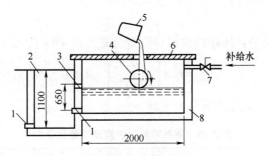

图 3-48 铁丸浇铸池

1—放水管　2—溢水池　3—溢水口　4—溅浇轮　5—铁水包　6—木盖板　7—进水管　8—浇铸池

铝粉加入量为 1%（质量分数），当加入量多时，铁丸尺寸大；当加入量少时，铁丸不圆而且铁饼多。溅浇轮是用厚度为 10~12mm 的钢板制成，外径为 320mm，长度 370mm、转速为 85r/min。水池内的水温保持 30~40℃，当水温过高时，铁丸气孔多、铁饼多；当水温过低时，铁丸不圆、易出尾巴。在水中渗入石灰可以防止铁丸生锈。

3.5.2　放料口流量

铁丸的放料口流量，是根据《存仓装置》中所列的公式推导得出的。标准放料口如图 3-49 所示。

1）物料的流速　　　　$v = \lambda \sqrt{2gh}$　　　　　　　（3-56）

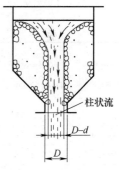

图 3-49 标准放料口
D—放料口直径　d—铁丸直径

式中　h——铁丸成柱状流动时，$h = 1.6R_水$，$R_水$ 为孔口水力半

径；圆形孔口 $R_水 = \dfrac{D-d}{4}$；矩形孔口 $R_水 = \dfrac{ab}{2(a+b)}$

（式中 a 和 b 都得减去 d，a、b 为阀口尺寸；D 为放料口直径；d 为铁丸直径）；

　　　λ——流动性系数（$\lambda = 0.55~0.65$，易流动的铁丸 λ 取 0.65）。

2）圆形放料口的流量

$$Q_圆 = vA = 0.65\sqrt{2 \times 9.81 \times \frac{D-d}{4} \times 1.6} \times \frac{\pi}{4} \times (D-d)^2 = 1.43(D-d)^{2.5} \tag{3-57}$$

当 D 的单位以 cm 计算，铁丸的堆密度 $\gamma_m = 4400\mathrm{kg/m^3}$ 时，代入上式，得到重量流量为

$$W_圆 = 1.43 \times (D-d)^{2.5} \times 4400 \times 60 \times 100^{-2.5} = 3.8(D-d)^{2.5} \tag{3-58}$$

3）矩形放料口的流量

$$Q_矩 = 0.65\sqrt{2 \times 9.81 \times 1.6 \times \frac{ab}{2(a+b)}} \times ab = 2.575 \times \frac{ab^{1.5}}{(a+b)^{0.5}} \tag{3-59}$$

$$W_矩 = 2.575 \times 4400 \times 60 \times \frac{100^{0.5}}{10000^{1.5}} = 6.8 \times \frac{(ab)^{1.5}}{(a+b)^{0.5}} \tag{3-60}$$

4）扇形阀开启口的流量：由于阀口的间隙影响，放料口的流量比量取所得的尺寸有所提高，根据试验得到的系数为 10.47，测得数据见表 3-20。

$$W_扇 = 10.47 \frac{(as)^{1.5}}{(a+s)^{0.5}} \tag{3-61}$$

式中　s——开启度尺寸；

a——阀口宽度。

5）方形放料口的流量：按矩形放料口流量公式，以 $a=b$ 代入，得

$$W_{方} = 6.8\left[\frac{a^3}{(2a)^{0.5}}\right] = 4.8a^{2.5} \qquad (3\text{-}62)$$

圆形放料口的测定流量及分析见表 3-18。

表 3-18 圆形放料口的测定流量及分析

孔口直径 /cm	$D-d$/cm	放满 47.3kg 所需时间/s	测定值 $W_{圆}$ /(kg/min)	计算值		测定误差	
				$(D-d)^{2.5}$	$3.8(D-d)^{2.5}$	差值	%
2.55	2.425	81	35	9.15	34.8	+0.2	0.58
3.15	3.025	46	61.7	16	60.8	+9	1.48
3.95	3.825	27.5	103.2	28.6	108	-4.8	-4.44

矩形孔口的测定流量及分析见表 3-19。

表 3-19 矩形孔口的测定流量及分析

孔口尺寸 /cm	去掉 $d=1.25$ 时的 $a\times b$/cm²	放满 47.3kg 所需时间/s	测定值 $W_{矩}$ /(kg/min)	计算值			测定误差	
				$ab^{1.5}$	$(a+b)^{1.5}$	$\dfrac{ab^{1.5}}{(a+b)^{0.5}}$	差值	%
3.1×1.0	2.975×0.875	190	14.93	4.2	1.962	14.57	0.36	2.47
3.0×1.9	2.875×1.775	76	37.3	11.5	2.156	36.2	1.1	3.04
3.1×3.0	2.975×2.875	38.5	73.8	25	2.419	70.4	3.4	4.83
5×1.05	4.875×0.925	120	23.7	9.55	2.408	26.95	-3.25	-12.5
5×2	4.875×1.875	38.5	73.8	27.6	2.598	72.4	1.4	1.93
5×2.75	4.875×2.625	23	123.4	46	2.739	114.4	9	7.86
0.9×0.95	6.775×0.826	96	29.55	13.2	2.757	32.5	-2.95	-9.1
7×2	6.875×1.875	25.5	111	46.5	2.958	107	4	2.74
7×2.9	6.875×2.775	14	203	83	3.106	182	21	11.54

扇形放料口的测定流量及分析见表 3-20。

表 3-20 扇形放料口的测定流量及分析

阀门开启 尺寸 as/cm	放满 47.3kg 所需时间/s	测定值 $W_{扇}$ /(kg/min)	计算值			系数 K (C/F)
			$(as)^{1.5}$	$(a+s)^{0.5}$	$\dfrac{(as)^{1.5}}{(a+s)^{0.5}}$	
A	B	C	D	E	F	G
8.7×1	26.5	107	25.6	3.114	8.23	13
8.7×2	14.5	196	72	3.27	22	8.91
8.7×3	7.2	394	134	3.42	39.2	10.05
5.7×1	48	59.1	13.6	2.59	5.25	11.26
5.7×2	21.5	132.1	38.4	2.78	23.8	9.56
5.7×3	11.5	247	70.5	2.95	23.9	10.34

（续）

阀门开启 尺寸 as/cm	放满50kg 所需时间/s	测定值 $W_扇$ /(kg/min)	计算值			系数 K (C/F)
			$(as)^{1.5}$	$(a+s)^{0.5}$	$\dfrac{(as)^{1.5}}{(a+s)^{0.5}}$	
A	B	C	D	E	F	G
7.6×0.6	74	40.5	9.75	2.86	3.41	11.9
7.6×1.5	28	107.1	38.5	3.02	12.75	8.39
7.6×2.5	12.5	210	83	3.18	26.1	9.2
7.6×3.6	5.8	517	143	3.35	42.7	12.1
						（平均）10.47

根据表 3-18、表 3-19 的实际测定数据证明，按照书本资料推导的算式是符合实际的，可以作为计算流量或推算孔口尺度时的参考。

3.5.3 扇形阀的设计

1. 启闭力矩的实际测定

测定时，扇形阀的结构形式和质量分配情况如图 3-50 所示。

铁丸的平均直径为 1.25mm 时 $\gamma_m = 4.4 t/m^3$；$\varphi = 23°$；W_1、W_2 和 W_3 均为实际称重数值。

当阀体内部没有铁丸时，原始开启力矩 $M_原$(kgf·cm)，即轴销和阀件的摩擦阻力的计算如下

$$M_1 = W_1 R_1 = 0.118×6 = 0.708(\text{kgf·cm}) \quad (3-63)$$

$$M_2 = W_2 R_2 = 0.305×12 = 3.66(\text{kgf·cm}) \quad (3-64)$$

使扇形阀开启的原始力矩

$$M_原 = M_1 + M_2 = 0.708 + 3.66 ≈ 4.37(\text{kgf·cm})$$

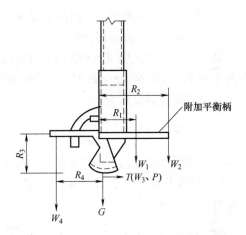

图 3-50 扇形阀的结构形式和质量分配情况
W_1—杠杆自重 W_2—配重 W_4—配重

当阀体内部有铁丸时，开启总力矩 $M_开$(kg·cm) 为

$$M_开 = M_1 + M_3 \quad M_3 = W_3 × 12cm \quad W_3(\text{称重}) = 0.58\text{kgf}$$

所以

$$M_3 = 0.58 × 12 = 6.96$$

$$M_开 = 0.708 + 6.96 ≈ 7.67(\text{kgf·cm})$$

当扇形阀打开以后，使其关闭时的力矩 $M_关$(kgf·cm) 为

$$M_关 = W_4 × R_4 - M_1 = 0.38 × 15 - 0.708 ≈ 5(\text{kgf·cm})$$

M_1 的力矩在实际使用中可认为不存在。

当轴销和阀件的阻力不计时，有铁丸造成的力矩 $M_丸$(kgf·cm) 和切向力 T(kgf) 为

$$M_丸 = M_开 - M_原 = 7.67 - 4.37 = 3.3(\text{kgf·cm})$$

又因为 $PR_2 = TR_3$ 和 $PR_2 = M_丸 = 3.3$，$R_3 = 10$

所以

$$T = PR_2/R_3 = 3.3/10 = 0.33(\text{kgf})$$

料口总压力 G(g) 为

$$G = \frac{\gamma_m R_水}{m\tan\varphi} A \quad (3-65)$$

$$R_{水} = \frac{7.6 \times 4}{2 \times (7.6+4)} \approx 1.31 (\text{cm})$$

$$A = 7.6 \times 4 = 30.4 (\text{cm}^2)$$

$$m = 0.436$$

$$\tan\varphi = 0.425$$

则得
$$G = \frac{4.4 \times 1.31}{0.436 \times 0.425} \times 30.4 \approx 945 (\text{gf})$$

因此，铁丸与钢板表面的摩擦系数 f_1 为

$$f_1 = T/G = \frac{330}{945} \approx 0.349$$

可见，计算的 f_1 值相当于 $\alpha_1 = 19.25°$ 时的 f_1 查表值。

2. 实用计算实例

1）若砂缸的容积为 3t；阀口宽度 $a = 76$mm，试求出在 12min 内加满一缸铁丸时扇形阀的开启度 s(mm) 应该是多少？

解：铁丸需要流量 $W = 3000/12 = 250 (\text{kg/min})$
查表 3-20 得 $W_{扇} = 240$kg/min 时，$s = 25$mm。

按公式复算其流量为

$$W_{扇} = 10.47 \left[\frac{(2.5 \times 7.6)^{1.5}}{(2.5+7.6)^{0.5}} \right] = 272 (\text{kg/min})$$

故扇形阀口的开启度 s 约等于 25mm。

2）如图 3-51 所示，计算采用电磁铁开启扇形阀时，需要多大吸力？

解：阀口总压力 $G = \dfrac{\gamma_m R_{水}}{m\tan\varphi} \times A = \dfrac{4.4 \times 0.941}{0.436 \times 0.425} \times 19 \approx 424 (\text{g})$

式中
$$R_{水} = \frac{7.6 \times 2.5}{2(7.6+2.5)} \approx 0.941 (\text{cm})$$

$$A = 2.5 \times 7.6 = 19 (\text{cm}^2)$$

$$T = 424 \times 0.349 \approx 148 (\text{gf})$$

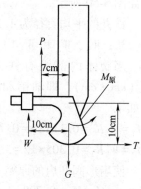

图 3-51　电磁铁开启扇形阀受力分析

净开启力矩为 $M_{净} = 0.148 \times 10 = 1.48 (\text{kgf} \cdot \text{cm})$
开启总力矩和反回力矩为 $M = 1.48 + 4.37 + 5 = 10.85 (\text{kgf} \cdot \text{cm})$

上述计算式表示：克服铁丸的阻力矩+轴销阀件阻力矩+附加阀门复位力矩（依靠配重复位）。

因为　$P \times 7 = 10.85 (\text{kgf} \cdot \text{cm})$
所以　$P = 10.85/7 = 1.55 (\text{kgf})$

3.5.4　储丸仓

储丸仓的结构型式如图 3-52 所示。

储丸仓上部安装滚筒筛或其他筛选设备用来筛掉混在铁丸内的大粒异物和粉尘。滚筒筛内的大粒异物通过螺旋板向前推出筛外，滚筒筛壳体上安装吸尘接管，与车间吸尘系统连

接，吸去滚筒筛工作时产生的粉尘，并将需要的铁丸通过筛网孔漏入储丸仓内。滚筒筛内的筛选物料是随着滚筒的转动滚翻运动的，所以筛网的孔眼不容易被垃圾嵌入，这是滚筒筛的一个优点。

在储丸仓排料过程中，具有一定高度的料层内部会出现真空现象，使排料量相应地减小。造成正在排料过程中的溜管内产生"断流"，而使溜管出口处铁丸横飞。为了避免产生这种现象，会在箱内的每根排料管上面装上透气管，管口下端与箱底料口保持 20mm 左右的间隙。排料不正常有时是因为箱底铁丸结块（长期停用最容易发生箱底铁丸结块），发现这种情况可以通过透气管用通条进行疏通。为了限制储丸仓装料量，在箱体上应该装设溢流管，溢流管的出口接入集丸斗或中间仓库。

图 3-53 表示为了防止漏斗堵塞而使铁丸在加料时溢出外面，加料溜管的出口端（或扇形阀）的安装高度 h 应小于或等于漏斗直径 D 的四分之一。

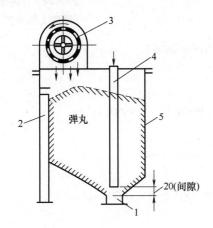
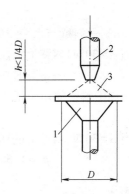

图 3-52　储丸仓的结构形式　　　　　　图 3-53　溜管出口与漏斗间距
1—扇形阀接口　2—溢流管　3—滚筒筛　4—透气管　5—箱体　　　1—漏斗　2—铁丸　3—加料溜管

3.5.5　斗壁压力计算

作用于水平箱底上的垂直压力 p_1（$\mathrm{kgf/m^2}$）为

$$p_1 = h\gamma_\mathrm{m} \tag{3-66}$$

式中　h——物料高度（m）；

γ_m——物料单位体积物料的重力（$\mathrm{kgf/m^3}$）。

作用于垂直壁上的压力 p_2（$\mathrm{kgf/m^2}$）（水平压力、垂直于垂直壁）由图 3-54 可知

$$p_2 = mh\gamma_\mathrm{m} \tag{3-67}$$

式中　m——物料的侧压系数（见表 3-16）

$$m = \frac{1-\sin\varphi}{1+\sin\varphi} \tag{3-68}$$

φ——物料的自然倾塌角。

当 $h = 1.5\mathrm{m}$、$m = 0.436$、$\gamma_\mathrm{m} = 4400\mathrm{kg/m^3}$ 时

$$p_2 = 0.436 \times 1.5 \times 4400 \approx 2880 \ (\mathrm{kgf/m^2})$$

作用于闸门压力 $p_3(\mathrm{kg/m^2})$ 确定如下（参见图3-54），

$$p_3 = \frac{\gamma_\mathrm{m} R_水}{m \tan\varphi} \qquad (3\text{-}69)$$

式中　$R_水$——闸口的水力半径（m），计算边长为 $a \times b$ 的矩形闸

水力半径时可按 $R_水 = \dfrac{ab}{2(a+b)}$。

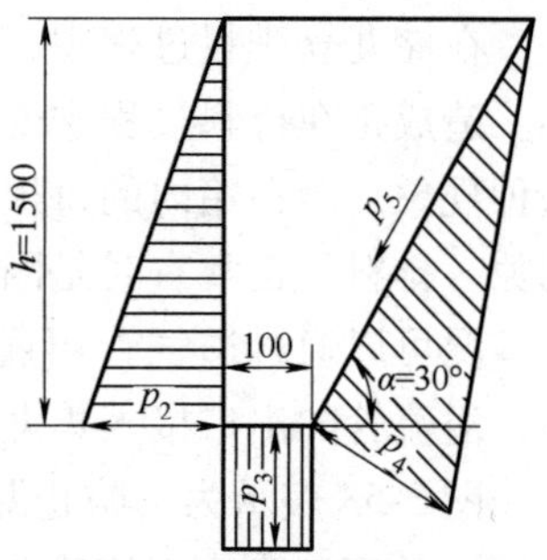

当闸口的截面为 100mm×100mm，$\tan\varphi = 0.425$ 时，作用于闸门压力为

$$p_3 = \frac{4400 \times 0.025}{0.436 \times 0.425} \approx 594(\mathrm{kgf/m^2})$$

因此总压力为

$$p = 594 \times 0.1 \times 0.1 = 5.94(\mathrm{kgf})$$

作用于斜壁的法向压力确定为

$$p_4 = h\gamma_\mathrm{m}(\cos^2\alpha + m\sin^2\alpha) \qquad (3\text{-}70)$$

式中　α——斜壁与水平线的夹角。

当 $\alpha = 30°$ 时斜壁上的法向压力为

$$p_4 = 1.5 \times 4400 \times (0.866^2 + 0.436 \times 0.5^2) \approx 5660(\mathrm{kgf/m^2})$$

作用于斜壁的切向压力确定为

$$p_5 = h\gamma_\mathrm{m}(1-m)\sin\alpha \cdot \cos\alpha \qquad (3\text{-}71)$$

当 $\alpha = 30°$ 时斜壁上的切向压力为

$$p_5 = 1.5 \times 4400 \times (1-0.436) \times 0.5 \times 0.866 \approx 1600(\mathrm{kgf/m^2})$$

图 3-54　作用于水平箱底上的垂直压力

3.6　除尘装置

3.6.1　通风除尘

1. 通风除尘系统的布置

根据抛丸时粉尘飞扬的特点：在抛射船舶首段时，粉尘向首段飞扬，在抛尾段时，粉尘向尾部飞扬。因此抛丸室内的通风除尘系统应布置在抛丸区的进口和出口的两侧。也就是说需要配备四组独立的通风除尘系统。

图3-55所示为山东开泰集团有限公司生产车间抛丸设备的通风除尘系统的情况。

抛丸时，由抛头抛射所产生的粉尘由安装在室体上的除尘管路引流至沉降箱，为保证分离器的分离效果设置，除尘管道也连接到沉降箱。为缓解滤筒除尘器的压力，在滤筒除尘器之前设置旋风除尘器先进行过滤，最终通过滤筒除尘器的过滤将洁净空气排入大气，本机采用了沉降箱、旋风除尘器、滤筒除尘器三级除尘。

为了降低风机排出口处的粉尘浓度，以改善室外环境卫生，系统中采用了布袋滤尘器备，布袋滤尘器的材料采用上海耀华玻璃厂有限公司生产的中碱玻璃纤维圆筒布，这种专门用作滤尘器的圆筒布具有除尘效果好、价格便宜和无须缝制的优点。滤尘器的排灰管应接到室外。

除尘管道

旋风除尘器

滤筒除尘器

沉降箱

图 3-55 通风除尘系统

2. 除尘措施

混入铁丸中的粉尘，虽然已经经过气吸系统的吸引，吸去了一部分粉尘，但由于受到气吸系统容积分离器的分离效果影响，铁丸流速（沉降）很快，使部分粉尘混入铁丸内不易吸尽。为了去掉这部分粉尘，在分离器排料处的滚筒筛上装上吸尘接管。去掉丸内粉尘的分离装置，除开滚筒筛外，还有如图 3-56 所示的对流式分离器。含有粉尘的铁丸在斜面上流动以后，自然地产生了分层现象（粉尘紧贴斜面流动而铁丸则在上层流动），所以粉尘在气流方向无阻力时除尘效果比有限力时效果要好，故图 3-56a 除尘效果好，图 3-56b 除尘效果差。

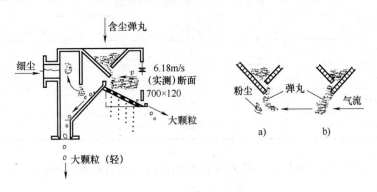

图 3-56 对流式分离器

图 3-57 所示为提升机排料口分离器。分离器利用空气对流原理，吸去混入铁丸内的粉尘。分离器进料口处装有配重块的转动阀板，此阀板用来均匀分布料层，使经过吸尘口处的铁丸形成一层薄幕，以提高除尘效果。分离器内的盖板去掉以后，可以把铁丸卸到别的地方。

对流分离器的气流通道的长度 L，可以按照铸件清砂装置中的 BE 分离器计算资料（按每米长度、每小时处理 40t 含尘铁丸的指标）来确定。在通道内气流的速度可以取 $v = 3 \sim 6 \mathrm{m/s}$。处理每吨含尘铁丸的风量指标为 $80 \mathrm{m}^3/\mathrm{t}$。

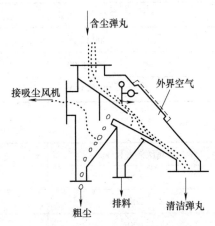

图 3-57 提升机排料口分离器

计算处理每小时 25t 含尘铁丸的对流分离器气流通道尺寸为

通道长度 $L = 25/40 = 0.625 (m)$

需要风量 $Q = 80 \times 25 = 2000 (m^3/h)$

通道宽度 $b = 2000 \times (3600 \times 6 \times 0.625)^{-1} = 0.148 (m)$

3. 通风除尘的设计参数

除尘管道内的最低风速可按表 3-21 选用。

表 3-21　除尘管道内的最低风速　　　　　　　　（单位：m/s）

粉尘性质	垂直管	水平管	粉尘性质	垂直管	水平管
棉絮、麻尘、干微尘	8	12	重矿物粉尘、大块干木屑	14	16
煤粉、谷物粉尘	10	12	湿土（质量分数 2%以下）	15	18
干型砂、粉状黏土	11	13	大块湿木屑	18	20
轻矿物粉尘、锯木屑	12	14	铁屑	19	23
铁粉末	13	15	水泥粉尘	8~12	18~22

各种除尘设备需要的抽风量可按表 3-22、表 3-23、表 3-24、表 3-25 所列的数据选用。

表 3-22　固定砂轮机的抽风量

砂轮直径/mm	砂轮厚度/mm	抽风量/(m³/h)
300	50	600
400	60	800
500	75	1100
600	100	1300

风罩吸口风速不小于 8m/s，一般砂轮吸尘风管内风速取 = 16~18m/s。

表 3-23　滚筒筛的抽风量

筛筒直径/mm	抽风量/(m³/h)
800 以下	2500
800~1200	3500
1200~1500	5000

表 3-24　清理滚筒的抽风量

清理滚筒直径/mm	抽风量/(m³/h)	空心轴内风速/(m/s)
600	700	18.5
800	900	18.8
900	1300	19.0

（续）

清理滚筒直径/mm	抽风量/(m³/h)	空心轴内风速/(m/s)
1050	1700	18.5
1200	2300	20.4
1350	2900	21.2
1500	3500	21.0

表 3-25   喷抛设备除尘抽风量

设备名称	每台需要风量/(m³/h)
喷丸缸加丸处吸尘	500
抛丸机吸尘	10000~2000①
对流分离器	50~80②
带输送机（头罩）	700

① 适用于大型抛丸间。

② 处理每吨铁丸。

4．除尘器型式

适用于处理大风量的除尘器有双级蜗旋除尘器和布袋滤尘器两种。

（1）双级蜗旋除尘器   双级蜗旋除尘器实际上是惰性除尘器与离心旋风除尘器的组合，是由第一级蜗壳分离器（浓缩）与第二级 DF 型除尘器组成的。

含尘气体在第一级蜗壳分离器沿切向进口处以较高的流速（18~25m/s）进入，粉尘按照惯性直线运动。由于进入蜗壳分离器中的气体做强烈地旋转运动，粉尘在惯性力和离心力的作用下迅速向蜗壳外缘靠拢。净化的气体通过固定叶片经排气口排出。被浓缩在蜗壳外缘的粉尘，随同一部分气体（占总气量的 10%~20%），从分流口进入第二级 DF 型除尘器中得以净化，如图 3-58 所示。

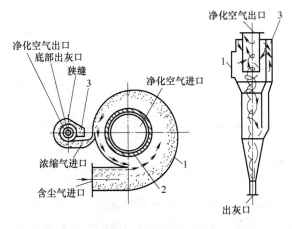

图 3-58   双级蜗旋除尘器工作原理

1—蜗壳   2—导流叶片   3—灰尘隔离室

双级蜗旋除尘器的第一级，主要起浓缩分离粉尘的作用，使进入第二级 DF 型除尘器的气体含尘浓度增大，从而提高除尘效率。在第一级内不希望有粉尘停留或沉积，所以对第一级进口的风速有一定要求。根据试验证明，该流速对除尘效率影响较大，当流速小于 15m/s 时会使第一级蜗壳底部积灰。如果流速选用过高，除尘器效率虽高但除尘设备的阻力也会相应加大，从而使风机耗电量增加。

双级蜗旋除尘器具有浓缩粉尘的特点，因此整个除尘器的体积也相应得到减小，用来处理大风量时可以节省设备安装空间。为了发挥 DF 型除尘器的除尘作用，在它的下部一定要装上贮灰斗和排灰的锁气装置，防止排灰口漏风。

（2）布袋滤尘器 由于低压通风除尘设备的排风量很大，布袋滤尘器要安装在系统负压部分的风机进口处，在结构处理上比较困难，因为它要求配有很大的气密性箱体，且抖灰和排灰都较为复杂。所以大部分会将布袋滤尘器安装在风机排气部分。当风机开起以后，布袋滤尘器将处于正压状态。

用在正压部分的布袋滤尘器如图 3-59 所示，有大、中、小三种型式，正压部分的布袋滤尘器结构简单，可以根据企业自身实现自主生产制造。

中碱玻璃纤维圆筒规格见表 3-26。

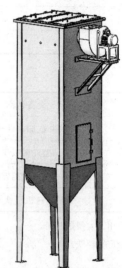

图 3-59 布袋滤尘器

表 3-26 中碱玻璃纤维圆筒规格

圆周长度/mm	直径/mm	每米质量/（kg/m）
400	127	0.122
500	160	0.156
▲570	180	0.174
630	200	0.182
660	210	0.200
▲720	229	0.220
▲800	255	0.244
950	300	0.290
1320	420	0.400
1450	462	0.443

注：1. 筒布经纬丝 $\frac{45}{3} \times \frac{45}{3}$；经纬密 20 根/cm×20 根/cm；耐热温度：不超过 250℃。

2. 注有符号▲为常用尺寸。

5. 通风机

通风机的安装方式有两种，一种是安装在水泥基础上，另一种是安装在带有减振器的钢支架上。前者用质量较大的水泥基础来承受风机运转时产生的振动扰力，这种方式在施工时工序比较复杂，而且安装位置在水泥基础浇制以后要想进行调控比较困难，所以近年来已较多地采用第二种方式，将风机和电动机安装在钢支架上，用减振器进行隔振。这种方式的优点是支架与地坪不固定，调整风机安装位置的自由度较大，可以方便地在这台风机的安装位置上更换其他风机。几种常见的风机外形图如图 3-60~图 3-63 所示。

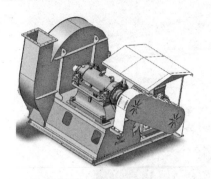

图 3-60 带防雨罩的风机

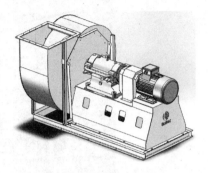

图 3-61 电动机采用联轴器连接的风机

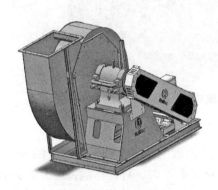

图 3-62 中高压风机

图 3-63 C 式风机

3.6.2 脉冲袋式除尘器

1. 抛丸工艺简述

抛丸清理工艺是以电力（液压）为动力，利用离心力加速弹丸抛打工件表面，来清理工件表面上的残余型砂、黏砂、氧化皮等表面附着物。

以 Q48 吊链式抛丸清理设备为例，该设备由抛丸室、抛丸器、工件承载系统（本机为吊链系统）、丸料循环系统、除尘系统及电气控制系统组成，如图 3-64 所示。

抛丸室：抛丸室的作用是要把抛清时的钢丸和产生的粉尘包围起来，同时还将工件承载系统封闭在里面，而且该抛丸室通常是由耐磨衬板作保护的，目前常用的耐磨衬板主要有：轧制 Mn13、ZG Mn13、耐磨铸铁、65Mn、橡胶板等。

抛丸器：抛丸器（亦称抛头）有四个抛头，叶轮转速达 2300r/min。

吊链系统：用来吊运工件，使之连续循环进出抛丸室。由传动装置、重锤拉紧装置、吊钩、悬挂架、钢丝绳及轨道等组成。

丸料循环系统：用提升机料斗把从抛丸室流到集丸斗内的铁丸和砂，提升到分离器进行铁丸和砂的分离，使铁丸得到回收并循环使用。

本机采用 6 台 QY360 型抛丸器，电动机功率为 15kW；丸料循环量为 90t/h；悬挂输送机速度为 6~10m/min 变频调速；链条节距 100mm；悬挂吊钩间距 1600mm。

图 3-64　Q48 吊链式抛丸清理设备

2. 抛丸除尘系统

抛丸清理的除尘系统设计是极其重要的，因为抛丸清理所产生的粉尘浓度高达 $10000mg/m^3$ 以上，而且分散度（即微细的颗粒比率）大。对人体危害最大的是 $10\mu m$ 以下、特别是 $0.5\sim5\mu m$ 的微细粉尘，这些粉尘具有一定的独立飞散能力，能深入人体肺部较深的位置，并且大部分都停留在人体内。对于这些微细粉尘怎样才能控制不让其飞散，并且将其捕捉沉降下来呢？这就是除尘系统在设计中需要解决的问题。为此，风机要具有一定的风量和风压，以便克服防尘系统的总阻力（静压损失）和动压损失。对于含尘浓度较高的系统，为了净化含尘空气，一般采用两级除尘，对于 $10\mu m$ 以上的粉尘，先经过干式旋风除尘器净化，然后再用脉冲袋式除尘器进行净化。图 3-65 所示为抛丸室除尘系统示意图。

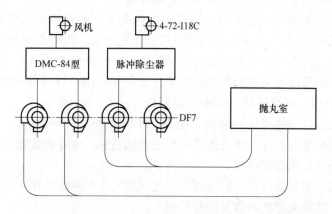

图 3-65　抛丸室除尘系统示意图

（1）旋风除尘器　旋风除尘器的构造如图 3-66 所示。含尘空气进入防尘器后，气体在旋转运动的同时，气流会上下分开，形成双旋涡运动。灰尘在除尘器排风插入管底部处即双旋涡的分界处，会产生强烈的分离作用。分离至外壁的较粗灰尘颗粒，沿外壁由下旋涡气流带到除尘器底部；另一部分较细较轻的灰尘颗粒，由上旋涡气流带到上部，从而形成强烈旋转的灰尘环，起到集聚细粒灰尘的作用。上旋涡气流携同灰尘环，被特设的切向分离室上部的切向缝或洞口引出，并经过分离器下面及位于除尘器外壁的回风口引入器下部，与内部气流汇合而落下。

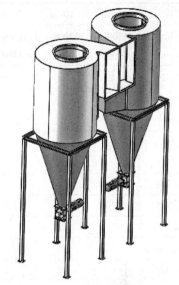

图 3-66　旋风除尘器

这种除尘器适用于初级除尘，一些密度较大的粗粉尘尤为适用，如粉尘粒度直径>10μm 以上的粉尘，一般除尘效率能达 70%～90%，其阻力损失为 80～100mm 水柱。

旋风除尘器在不同进风口的孔径、风速所对应的风量见表 3-27。

表 3-27　旋风除尘器在不同进风口的孔径、风速所对应的风量　（单位：m^3/h）

除尘器型号		1	2	3	4	5	6	7
除尘器直径 d/mm		175	210	260	320	390	475	585
进口风速/(m/s)	12	1000	1450	2300	3500	5100	7650	11500
	15	1250	1810	2850	4380	6380	9600	14500
	18	1500	2170	3450	5250	7650	11500	17250

（2）KTMC 型脉冲袋式除尘器　KTMC 型脉冲袋式除尘器（见图 3-67）具有收尘效率高，适应能力强，滤袋的使用寿命长等特点，其主要参数见表 3-28。经过多年生产实践，设备运行稳定、维修率低、组合范围大，深受广大用户好评。本系列产品可广泛用于沥青拌合站、破碎设备、磨机、烘干机、炉窑等粉尘及烟尘的收尘系统，除尘器滤袋的材质一般采用涤纶针刺毡，其允许连续使用温度≤120℃，若滤袋采用美塔斯高温针刺毡，其允许使用温度可达 204℃。

该系列除尘器能负压或正压操作，其本体结构无任何改变，收尘效率达 99.8% 以上，净化气体含尘浓度<100mg/m^3，如用于寒冷地区或烟气低于零点时需增设保温加热装置，壳体也要进行相应改变。

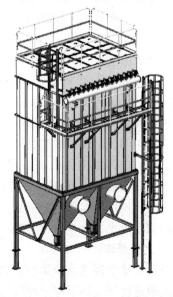

图 3-67　KTMC 型脉冲袋式除尘器

表 3-28　KTMC 型脉冲袋式除尘器的主要参数

型号	12-10	20-10	28-10	30-12	44-12	52-12	136-7	72-16	136-74
处理风量 /(m³/h)	7200~14400	12000~24000	16800~33600	25900~51840	31600~63300	37400~74800	57100~11420	69960~139900	69960~139900
过滤面积/m²	120	200	280	430	528	620	960	1152	1160
过滤风速 /(m/min)	1~2								
设备阻力 /Pa	1400~1700								
滤袋规格	φ130×2450								φ130×3000
滤袋条数	120	200	200	430	526	620	950	1152	950
清灰压力/Pa	(5×7)×106								
压缩空气耗量 /(m³/min)	0.6	1.0	1.4	1.7	2.1	2.5	4.8	7.0	6.5
脉冲阀数量	12	20	28	36	44	52	136	72	136
脉冲阀规格	1#	1#	1#	1#	1#	1#	0.6#	1.5#	1#
外形尺寸: 长×宽×高 /mm	2748×2430×5700	4306×2428×5700	5868×2478×5700	7428×2888×6100	8988×2938×6100	10548×2988×6100	13668×3598×7000	13938×3586×7300	13668×3598×7550
设备质量/t	5.2	7.5	9.4	11.5	13.8	16.2	28.2	36.4	34.4

3.6.3　滤筒式除尘器

由于滤筒式除尘器具有体积小、效率高、操作简便等优点，近年来在抛丸清理行业得以推广应用。

1. 结构特点

滤筒式除尘器主要由进风管道、排风管道、框架、滤芯、反吹系统、卸灰系统、电控装置组成。选用型号为 HR4-64 的滤筒 64 件，滤筒尺寸为 φ350mm×660mm，单筒过滤面积为 15m²，滤筒由顶盖、金属框架、褶形滤料、底座 4 部分组成，滤筒是用滤料折叠成褶，首尾粘合成筒，筒的内外用金属框架支撑，上下用顶盖和底座固定顶盖有固定螺栓及垫圈，滤筒构造示意图如图 3-68 所示。为便于操作和检修，滤筒采用倾斜布置。该除尘器有较高的除尘效率，除尘效率达 99.99%，排尘浓度<50mg/m³。

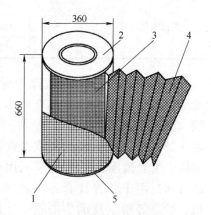

图 3-68　滤筒构造示意图
1—外壳　2—顶盖　3—内部金属网
4—折叠滤料　5—底座

2. 工作原理

滤筒式除尘器为负压运行，含尘气流从位于除尘器上部的进风口下行进入箱体，箱体内的导流板迫使气流向下穿过滤筒，由于气流断面突然扩大，气流中一部分颗粒粗大的尘粒在重力和惯性力作用下沉降下来，粒度细、密度小的尘粒进入过滤室后，通过布朗扩散和筛滤等综合效应使粉尘沉积在滤料表面，净化后的空气透过滤料进入清洁室从出风口排出。当粉尘在滤料表面上越积越多，阻力达到设定值时，脉冲阀打开，压缩空气会直接喷入滤筒中心，对滤筒进行顺序脉冲清灰，抖落积尘，使其恢复低阻运行，掉入灰斗内的粉尘将通过卸灰阀连续排出（见图 3-69）。维修时，只需要人工将检修盖上的手轮旋下即可轻松取出滤筒。

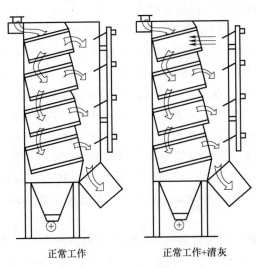

正常工作　　　　　　　正常工作+清灰

图 3-69　工作原理图

3. 滤筒式除尘器的使用

滤筒式除尘器在使用中除尘效果显著，但抛丸机组在投产半年中滤筒式除尘器内发生了两次起火，烧坏滤筒数十个，造成了巨大的经济损失。

（1）起火原因分析　发生燃烧应具备三个条件，即可燃物、助燃物、引燃能量。这三个条件必须同时具备，缺一不可，只有它们相互结合，相互作用，燃烧才能发生和继续进行。我们知道铁锈粉尘属二级易燃固体，其燃点和引燃能量均较低。查文献资料知，如果铁锈粉尘的平均粒径在 $100 \sim 150 \mu m$ 时，燃点温度范围为 $240 \sim 439 ℃$，远低于其熔化温度。粉尘的可燃性与其粒径、成分、浓度、燃烧热及燃烧速度等多种因素有关，粒径越小，比表面积越大，越易点燃。抛丸时产生的粉尘极细，主要成分为铁粉、铁的氧化物及灰尘，取铁锈粉尘进行点火试验，一点即着，如在风机气流的助燃下，燃烧速度会很快。同时滤筒式除尘器的滤料材质一般为纸质或聚酯纤维，其中以后者居多，这两种材料均为易燃品。

易燃的铁锈粉尘被引发着火有几种可能情况，燃烧火源通常是由炽热颗粒物、冲击与摩擦火花、静电火花等引起的。

1）外部炽热物吸入除尘器，导致起火。外部炽热颗粒被吸入除尘器，引燃内部的铁锈粉尘致使易燃的滤筒起火燃烧，电焊和气割产生的火花火星温度均达数百度，引燃铁锈粉尘很容易。抛丸机滤筒式除尘器第一次起火就是由这种情况所引起。该机所用 Q045 抛丸器叶轮转速为 $n = 2250 r/min$，抛射速度大于 $80 m/s$，高速钢丸撞击钢板也可能产生炽热颗粒或火花并被吸入除尘器内引发起火。

2）滤筒内温度高，导致自燃起火。抛丸机内的钢板温度一般要控制在 $80 ℃$ 以内，单台抛丸机总功率达 $1012 kW$，其中大部分的机械能会转化为热能，在生产运转过程中，系统的温度会逐渐升高。同时物料将转化为粉尘，使比表面积增大，提高了物质的活性。在具备可燃烧的条件下，可燃粉尘氧化放热反应速度超过其散热能力，最终燃烧的过程称为粉尘自燃。粉尘越细，就越容易自燃。铁锈粉尘中的 Fe、FeO、Fe_2O_3、Fe_3O_4 在较高温度的富氧环境中，会加速氧化产生大量的氧化热，除尘器内大量粉尘堆积，热量聚集可能使铁锈粉尘达到自燃温度，从而自行燃烧。

3）静电导致起火。铁锈粉尘在高速气流中会产生静电。由于天然辐射、离子或电子附着，尘粒之间或粉尘与物体之间的摩擦，通常会使尘粒带有电荷。铁锈粉尘在管道内流动时，自身相互摩擦，尘粒与管道、设备内壁的摩擦可以产生数千伏的静电电位，同时此种粉尘静电具有分散性和悬浮性，分散性增大了摩擦面积，悬浮性使铁锈颗粒接触但不连续，从而导致静电电位越来越高。当累积电位增大到粉尘间的击穿场强时，就会产生静电火花，当放电能量达到或超过铁锈粉尘的最小点火能量时，就会发生起火事故。试验表明化学纤维滤料通常是产生静电最集中的地方，堆积在滤筒上的粉尘会使空间电场强度增大，当积累到粉尘间的击穿场强时，就会发生静电火花放电，其放电能量足以引燃铁锈粉尘。

（2）应对措施　鉴于两次事故的教训，一次为抛丸机旁气焊作业，使炽热颗粒被吸入除尘器引起起火；另一次为生产中的自行起火。为防止除尘器内起火事故的再次发生，应采取相关的应对措施。

1）检修中的火源控制。在其后的抛丸机组内外检修作业时，严格控制火源，防止线路打火，在气电焊作业时先要清除周围的粉尘，检修作业后 10min 后才允许开机试车或生产，同时在抛丸机组附近严禁吸烟或其他点火，避免炽热颗粒或火花被吸入除尘器内。

2）接地保护。相关设备设施均保持良好接地，其接地电阻要求在 $1\sim4\Omega$ 范围内，以避免设备设施静电积累；此外应增加导电性，用导体或导电物质代替高绝缘性物质，特别是抗静电滤料。

3）定期清理铁锈粉尘。为防止铁锈粉尘沉积，热能聚积，要及时清理除尘器内的积灰，规定每班次都要进行反吹卸灰。

4）提高操作检修人员的风险意识。对操作、检修人员进行理论及实践培训，使员工意识到铁锈粉尘的易燃性，并在生产中密切注意滤筒式除尘器的运行状况。

通过采取有效的防火措施，从多方面消除安全隐患，抛丸机组除尘系统得以安全运行，滤筒式除尘器在抛丸机上得以应用成功。

3.6.4　塑烧板除尘器

1. 塑烧板简介

塑烧板是塑烧板除尘器的主要组成元件，在除尘器中执行气、固分离和气、液分离的任务。它在除尘器实体内垂直安装，具有维修方便、过滤面积大、除尘能力强等特点，广泛应用在轧钢、冶金、化工、烟气、制药、电子、食品、焊接加工或重金属回收等行业。

独特的波浪式塑烧板过滤芯取代了传统布袋。由于塑烧板是刚性结构，不会变形，又无骨架磨损，故使用寿命长，在有些工况条件下，使用寿命是布袋的 10 倍以上。由于塑烧板表面经过深度处理，孔径细小均匀，具有疏水性，不易黏附含水量较高的粉尘，所以在处理含水量较高及纤维性粉尘时，选用塑烧板除尘器是最佳选择。此外，由于塑烧板的高精度工艺制造保持了均匀的微米级孔径，所以还可以处理超细粉尘和高浓度粉尘，袋式除尘器的入口浓度一般小于 $20g/m^3$，而塑烧板除尘器入口浓度可达 $500g/m^3$。它可简化二级收尘为一级收尘，不但工艺方便，也可降低成本能耗和缩小占地面积及空间管道。

塑烧板为一次烧结成型无黏合剂的"T"形板。反吹方向和落灰方向一致，垂直安装。此塑烧板颜色为白色。"T"形塑烧板在原有基础上进一步强化，具备抗重金属及超细粉尘堵塞的能力与优良的耐水性，表面阻力低、除尘效率高、使用寿命长。

（1）材质与制造特点　波浪式烧结板由多种高分子化合物粉体配组而成，颜色为白色。制造过程中不使用黏合剂，而是将多种高分子化合物一次成型烧结。目前产品的耐温主要有三种，分别为耐常温 70℃、耐热 110℃ 及耐热 160℃。除此以外还有防静电型塑烧板、耐酸耐碱型塑烧板等产品系。

（2）形状特点　塑烧板是"白色梯形板"。塑烧板外部形状特点是具有像手风琴箱那样的波浪，若把它们展开成一个平面，相当于扩大了 3 倍的表面积。"梯形板"是指波浪的底部深处（也是最容易积灰的部位）设计成梯形的上边。这样在反吹时可以三边受力，不易堵塞。波浪式塑烧板的内部分成 9 个或 18 个空腔，这样的设计除了考虑元件的强度之外，更为重要的是气体动力学的需要，它可以保证在脉冲气流反吹清灰的同时清除滤片上附着的尘埃。

（3）结构特点　在塑烧板的母体基板内部，经过对时间、温度精确控制的烧结后，会形成均匀空隙，然后由树脂填充表面处理，使空隙达到均匀的 μm 级微孔。独特的表面处理不仅只限于滤片表面，而是深入到孔隙内部。成孔率与孔隙的均匀是保证滤片透气性良好的关键，每块滤片均需要经过严格的钠焰试验方能最终确定是否可以使用。塑烧过滤元件具有刚性结构，其波浪形外表及内部空腔间的筋板，具备足够的强度来保持自己的形状，而无须钢制的骨架支撑。其刚性结构不变形的特点与袋式除尘器反吹清灰时滤布纤维被拉伸产生变形现象的区别，使两者在瞬时顶峰排放浓度有很大的差异。

（4）性能特点

1）粉尘捕集率高。塑烧板的捕集效率是由其本身特有结构和表面处理来实现的，其不同于袋式除尘器。据相关统计，一般的除尘器排放含尘浓度均可保持在 $2mg/m^3$ 以下。虽然排放浓度与尘气入口浓度及粉尘粒径等有关，但通常对 $2\mu m$ 以下超细粉尘的捕集，排放浓度可达到 $<10mg/m^3$。如果是粒径 $>10\mu m$ 的粉尘，则除尘效率可达 99.999%。

2）压力损失稳定。由于波浪式塑烧板过滤是通过特殊处理的表面对粉尘进行捕捉的，其光滑的表面和微小的孔隙使粉尘极难透过停留。即使有一些极细的粉尘可能会进入空隙，但即刻会被设定的脉冲压缩气流吹走。所以在滤片母体层中不会发生堵塞现象，只要经过很短的时间，过滤元件的压力损失就趋于稳定并保持不变。这就表明，特定的粉体在特定的温度条件下，阻力损失仅与过滤风速有关而不会随时间上升，因此除尘器运行后的处理风量将不会随时间而发生变化，这就保证了吸风口的除尘效果。

3）清灰效果好。由于塑烧板本身固有的惰性极其光滑处理的表面。使粉体几乎无法与其发生物理化学反应和附着现象，滤片的结构也使得脉冲反吹气流向孔隙喷出时，滤片无变形。脉冲气流是直接由内向外穿过滤片作用在粉体层上的，所以在滤片表层被气流托附的粉尘在瞬间即可被清除。

4）使用寿命长。塑烧板的刚性结构消除了纤维织物滤袋因骨架磨损引起的寿命问题。寿命长的另一个重要表现还在于，滤板的无故障运行时间长，其不需要经常维护与保养。良好的清灰特性将保持其稳定的阻力，使塑烧板除尘器可长期有效的工作。

5）除尘器结构紧凑小型化。由于滤片表面形状呈波浪形，展开后的表面积是其体面积的 3 倍。故装配成除尘器后所占的空间仅为相同过滤面积的袋式除尘器的二分之一。附属部件也因此小型化，所以具有节省空间的特点。

6）维护保养极为方便。尽管除尘器的过滤元件几乎无任何保养。但在特殊行业，如颜料生产时的颜色品种更换，喷涂行业的涂料回收，药品、食品生产时的定期消毒等，均需卸下滤板进行清洗处理。此时，塑烧板式除尘器的特殊构造将使这项工作变得十分容易，操作人员在除尘器外部即可进行操作，卸下两个螺栓即可更换一片滤板。作业条件得到了根本地改善，而袋式除尘器常常因恶劣的环境无人愿意从事换袋工作。

2. 塑烧板除尘器使用说明

塑烧板除尘器的构造及工作原理与袋式除尘器大致相同，所不同的是塑烧板除尘器采用的是成型滤板，省却了滤袋框架、文丘里管等元件。塑烧板除尘器由上箱体、中箱体、下箱体、排灰系统和喷吹清灰系统五大部分组成。上箱体有出风口；中箱体由多孔板、滤片和检修门所组成；下箱体由灰斗、排灰系统组成；喷吹系统包括控制仪、控制阀、脉冲阀、喷吹管和气包，进风口视现场情况可设在中箱体，也可设在下箱体。

1）塑烧板除尘器的工作原理。含尘气体由进风口进入除尘器，通过滤片、多孔板进入上箱体。由于滤片的作用将尘气分离，粉尘被吸附在滤片外表面上，而气体穿过滤片进入上箱体，从出风口排出。在含尘气体通过滤片的净化过程中，随着时间的增加，积附在滤片上的粉尘会越来越多，从而增加了滤片的阻力，使通过滤片的气体量也越来越少。为使阻力控制在一定的范围内，保证所需气体量的通过，由控制仪发出指令，按顺序触发各控制阀开启脉冲阀，气包内的压缩空气瞬时经过脉冲阀至喷吹管的各孔喷出，并喷射到各对应的滤片孔腔内。在强气流的反向作用下，积附在滤片上粉尘脱落，滤片得到清洗。被吹掉的粉尘落入灰斗，经排灰阀排出除尘器。积附在滤片上的粉尘被周期性的脉冲喷吹清除，使净化的气体正常通过，保证了除尘系统的正常运行。

塑烧板除尘器的安装、维护和检修。塑烧板除尘器的使用温度需要在滤片标定的温度之下，否则会损坏滤片。

2）压缩空气不洁净的，需要加装空气滤清器。滤清器的安装方向与压缩空气流动方向一致。

3）滤片安装应先去掉多孔板上的杂质，然后用螺栓将滤片两端固定在多孔板上（紧固螺栓时应有套管定位）。

4）排灰系统的电动机接线，有方向要求的需要注意旋转的方向，应使粉尘从排灰阀排出。

5）控制仪的安装。当控制仪安装在室外时，需加装防雨箱或防雨罩，也可将控制仪安装在控制室内。

6）除尘器应有专人管理。发现除尘器出口粉尘冒出时，表明滤片没安装好或滤片有破损。

检查方法：停机后，打开上箱体箱盖察看，有积尘处表明此处滤片没装好或滤片有破损。如辨别不清时，可打开喷吹系统，观察喷吹时哪个孔腔有冒尘，就说明这个孔腔下的滤片有问题。然后再卸下滤片进行检查，重新安装或更换。

7）空气过滤器及气包要定期排污。脉冲阀膜片为易损件，发现破损应及时更换，以保证整个除尘系统的正常运行。

3. 塑烧板的安装要求

1）定位套管，装配时不可缺少，并检查是否与塑烧板规格相符。

2）在插入塑烧板时，应注意不超过所示角度，以免损坏塑烧板颈部。

3）塑烧板两端螺栓紧固力应尽量相等，以免损伤塑烧板。

4）起吊后应轻轻放下，搬运及安装过程中应避免任何硬物撞击塑烧板。

塑烧板除尘器外形结构如图 3-70 所示，其中 4.5m² 塑烧式除尘器相关技术参数见表 3-29。

图 3-70　塑烧板除尘器外形结构

表 3-29　4.5m² 塑烧板除尘器相关技术参数

名称	数据
型号	DXHB 1500-9/4.5
基材	UHMWPE（超高分子量聚乙烯）
涂层	PTFE（聚四氟乙烯）
涂层厚度/μm	≥5
最大外形尺寸（长×宽×厚）/mm	1490×565×80
有效过滤面积/m²	4
板材厚度/mm	4
初始阻力/Pa	500
运行阻力/Pa	1800~2600
安装方式	尘气室安装
密封条材质	EODM（三元乙丙橡胶）
清灰喷吹通道	9（27 褶）
清灰喷吹压力/MPa	0.4~0.5
质量/kg	11.5
使用温度/℃	70
过滤效率（%）	99

第4章

抛丸机的种类与结构设计

4.1 抛丸机基本组成及主要部件

普通抛丸机主要由斗式提升机、螺旋输送器、抛丸室、抛丸器、分离器、除尘系统等组成，部件的种类和结构形式已在第 3 章做过介绍。

抛丸室是抛丸机进行清理作业时的封闭室体，抛丸器是抛丸机的心脏，弹丸循环系统实现抛出后的丸料循环利用，除尘系统实现抛丸过程中的粉尘处理，工件承载系统负责上下工件，因工件的尺寸和形状不同，抛丸机有不同的种类和结构形式。

4.2 常用抛丸机种类及结构设计

4.2.1 滚筒式抛丸机

滚筒式抛丸机以转动的圆筒作为构件的运载装置。按滚筒轴线与水平面的相对位置（水平或倾斜）、作业方法（间歇或连续）的不同，本类设备可分为以下几种：

滚筒式抛丸机 $\begin{cases} 水平滚筒式 \begin{cases} 间歇作业式（Q31 系列、FRKO 系列等） \\ 连续作业式 \end{cases} \\ 倾斜滚筒式 \begin{cases} 间歇作业式（Q3313B 型、DFRK 系列等） \\ 连续作业式（Q61 系列等） \end{cases} \end{cases}$

以上所述的 Q31 系列水平滚筒式抛丸机由于清理效率低、维护不便、使用成本高等因素已经被淘汰，现在市场上的滚筒式抛丸机以倾斜滚筒式为主，此类设备清理效率高、自动化程度高、工人劳动强度小，且维护成本更低。开泰集团生产的倾斜滚筒式抛丸机目前经历了 2 代的改进和优化，性能方面更能满足不同客户的需要，在标准结构的基础上可以根据客户的实际产能要求进行柔性设计，如改变滚筒直径以及抛丸器功率，以适应不同的场景。

新型滚筒式抛丸机指 QGT 系列倾斜滚筒式抛丸机，如 QGT1500 倾斜滚筒式抛丸机可用于小工件的表面抛丸处理，在翻转工件的同时进行抛丸清理。

下面以新型滚筒式抛丸机为例介绍滚筒式抛丸机的工作原理、主要结构及特点，整机能实现自动化上料、下料，各部分功能之间具备必要的安全互锁条件，其外形如图 4-1 所示。

1. 工作原理

本机从上料开始一直到将清理完毕的工件从机内卸出，整个工作过程都可以自动完成。

首先，将需要清理的工件利用天车放入上料斗内，做好限位措施后，由上料机构将料斗平稳地拉起，至最高点时料斗倾转，斗内工件沿着斗底滑入滚筒中。此后，料斗自动下落，抛丸室门自动下降关闭，抛丸器开始向工件投射弹丸以剥离其表面的氧化皮等。抛丸的同时，作卷绕运动的滚筒带动工件不断地翻滚，使工件的各个表面都暴露在高速弹丸束中，从而得到有效的清理。溅落的弹丸穿过密布在滚筒上的小孔落入抛丸室下部，经螺旋输送器水平输送到提升机底部，再被垂直提升到顶部的丸砂分离器中。被净化的弹丸流入储丸仓，再经过供丸闸门重新进入抛丸器参与循环。抛丸时间用时间继电器控制，抛丸结束延时后，抛丸室门自动打开，履带反向旋

图 4-1　新型滚筒式抛丸机

转，清理好的工件通过振动输送器输送至料框内，然后由客户取走，至此一个工作循环完成。

2. 主要结构及特点

（1）清理滚筒

1）滚筒本体。滚筒由轧制 Mn13 材质的高耐磨钢板，经过特殊工艺制作而成，内面均匀地焊接着搅拌工件用的叶片，底部开着很多小孔，抛丸器抛射的弹丸及从工件表面出去的氧化皮、砂、飞边等，都通过这些小孔被初步分离。

2）滚筒驱动装置。滚筒可以实现 360°自转，以使工件在滚筒内充分翻滚，达到清理效果。滚筒的中间下腹有 2 个托辊支撑，尾部是自转中心，由调心轴承支撑。托辊由驱动电动机驱动，带动滚筒自转。

3）滚筒防护罩。滚筒和驱动装置都安装在防护罩内。防护罩的框架本身是由设备整体结构上的轴承来支撑的，防护罩的下部为溜槽，把从滚筒小孔中落下的弹丸输送到螺旋滚筒筛。

4）滚筒摆动装置。为使工件充分翻滚，增强清理效果，滚筒及安装在整个滚筒周围的防护罩是整体摆动的，均由安装在框架上的油缸带动。当将工件放入滚筒并进行清理时，滚筒向上；当卸出工件时，滚筒向下。清理滚筒结构如图 4-2 所示。

图 4-2　清理滚筒结构

（2）滚筒门体　滚筒门体在滚筒开口一侧，用于开关滚筒，工件放入滚筒时打开，清理工件时关闭。滚筒门体结构如图 4-3 所示，主要由以下部件构成：

1）门本体。门本体上装有抛丸器部件及其驱动装置，内部有护板，与滚筒外边缘相接触的部分由橡胶海绵密封。此外，门本体上有通风口，用来为滚筒换气和防止灰尘粘在工件上。

2）门开关驱动系统。门是通过油缸驱动的连接臂机构来开关的。油缸及连接臂的回转中心安装在滚筒防护罩框架的一侧，连接转臂的另一侧通过轴承连接支撑在门上。门打开

时，带着抛丸器总成一起离开抛丸位置，然后摆动滚筒下料。

　　3）斗式上料机构。它用于将清理前的工件投入清理滚筒，料斗由料斗架、料斗、液压驱动系统组成。料斗上安装了两组液压缸，可实现料斗两段式提升，最终将工件投入滚筒，斗式上料机构如图4-4所示。

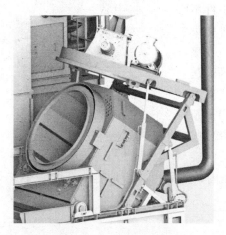 

图4-3　滚筒门体结构　　　　　　　图4-4　斗式上料机构

4.2.2　履带式抛丸机

　　履带式抛丸机的铸件运载装置，是由一对圆形端盘（或履带支撑环）和一条封闭的履带组成，形似上部开口的滚筒。工作时，履带转动，使带上的铸件不断翻动，并接受上方抛丸器的抛射。履带式抛丸强化机是根据用户要求设计的一种新型专用抛丸清理设备，用于铸件及锻件、小型圆柱螺旋弹簧、轴承等工件的清理强化。该设备抛丸量更大，密封性更好，清理效果、生产率及除尘效果均有较大提升，使用轧制Mn13室体护板，维护费用减少了约60%。通过抛丸清理强化，不但可以去除工件表面的锈蚀、氧化皮、铸造后的型砂等，还可以降低工件的内应力，提高工件的抗疲劳强度。该设备既可单机使用也可配线使用，具有较高的清理效率。

　　它的工作过程为：连锁起动-上料-进入抛丸室-关门-抛丸器起动-工件翻滚-丸料门开-抛打滚翻工件-丸料门关-门开-工件退出抛丸室-由输送器输送-上下料可同时进行丸料循环。

　　它的工作原理如下：在清理仓内加入规定数量的工件后，门关闭，机器起动，工件被履带带动，开始翻转，同时抛丸器高速抛出的弹丸形成扇形束，均匀地打击在工件表面上，从而达到清理的目的。抛出的弹丸及砂粒从履带上的小孔流入底部的螺旋输送器，经螺旋输送器送入提升机内，由提升机送到分离器中进行分离。含尘气体由风机吸送到除尘器中过滤，得到的清洁气体被排入大气，灰尘则落入除尘器底部的集尘箱中，用户可定期清除。废砂由废料管流出，用户可回收利用。丸砂混合物由回用管回收进入室体，经分离器分离后即可循环利用。抛丸器的布置由计算机进行三维动态模拟，所有布置的角度、位置均由计算机设计确定。在顾及所有待清理工件的基础上，尽量减少弹丸的空抛，从而最大限度地提高弹丸的利用率，减少对抛丸室内防护板的磨损。

　　抛丸室的室体为焊接结构，由室壳、室顶及室内防护等部分组成。室壳底部有螺旋输送器，内部装有履带及其传动机构，采用耐磨护板防护，端部装有端盘，室顶固定抛丸器。安全抛丸器设计了简单可靠的安全防护装置，当设备进行检修、润滑等操作时，该装置可保证进入抛丸室的人员的绝对安全。

履带式抛丸机的特点如下：

1）采用了悬臂离心式抛丸器，具有使用寿命长和结构简单等特点。

2）采用 BE 型分离器，具有良好的分离效果和较高的生产率，对提高叶片的使用寿命有积极的作用。

3）采用袋式除尘器，粉尘排放浓度低于国家规定的标准，大大地改善了操作者的劳动环境。

4）采用耐磨橡胶履带，减轻了对工件的碰撞及损伤，减小了机器的噪声。

开泰集团生产的此类履带式抛丸机经历了多次改进。比如，在电气检测方面结合机械结构，将电气检测元件预制好且位置可调，客户不用二次装配接电就可使用，同时在机电结合方面，将电缆及线槽预装在设备上随设备一起运到客户现场，不用二次顺线，将主电接到客户电源上即可开机使用。开泰集团在 Q326 小履带式手动抛丸机的基础上研发了 QR326 型小型自动上下料式抛丸机，在可以满足客户小批量生产的同时解决了自动化的问题。

下面介绍几种典型的履带式抛丸机。

1. Q326 履带式抛丸机

工作原理：接通电源后，将除尘器、提升机等依次起动，完成准备工作，将需要清理的工件放入抛丸室内，落在橡胶履带上。然后将抛丸室门关闭，抛丸器及供丸闸门依次打开，开始投射弹丸，清理工件表面的氧化皮等，与此同时履带做卷绕运动，使工件不断翻滚，以保证全面、均匀地进行清理。溅落的弹丸穿过密布在履带上的小孔落入下部的网格筛过筛，经螺旋输送器水平送到提升机底部，再被提升机垂直提升到顶部的丸砂分离器中，被分离净化的弹丸流入储丸仓，经供丸闸门被重新送入抛丸器。抛丸时间（根据工件情况设定）由时间继电器控制。抛丸结束后供丸闸门、抛丸器依次停止运转，将抛丸室门打开，使履带反向旋转，将工件卸出。Q326 履带式抛丸机如图 4-5 所示。

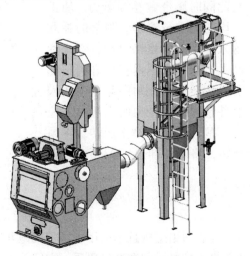

图 4-5　Q326 履带式抛丸机

2. QR3210 履带式抛丸机

设备组成及工作原理：本机主要由工件上下料系统、抛丸室、抛丸器、提升分离系统、除尘系统、电控系统等部分组成。其工作原理如图4-6所示，在抛丸室中，橡胶履带绕在3个滚筒上，动力机构驱动滚筒可使履带正向（逆时针方向）或反向转动。进行抛丸清理时，将抛丸室门开启，上料系统自动将工件放置在上面两个滚筒之间的橡胶履带上，工件达到规定数量后，关闭大门，机器起动，抛丸器抛射弹丸，使其均匀地打击工件表面，此时滚筒逆时针方向转动，履带做卷绕运动，带动工件不断地翻滚。不论工件是大、小、薄、厚、圆、扁，其受到的弹丸打击概率是一样的，这样也可有效消除"抛射死角"。溅落的弹丸穿过密布在履带上的小孔落入抛丸室下部的网格筛过筛，经螺旋输送器水平输送到提升机底部，再被垂直提升到顶部的丸砂分离器中。被净化的弹丸流入储丸仓，再经过供丸闸门重新进入抛丸器参

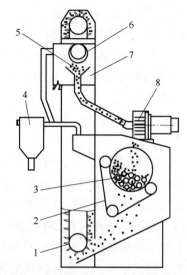

图4-6　QR3210 履带式抛丸机的工作原理
1—提升机　2—橡胶履带　3—工件　4—沉降箱
5—丸砂　6—过滤网　7—分离器　8—抛丸器

与循环。含尘气体由风机吸送到除尘器中过滤，气体达到排放要求后排入大气中。抛丸时间用时间继电器控制，抛丸清理结束后，抛丸室门自动打开，使履带反向旋转，将工件卸出，至此一个工作循环完成。整个过程无须人工操作，全封闭作业。

3. 一体式 Q32 系列履带式抛丸机

工作原理：接通电源后，将除尘器、提升机等依次起动，完成准备工作，将需要清理的工件放到抛丸室的橡胶履带上。然后将抛丸室门关闭，抛丸器开始投射弹丸，清理工件表面的氧化皮等，与此同时履带做卷绕运动，使工件不断翻滚，以保证全面、均匀地进行清理。溅落的弹丸穿过密布在履带上的小孔落入下部的网格筛过筛，经螺旋输送器水平送到提升机底部，再被提升机垂直提升到顶部的分离器中，分离净化后的弹丸经过供丸闸门被重新送入抛丸器。抛丸时间（根据工件情况设定）由时间继电器控制。抛丸结束后，供丸闸门、抛丸器依次停止运转，将抛丸室门打开，使履带反向旋转，将工件卸出。Q326M 履带式抛丸机如图4-7所示。

图4-7　Q326M 履带式抛丸机

4.2.3　吊钩式抛丸机

吊钩式抛丸机主要针对工件表面怕磕碰且不适用于履带式抛丸机的应用场合。工件由电动葫芦及挂具承载，电动葫芦将工件吊运到抛丸位置后，大门关闭。进行抛丸清理，完毕后仍由电动葫芦携带工件从室体内出来。为满足不同设备的清理效率，吊钩式抛丸机有单钩和

双钩两种类型供用户选择。经过市场调研以及设计结构调整，目前开泰集团生产的 Q37 系列吊钩式抛丸机在顶部密封、大门密封、大门限位检测、电动葫芦升降及进出到位检测方面做了较多的优化和改进，在客户使用现场也得到了良好的应用效果。比如，顶部密封结构在盖板的吊钩回转口处增加了密封套管，此套管和吊钩上的密封板配合，有效地阻挡了弹丸的飞溅，同时此套管也解决了吊钩的磨损，之前没有套管时，吊钩和盖板的圆孔在产生相对运动的情况下会将吊钩机械磨损，导致裂缝，而经过改进的结构有效地解决了这个隐患。

Q37 系列吊钩式抛丸机，主要用于铸件、结构件、有色合金件及其他零件的表面清理。该系列抛丸机分单钩式和双钩式，起吊式和不起吊式等多种型号。它具有无须挖地坑、结构紧凑、生产率高等优点。

下面介绍 Q37 系列吊钩式抛丸机的工作原理及主要结构。

1. 工作原理

吊钩承载工件进入抛丸室进行抛丸清理（如需二次工装，则由需方自行设计制作）。工作时，当除尘系统、提升机、分离器、螺旋输送器等依次起动运行后，电动葫芦吊起工件上升至设定高度，然后沿轨道水平运行进入抛丸室，当到达设定位置后停止水平运行，开始自转。此时将抛丸室大门关闭、顶部密封，接着将抛丸器和供丸闸门依次打开，开始对工件进行抛丸清理。当设定的抛丸时间结束（工件结构复杂或吊挂太多会造成局部清理不干净），供丸闸门和抛丸器依次自动关闭，将抛丸室大门及其联动的顶部打开，抛丸室内的整挂工件在电动葫芦的驱动下运行至室外设定位置卸料。

2. 主要结构

Q37 系列吊钩式抛丸机主要由抛丸室、抛丸器总成、螺旋输送器、提升机、分离器、供丸闸门、吊钩及自转机构、除尘系统和电气控制系统组成。某 Q37 系列吊钩式抛丸机如图 4-8 所示。

图 4-8 某 Q37 系列吊钩式抛丸机

4.2.4 吊链式抛丸机

吊链式抛丸机包含 Q48 系列（步进式吊链抛丸机）、Q38 系列（连续式吊链抛丸机）、Q58 系列（积放链式吊链抛丸机）等，本节对 Q48 系列和 Q38 系列抛丸机展开论述。

1. Q48 系列

Q48 系列为步进式吊链抛丸机，主要用于铸件、结构件、有色合金件及其他零件的表面清理，本系列抛丸机有单工位结构和多工位结构两种，具有结构紧凑、生产率高等优点。

开泰集团生产的 Q48 系列吊链式抛丸机相对于老式设备在以下几个方面做了设计优化和提升：

1）大门密封结构采用复式结构，有效防止了弹丸的飞溅，同时在大门的两侧增加了环形密封橡胶板，让一些"漏网之鱼"可以顺着它流回大门底部的回丸口。

2）优化顶部密封结构。室体内部增加复合式仿形板密封，同时配合吊钩组的挡板再次进行密封，吊钩组的吊钩上增加回转轴承用于和顶部密封的导轨配合，以减少吊钩与密封橡胶的磨损。

3）增加可调式吊链检测。吊链运行到室体门口时，吊钩组上的触发机构与导轨上的检测组相互作用，产生信号以控制室体大门的开关，之前老式设备此检测组采用现场装配的方式，容易造成信号丢失导致大门开关失灵继而产生一些问题，经过机械结构的调整，目前这一问题得到了有效解决。

4）大门增加限位检测。相对于老式设备的现场装配，新的机械结构可以解决现场焊接以及信号丢失的问题，在进行机械结构设计时增加检测机构，有效地解决了老式设备大门检测信号丢失等问题。

下面主要介绍一款 Q48 系列吊链式抛丸机的工作原理、主要结构及特点。

（1）工作原理　抛丸机由 PLC 控制。操作时，先进行准备工作，使除尘器、弹丸循环系统运行。在上料位置人工上料后，工件通过吊链输送系统（工装客户自备，工件结构复杂或吊挂太多会造成局部清理不干净）将待处理工件送至抛丸室，进入抛丸室后停止，两侧大门关闭，自转装置开启，工件在自转装置的驱动下旋转，此时抛丸器开始运行，弹丸闸门打开，对旋转的工件进行抛丸清理。

清理完毕，弹丸闸门关闭，抛丸器停止运行，两侧大门打开，自转装置停止，吊链输送系统将室体内部的工件送出抛丸室，同时等待工位上的工件快速进入抛丸室，开始下次清理工作。同时，操作人员在上下料工位装卸工件。

（2）主要结构及特点　Q4810YT 三工位吊链步进式抛丸机，主要由工件输送系统、抛丸室、弹丸循环系统、工件自转系统、电气控制系统、除尘系统组成。下面介绍其中的重要部分：

1）工件输送系统。本机输送系统选用模锻链条，承载每个吊钩的负载滑架为两个。吊挂在吊钩上的待清理工件，由驱动链轮通过链条拖动，沿轨道依次行进。轮架在工字钢下翼上运行，导轮用来防止吊钩进入抛丸器工作区时产生摆动现象。

2）抛丸室。抛丸室体由钢板及型钢骨架焊接而成，抛丸室的钢结构件均经过喷丸清理后喷防护底漆，同时还具有时效强化功能，保证有足够的刚度和强度。室体钢板为 12mm 厚轧制 Mn13 护板，整体焊接，方便后期维护，抛丸热区悬挂一层 12mm 厚铸铬耐磨护板，方便更换。

抛丸室大门底部设有弹丸回收槽，方便开门时夹杂在门缝中的残留弹丸能回收到室体内，防止弹丸四处散落。

3）工件自转系统。吊钩自转装置的功能是使定位吊钩上的链轮与自转链条相啮合，保持抛丸过程中工件始终处于旋转状态。它由减速器、主动链轮、链条、减速器机座等组成，适当调整减速器机座便可保持自转链条的松紧度。

4）电气控制系统。本机采用 PLC 实现对全机的集中控制，电控系统设计及选用元件性能均符合国标。元器件配置先进（配件为最新型号，无近期停产情况，可正常采购），控制系统运行安全可靠，操作灵活，维修方便。

所有电动机选用 2 级节能电动机；电器柜增加电量统计表；所有减速器均采用变频起动，减少起动冲击。

2. Q38 系列

相对于 Q48 系列的步进式吊链抛丸机，Q38 系列为连续式吊链抛丸机，且多为连线设备，与上下游涂装、铸造线连线使用，下面主要介绍一款 Q38 系列吊链抛丸机的工作原理、主要结构及特点。

（1）工作原理　除尘系统、弹丸循环系统及抛丸器开启之后，在上料区上料，工件在吊链输送系统的驱动下，经密封室进入抛丸室。抛丸器抛射出丸料形成弹丸束，对工件进行抛打清理。工件在吊链输送系统的驱动下，一边连续前行，一边接受弹丸击打，直至离开抛丸区域，如此重复循环，直至工作结束。

（2）主要结构及特点　Q3801 型通过式抛丸机，主要由抛丸室、前后密封室、抛丸器总成、丸料循环净化系统、除尘系统和电气控制系统组成。其室体结构如图 4-9 所示。

1）抛丸室。

① 抛丸室室体由钢板及型钢骨架焊接而成，室体内衬 10mm 厚的轧制 Mn13 护板进行防护，并采用大块焊接方式固定，便于更换。

② 室体顶部吊钩行走槽处采用多层密封结构，组成迷宫式密封带，结构精巧，可以有效减少弹丸反弹至室体外部。

③ 室体底部为集丸斗，集丸斗上部放置格栅，格栅采用扁铁制作，安装检修方便。

图 4-9　Q3801 型通过式抛丸机的室体结构

抛丸室格栅上放置耐磨漏砂板，耐磨漏砂板采用 10mm 厚耐磨铸铁制作，大块物料或小工件落在耐磨铸铁板上面，需要人工定期清理，这样可有效保护弹丸循环系统及抛丸器。

2）前、后密封室。前、后密封室由钢板及型钢骨架焊接而成，内衬 5mm 耐磨橡胶护板。密封室底部设有集丸斗，以使弹丸流入底部的螺旋输送器中，料斗上面近抛丸室 1m 的范围铺设 10mm 厚的耐磨铸铁板，其余铺设 3mm 厚的网孔板，大块物料落在网孔板上面，人工定期进行清理，可有效保护弹丸循环系统及抛丸器。设备室体顶部设有支撑立柱及横梁，用于支撑吊链导轨。室内分段安装弹簧橡胶板，减少弹丸飞出。

其余循环系统、除尘系统、电控系统等本文不再描述。

4.2.5　转台式抛丸机

利用抛丸机将一定粒度的弹丸高速抛射到工件毛坯表面上，可对毛坯表面进行清理并提高其机械性能，这种工艺在机械制造行业已得到广泛应用。转台式抛丸机的转台可匀速转动，两台抛丸器高速抛出的弹丸形成扇形束，连续均匀地打击转台上的工件，可对中、小型铸铁件、铸钢件的表面和内腔进行抛丸清理。使用结果证明，毛坯表面被清理干净，提高了其机械性能，有利于外观检验和后续机械加工。

金属材料工件在铸造、锻造和焊接成形加工后，其表面往往带有残留的型砂、氧化皮、焊渣等，并且存在残余应力，型砂、氧化皮、焊渣等硬度大，机械加工时刀具磨损严重，机械加工性降低；残余应力容易使工件在机械加工后产生变形，精度保持性差，有些不需要机械加工的表面，如工程构件、钢管内外壁等也要求露出工件基体的材质，这样表面涂漆附着力增大，可提高防锈效果。利用抛丸表面清理工艺可以去除零件毛坯残留的型砂、氧化皮、焊渣等，减小或消除内应力，有利于后续机械加工，或提高毛坯表面抗疲劳强度及耐腐蚀性。抛丸清理是指利用抛丸器将一定粒度的弹丸高速抛射到需要处理的工件表面上，抛出的弹丸形成一定的扇形流束，直接冲击需要清理的表面，使表面残留物脱落，从而达到表面清理的目的。在抛丸器中，电动机驱动的抛丸轮在高速旋转时产生离心力和风力，弹丸流入可以控制弹丸流量的进丸管时，便被加速带入高速回转的分丸轮中，在离心力的作用下，弹丸由分丸轮窗口抛出进入定向套，再经由定向套窗口抛出，由高速旋转的叶片接住，并沿叶片长度方向不断加速运动直至抛出。

QF3512K 型转台式抛丸机设计

（1）QF3512K 型转台式抛丸机的特点　QF3512K 型转台式抛丸机是一种小型抛丸机，可对质量小于 0.5t、体积小于 1 200mm×400mm 的中、小型铸件、焊接件的外表面和内腔进行抛喷丸清理，每个工作循环为 10～30min，弹丸循环量为 15t/h。图 4-10 所示为 QF3512K 型转台式抛丸机。该设备主要由抛丸室、抛丸器总成、丸料循环净化系统、旋转转台、除尘系统和电气控制系统等组成。为防止弹丸反弹抛射室体，清理室内壁挂有 Mn13 护板。抛丸室的顶部对称分布两台抛丸器，抛丸器的布置均经过计算机仿真抛射后确定，使各种工件处于最佳抛射位置，获得最佳清理效果。旋转转台位于抛丸室内部，减速机构带动转台匀速转动，工件放置在台面上随转台旋转，台面材料为 Mn13 并设有漏丸孔，防止弹丸在台面上堆积。除尘系统采用二级除尘，粉尘首先经沉降箱利用惯性进行第一次沉降，再经滤筒除尘器进行过滤。电气控制系统设有自动/手动切换开关，可自动操作，使设备各部件按预先编好的程序顺序运行；也可手动控制，以便调试人员对设备进行调整。

图 4-10　QF3512K 型转台式抛丸机

（2）工作原理　机器工作时，先使除尘系统、分离器、提升机等依次开始运行，在转台上装载工件，工件质量不应超过规定范围，装完工件后将抛丸室大门关闭锁紧，然后使转台回转。运行抛丸器，将供丸闸门打开使弹丸流入抛丸器，高速抛出的弹丸形成扇形束，连续均匀地打击在工件表面上，达到设定的清理时间时，供丸闸门自动关闭，抛丸机停止工作。此时可打开抛丸室门翻转工件，下个循环再清理与转台面接触的表面。抛射到台面的弹丸从小孔流到室体底部，再由斗式送升机送至分离器中，由磁选机筛选废砂，干净的弹丸从弹丸控制器闸门再次进入抛丸器抛打工件，进入下一循环。

（3）使用效果　实际使用证明，QF3512K 型转台式抛丸机具备了以下优点：

1）有效地清除铸件、锻件和焊接件表面残留的型砂、氧化皮、焊渣等，使毛坯表面干净，有利于毛坯的外观检验和机械加工。

2）弹丸循环使丸、渣、砂、尘自动分离，无环境污染。

3）设备的综合性能好，噪声小，除尘效果好，改善了操作工的工作环境。

4.2.6　积放链式抛丸机

积放链式抛丸机采用积放推式悬挂输送器运载铸件，上方的牵引链均速、连续运行，链上的推杆推动下方承载轨上带有吊钩的小车前进。借助于电控,小车可以脱离牵引链静止,并积存在一起;反之,积存的小车也可逐个释放前进。本机的特点是:

1) 既可以连续方式运行,也可以成批或间歇运行,组织生产灵活,生产率高。
2) 铸件以低速通过抛丸区,或在抛丸区定位旋转,清理效果好。
3) 在抛丸室大门关闭的状态下进行清理,密闭性好。
4) 可以静态装卸料,操作方便。
5) 铸件运载系统比吊链连续式和吊链步进式复杂,制造成本高,维修工作量较大。

本类设备适用于少品种、大批量生产和多品种、中小批量生产场合中小工件的抛丸落砂和表面清理,适应性强,目前应用较多。

图 4-11 所示为 Q58 系列积放链式抛丸机的现场使用情况。

Q58 系列积放链式抛丸机可以实现铸件在抛丸工位定位旋转,清理效果好;在抛丸室进出口处,设 1~2 道机动门,顶部采用组合密封装置,室体密闭性好;丸渣分离采用先筛选,再用满幕帘流幕式风选或风选加磁选,分离率为 99%~99.5%,分离量大、分离效果好,减少了抛丸器中易损件的磨损。

铸件在抛射区内定位旋转,具有正反转和变频调速功能,还可设置低速机构和高压吹扫装置,采用铸件低速通过方式;主抛丸室两侧设有密封副室,主室内衬耐磨钢板防护,副室内衬橡胶防护;输送器设有维修道岔,单车维修不影响生产;整机采用 PLC 控制,自动化程度高,并设有运动部件检测和故障诊断装置,可有效防止因堵料而损坏机器零部件;当用于有色铸件清理时,可加设铝粉等浓度检测和自动防爆装置,安全可靠。

图 4-11　Q58 系列积放链式抛丸机

4.2.7　网带式抛丸机

网带式抛丸机主要应用于汽车、航天、铁路与机械制造业,尤其适用于薄壁的铝合金铸件等小型零件的表面抛丸清理,亦可用于机械零件的表面强化。图 4-12 所示为开泰集团生产的网带式抛丸机。下面主要介绍其工作原理、主要结构及特点。

1. 工作原理

本机工作时,应做好准备工作,即使除尘系统、分离器、提升机、螺旋输送器、网带输送系统等依次运行。首先,在抛丸室外的网带上装载工件,工件随着网带前进进入抛丸室。在抛丸室入口前有检测装置,当工件的头部通过时进行检测,经过 PLC 的计算并完成延时

图 4-12 网带式抛丸机

后，供丸闸门自动打开，开始对工件进行抛丸清理。工件一边前行，一边接受弹丸击打，以清除铸件表面粘砂等，直至离开抛丸室。工件完全离开抛丸室后，在出料口网带上将工件卸下。重复此过程直至工作完毕。网带清理原理如图 4-13 所示。

2. 主要结构及特点

本机主要由抛丸室、网带输送系统、抛丸器总成、丸料循环系统（螺旋输送器、提升机、分离器、弹丸闸门）、平台等辅助系统、吹丸系统、除尘系统、电控系统等组成。其室体结构如图 4-14 所示。

图 4-13 网带清理原理

图 4-14 室体结构

（1）室体

1）抛丸室。抛丸室是对工件进行抛丸清理的操作空间，室体采用 10mm 厚 Q235 钢板焊接而成，抛丸室内铺设一层 12mm 厚轧制 Mn13 护板进行防护。

抛丸室底部设有集丸斗，以使弹丸流入底部的螺旋输送器中，螺旋输送器上面设有轧制 Mn13 防护板。

抛丸室室体上设有检修门，方便工人检修。安全门均设置了接近开关，防止工人误操作，保证工人安全。

2）前、后密封室。前、后密封室的室体均由 6mm 钢板焊接而成，内衬 6mm 厚耐磨橡胶板，并用特制防护螺母压紧，便于必要时拆装更换。室体底部均设有集丸斗，以使弹丸流入底部的螺旋输送器中，螺旋输送器上面设有格栅，并铺设 3mm 厚孔板进行防护。

前、后密封室内各设≥8 层橡胶密封帘密封，可有效减少弹丸飞溅。

前、后密封室进出口设调节挡板，可根据不同高度的工件对门口高度进行手动调节，有效增强了设备密封性。

密封室室体上设有检修门，方便工人检修。安全门均设置了接近开关，防止工人误操作，保证工人安全。

（2）网带输送系统　它由水平金属网带、主动辊筒、改向辊筒、张紧装置、支撑辊道等组成。网带结构如图 4-15 所示。

其余循环系统等本文不再描述。

图 4-15　网带结构

4.2.8　通过式抛丸机

通过式抛丸机有辊道通过式、吊钩通过式等各种形式，本节描述的通过式抛丸机为 QT37 吊钩通过式抛丸机，如图 4-16 所示。

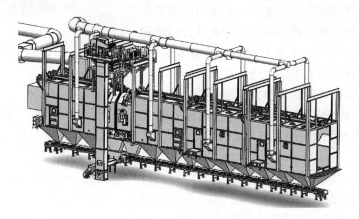

图 4-16　QT37 吊钩通过式抛丸机

山东开泰集团生产的 QT37 吊钩通过式抛丸机针对工程机械、大型焊接件、复杂钢构件做了专门的设计和应用，相对于老式结构，近几年对以下几个方面进行了升级：

1）室体壳体与漏斗的法兰连接。老式设备漏斗焊接在地基上，对客户的地基制作要求高，安装现场的焊接工作量大，经过结构改进，将漏斗与室体采用法兰连接，漏斗和地基的连接没有直接联系，不用再焊接在地基上，这样也减少了设备安装现场的焊接量，能更快地让设备给客户带去价值。

2）前、后密封室壳体的折弯结构。前、后密封室壳体采用折弯加法兰连接的方式，减少了安装现场的焊接量，让安装进度更快。

3）大门结构调整。相对于老式结构，大门滑轮与导轨间隙更加合理，运行更平稳，同时大门增加了防坠落结构，防止大门因误操作或疲劳破坏掉落。

4）工件的输送方式有多种，可以和涂装连线，可以独立使用，也可以结合积放链使用等等。

5）应用三维升降小车。在设备的后端可以设置清扫室，清、扫的载体可以采用三维升降小车，三维升降小车也是开泰集团的标准产品之一，两者的结合使客户的选择更加丰富，同时抛丸室的顶部可以根据客户需要增加开口让运行葫芦可以在抛丸室内升降。

6）抛丸器增加检修葫芦。为方便客户检修，在室体上了设置检修平台，每层检修平台均设置了检修导轨，用检修葫芦将抛丸器吊装检修更加便利。

7）室体顶部增加安全护栏。此类设备有个特点是比较高大，所以室体顶部的安全防护需要着重考虑，在室体顶部增加一圈安全护栏让维修人员的安全更有保障。

主要结构特点

本机主要由抛丸室、密封室、抛丸器总成、弹丸循环系统（带输送器、螺旋输送器、提升机、分离器、弹丸闸门）、工件承载系统、除尘系统电控系统等组成。

（1）抛丸室及顶部密封　抛丸室壳体采用钢板与骨架焊接而成，为增强设备的使用寿命，壳体墙板采用 Q235 钢板（厚度为 10mm）。室体内衬高耐磨护板，材质为耐磨轧制 Mn13 护板（厚度为 12mm），护板采用整体焊接方式，以方便护板更换。经过水韧处理，采用整体焊接方式铺设，耐打击，耐磨寿命长，防护性好；防护时间最低可达 20000h。

室体底部设有集丸斗，内部设有格栅，格栅上面铺设耐磨铸孔板进行防护。此配置可实现对底部集丸斗及螺旋输送器的有效防护，同时对弹丸进行初步筛选，过滤出大块的杂物，实现对抛丸器的有效保护，留在孔板上的杂物需要人工定期进行清理。

钢板采用激光机切割机下料，切割准确，极大降低了对接误差，焊缝质量达到或者超过国家要求标准，大大提高了设备的密封性，可以有效防止弹丸外溢。

顶部密封结构如图 4-17 所示。

为减轻室体顶部行走槽漏砂情况，抛丸室及靠近抛丸机 2m 范围内的顶部吊钩行走槽采用 Q235 钢板、轧制 Mn13 护板、聚氨酯板、毛刷、橡胶板等组成迷宫式密封带，其结构精巧，可以有效防止弹丸反弹至室体外部。顶部密封共 8～9 层，由下往上依次

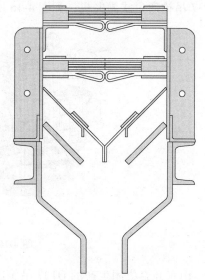

图 4-17　顶部密封结构

是：①12mm 厚的轧制 Mn13 护板；②8mm 厚的 65Mn 钢板；③4mm 厚的 Q235 钢板及 4mm 厚的橡胶板；④4mm 厚的橡胶板；⑤毛刷（尼龙）；⑥4mm 厚的聚氨酯板；⑦4mm 厚的橡胶板；⑧毛刷（尼龙）；⑨4mm 厚的聚氨酯板。考虑顶部密封装置对吊钩的阻力，其他位置采用 6 层密封结构即可。

（2）工件输送系统　整条生产线的输送系统采用自行葫芦小车输送。要求上件工位、下件工位设置手动升降控制按钮，上、下件工位设置放行、急停控制按钮。

工件输送系统主要由环链电动葫芦、轨道、滑触线等组成，系统采用自动/手动控制，用于完成工件的输送。自行小车的设计充分考虑了维修的合理性，具有结构合理、直观、维修方便的特点，优点是运行平稳、噪声小、使用可靠。自行小车安装有专用的侧向导轮，能有效地抑制、减缓小车的侧向摆动，同时保证载物车运行的平稳性和集电器与滑触线的良好

接触，减少由于接触不实而产生的打火花现象。

4.2.9　摆床式抛丸机

摆床式抛丸机以来回摆动的摇床作为铸件的运载装置。摇床上部开口，其断面形状有多角形和圆形两类。工作方式也有间歇式和连续式两类。

1. 多角摇床式抛丸机

国外 DISA-GF 公司产品 DTC 型多角摇床式抛丸机如图 4-18 所示。

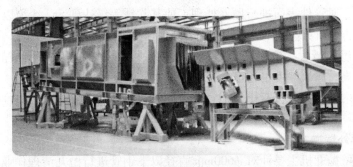

图 4-18　DTC 型多角摇床式抛丸机

该机的运载装置为一上部开口的多角床，能绕其纵轴做 120° 的来回摆动。其多角形状确保了铸件的平稳翻转。抛丸器安置在铸件的正上方，以确保抛丸流的抛射能全部直接作用在被抛铸件上。卸料时，多角床翻转到开口向下，将清理好的铸件卸到振动槽中，然后自动转回到装料位置接受装料。该设备具有以下优点：

1）铸件翻转平稳，对多品种的混合铸件都能抛射清理干净。

2）装料和卸料时间短，生产率高。

3）结构紧凑，占地面积小。

4）易于组成生产线连续生产。

该机既可间歇作业，也可组成生产线连续生产，适用于中小件的批量清理。

2. 摇摆滚筒式连续抛丸机

摇摆滚筒式连续抛丸机的滚筒轴线与水平面的夹角约 2.8°，滚筒长度大，上部的中间有很大的开口，以供安装在滚筒上方的抛丸器抛打筒内的铸件。工作时，滚筒绕轴线在130° 范围内摆动，以使铸件翻滚并不断前进。本设备抛射面积大，清理效果好，生产率高，铸件翻滚平稳、不易损坏，适合在大批量生产中清理中小铸件。

4.3　专用抛丸机种类及结构设计

专用抛丸机（简称专机）是指针对某一类特殊工件而定制的抛丸机，其工件运载装置，一般是根据工件的大小、质量、形状及清理要求等特点而专门设计的，在其他方面与通用机型也有差别。

目前国内生产的专用抛丸机有钢管内外壁抛丸机、线材抛丸机、带钢抛丸机、路面抛丸机、汽车铝轮毂抛丸机、轴类零件抛丸机、风电铸件抛丸机、火车轮抛丸机、齿轮抛丸机、弹簧抛丸机等。

4.3.1 钢管内外壁抛丸机

国内外石油、天然气、给水、排水和煤气输送管线一般都采用碳钢钢管或铸管，但是这些管道易发生腐蚀，不仅会造成巨大的资源浪费，还会给管线运营带来安全风险。

碳钢管或铸管防腐一般采用环氧涂层（环氧煤焦油、环氧沥青、液态环氧树脂），不管是单层还是多层环氧体系的涂层，起到防腐蚀作用的都是与钢管基材直接作用的由熔结环氧粉末形成的涂层，即熔结环氧涂层。

涂料喷涂前，对管件表面进行抛丸处理，使其除锈等级达到 Sa2.5 级以上、表面锚纹深度达 70μm 左右、表面灰尘度不超过 1 级的水平，这样有助于涂层的附着。其中，表面锚纹深度（表面粗糙度）越大，单位长度上不规则峰越多，单位面积上与涂层的附着面积越大，涂层的附着力越高，涂层厚度也越厚。

常见的钢管内外壁抛丸机有小型钢管外壁抛丸机（一次抛一根或多根），大型钢管外壁抛丸机（一次抛一根），钢管内壁抛丸机（内径 12in 以上）。

1. 小型钢管外壁抛丸机

小型钢管外壁抛丸机主要针对 φ600mm 直径以下钢管进行抛丸清理作业。利用多台离心式抛丸器将金属丸料高速射出并冲击工件表面，以清除铁锈、氧化皮、污物等表面杂质。使得表面清洁度达到 Sa2.5 级、表面粗糙度达到 $Rz25 \sim 75 \mu m$，优化表面状态，可以使钢管在喷涂工序中有效提高表面涂层附着力。

该抛丸器设置有 V 形辊道输送系统、抛丸室、抛丸器总成、丸料循环净化系统、除尘系统、电控系统组成。小型钢管外壁抛丸机如图 4-19 所示。

设备运行时，由人工或者送料机构将工件送入 V 形辊道中，再由 V 形输送系统将工件送入抛丸室中，通过多台离心式抛丸器抛射出的高速金属丸料冲击钢管表面进行清理作业。设备采用通过式设计，可实现设备一边前进一边抛丸的清理工艺。并且 V 形输送辊道可以一边前进一边旋转运行，以保证钢管表面弹丸的覆盖率。抛丸清理结束后，由拨料机构或人工将工件卸下。

图 4-19　小型钢管外壁抛丸机

室体由钢板与型材焊接而成，内衬优质轧制 Mn13 板或 Cr20 高耐磨铸铁，室体侧部设有检修门，用于设备检查和维修。抛丸室设有多道密封结构，以保证设备整体的密封性。根据管径及生产率不同，抛丸室顶部水平安装了 1~3 台抛丸器总成。小型钢管外壁抛丸机技术参数见表 4-1。

表 4-1　小型钢管外壁抛丸机技术参数

项目	技术参数					
型号	QGW50	QGW200	QGW300	QGW400	QGW500	QGW600
清理产品规格	DN16~50	DN16~200	DN16~300	DN16~400	DN16~500	DN16~600
清理要求	清除铁锈、氧化皮、污物等表面杂质，使得表面清洁度达到 Sa2.5 级、表面粗糙度达到 $Rz25 \sim 75\mu m$					
清理速度/(m/min)	5~10	3~10	3~10	2~10	2~10	2~10
抛丸器数量/个	2	2	3	3	3	3
抛丸器功率/kW	11	1	11	11	15	15
弹丸循环量/(t/h)	20	20	30	30	45	45
设备噪声要求	低于 93dB(A)					

2. 大型钢管外壁抛丸机

大型钢管外壁抛丸机主要针对 $\Phi600 \sim \Phi3600mm$ 直径钢管进行抛丸清理作业。利用多台离心式抛丸器将金属丸料高速射出并冲击工件表面，以清除铁锈、氧化皮、污物等表面杂质。使得表面清洁度达到 Sa2.5 级、表面粗糙度达到 $Rz25 \sim 75\mu m$，优化表面状态，可以使钢管在喷涂工序中有效提高表面涂层附着力。

大型钢管外壁抛丸机设有外部斜辊道式输送器（见图 4-20）、抛丸室、抛丸器总成、丸料循环净化系统、除尘系统、电控系统等。钢管外壁抛丸机如图 4-21 所示。

图 4-20　外部斜辊道式输送器

图 4-21　钢管外壁抛丸机

设备运行时，由人工或者送料机构将工件送入斜辊道式输送器中，再由斜辊道式输送器将工件送入抛丸室中，通过两台离心式抛丸器射出的高速金属丸料冲击钢管表面进行清理作业。设备采用通过式设计，可实现设备一边前进一边抛丸的清理工艺。并且斜辊道式输送器可实现一边前进一边旋转运行，以保证钢管表面弹丸的覆盖率。抛丸清理结束后，由拨料机构或人工将工件卸下。该类型抛丸机具有结构紧凑、生产率高、适用工件范围广等特点。大型钢管外壁抛丸机技术参数见表4-2。

表4-2　大型钢管外壁抛丸机技术参数

项目	技术参数					
型号	QGW800	QGW1200	QGW1800	QGW2400	QGW3000	QGW3600
清理产品规格	DN100~800	DN200~1200	DN300~1800	DN400~2400	DN500~3000	DN600~3600
清理要求	清除铁锈、氧化皮、污物等表面杂质，使得表面清洁度达到Sa2.5级、表面粗糙度达到$Rz25\sim75\mu m$（表面喷塑工艺粗糙度要求$>Rz75\mu m$）					
清理速度/（m/min）	3~10	1~6	1~6	1~6	1~8	1~8
抛丸器数量/个	2	2	2	2	2	2
抛丸器功率/kW	30	30	30	45	75	75
弹丸循环量/（t/h）	60	60	60	90	140	140
设备噪声要求	低于95dB（A）					

室体由钢板与型材焊接而成，内衬优质轧制 Mn13 板或 ZCr20 高耐磨铸铁，室体上设有检修门，用于设备检查和维修。抛丸室进出口根据不同管径配有多种规格软密封与钢板防护结构，可通过更换不同密封来适应多种规格钢管进出抛丸室并防止弹丸飞出。

大型钢管外壁抛丸机所处理的钢管最小直径与最大直径差值较大，为满足金属丸料在钢管表面进行有效覆盖，在抛丸室底部安装了抛丸器总成。

外部斜辊道式输送器由驱动轮、从动轮、支架、角度调节机构、间距调节机构等组成，可以通过调节托轮角度实现钢管前进速度与旋转速度的调整。并且通过调整托轮间距可以使钢管底部与抛丸器出料口位置的距离始终保持不变。

3. 钢管内壁抛丸机

钢管内壁抛丸机主要针对 $\Phi300\sim\Phi3600$mm 直径钢管进行内壁抛丸清理作业。利用离心式抛丸器将金属丸料高速射出并冲击工件表面，以清除铁锈、氧化皮、污物等表面杂质。使得表面清洁度达到 Sa2.5 级、表面粗糙度达到 $Rz25\sim75\mu m$，优化表面状态，可以使钢管在喷涂工序中有效提高表面涂层附着力。

钢管内壁抛丸机设有托管移动旋转小车、前移动密封室、液压移动小车、液压系统、送砂系统、GN30 抛丸器、GN40 抛丸器、GN60 抛丸器、GN300 抛丸器、固定密封室、分离器、提升机、带输送器、支承机构、辅助机构、除尘系统、电控系统等。钢管内壁抛丸机结构如图4-22 所示。

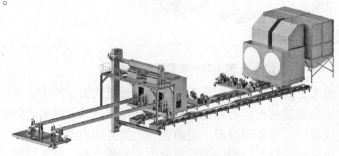

图 4-22　钢管内壁抛丸机

　　设备运行时，由人工或者送料机构将工件送入托管移动旋转小车中。通过托管移动旋转小车运动将工件插入固定密封室中，与此同时，移动密封室与液压承载小车，使其运动至钢管插入移动密封室中。然后，通过一台离心式抛丸器射出的高速金属丸料冲击钢管内表面进行清理作业。在抛丸过程中，由托管移动旋转小车带动钢管旋转，由液压移动小车带动抛丸器沿管道做直线运动，通过两个部件协同运动实现钢管内表面弹丸的完全覆盖。抛丸清理结束后，托管移动旋转小车、移动密封室、液压承载小车移动至原点位置，再由取件装置、拨料机构或人工将工件卸下。

　　室体由钢板与型材焊接而成，内衬 Cr20 高耐磨铸铁，室体上设有检修门，用于设备检查和维修。移动密封室与固定密封室工件密封口处根据不同管径配有多种规格软密封与钢板防护结构，可通过更换不同密封来适应多种规格钢管进出抛丸室并有效防止弹丸飞出。

　　钢管内壁抛丸机所处理的钢管最小直径与最大直径差值较大，为满足不同管径钢管的生产率，设备配有多种规格可更换的抛丸器，并且可根据生产率选择单工位或多工位清理装备。

　　钢管内壁抛丸机的特点：

　　1）采用工件回转与横向移动支承并联机构。

　　2）采用液压驱动抛丸器，大幅提高钢管内壁清理效率。各类型内壁抛丸器技术参数见表 4-3。

　　3）抛丸器规格齐全，可适应多种规格钢管的清理作业。

　　4）抛丸机可接入生产线实现钢管在线生产，也可独立实现离线生产，生产率高。各类型内壁抛丸机技术参数见表 4-4。

表 4-3　各类型内壁抛丸器技术参数

项目	技术参数			
型号	GN30	GN40	GN60	GN140
适用管径/mm	≥330	≥430	≥660	≥1400
抛丸量/(kg/min)	100	225	600	600
叶片回转直径/mm	270	360	500	500
抛丸器转速/(r/min)	3500	3000	2250	2250
抛丸器射速/(m/s)	70	73	76	76

表 4-4　各类型内壁抛丸机技术参数

项目	技术参数			
型号	QGN400	QGW600	QGW800	QGW1200
清理产品规格	DN350~400	DN350~600	DN350~800	DN350~1200
清理要求	清除铁锈、氧化皮、污物等表面杂质，使得表面清洁度达到 Sa2.5 级、表面粗糙度达到 $Rz25~75\mu m$（表面喷塑工艺粗糙度要求>$Rz75\mu m$）			
抛丸器规格	GN30	GN30、GN40	GN30、GN40、GN60	GN30、GN40、GN60
清理速度/(m/min)	0.4	0.7~1	0.7~2.5	0.7~2.5
可配置工位数/个	1~3	1~3	1~3	1~3
设备噪声要求	低于 93dB(A)			

（续）

项目	技术参数			
型号	QGW1800	QGW2400	QGW3000	QGW3600
清理产品规格	DN350~1800	DN350~2400	DN350~3000	DN350~3600
清理要求	清除铁锈、氧化皮、污物等表面杂质，使得表面清洁度达到Sa2.5级、表面粗糙度达到$Rz25~75\mu m$（表面喷塑工艺粗糙度要求>$Rz75\mu m$）			
抛丸器规格	GN30、GN40、GN60	GN30、GN40、GN60	GN30、GN40、GN60、GN140	GN30、GN40、GN60、GN140
清理速度/（m/min）	0.7~2.5	0.7~2.5	0.6~2.5	0.5~2.5
可配置工位数/个	1~2	1~2	1~2	1~2
设备噪声要求	低于93dB（A）			

4.3.2　线材抛丸机

热轧盘条表面分布着一层氧化皮，氧化皮比钢丝基体硬且塑性差，在拉拔过程中，氧化皮将断裂成鳞片状，容易嵌入钢丝基体内，导致钢丝基体表面受损，另外，硬且脆的氧化皮还会加快模具和导轮的磨损。因此，在盘条拉拔前，要先去除表面的氧化皮。

常见去除氧化皮的方法有拉拔酸洗法（化学法）、弯曲变形法和离心抛丸法。

拉拔酸洗法去除表层氧化皮时污染严重，现已较少应用。

弯曲变形法去除表层氧化皮时，因其生产率低、氧化皮去除不彻底且会损伤盘条表面等，应用也较少。

离心抛丸法可经济、环保、高效地去除盘条表面氧化皮，给线材施加预应力，可抵消拔丝过程中产生的部分内应力，增加线材表面的抗拉强度，应用广泛。

目前，市场上常见的线材抛丸机有单丝展开线材抛丸机和盘卷线材抛丸机。

1. 单丝展开线材抛丸机

单丝展开线材抛丸机是清理线材的专用设备，利用多台抛丸器散射的金属丸料以约80m/s的速度高速抛打线材表面氧化皮，使线材表面除锈等级达到Sa2.5级。该类型的抛丸机主要应用于线材丝径为$\Phi5~\Phi42mm$的碳素结构钢、弹簧钢、不锈钢、合金结构钢、合金模具钢等材料的清理。该类型的线材抛丸机既可与拉拔生产线整合运行，也可作为独立设备用于精整。

根据制造工艺及生产率的需求不同，单丝展开线材抛丸机按照安装抛丸器的数量不同，可命名为FL-322/330（3台22kW或30kW的抛丸器）、FL-430/437（4台30kW或37kW的抛丸器）、FL-630/637（6台30kW或37kW的抛丸器），最大清理效率可达240m/min。

为了提高丸料的利用率，每台抛丸器有一组对应导流板，导流板可根据线材丝径大小快速调整，允许相应直径的线材平稳通过。抛丸器抛射带宽度大于线材的丝径时，一部分丸料抛射到导流板上，经导流板反弹到线材上，以确保丸料的利用率。抛丸器与对应的导流板布置形式如图4-23所示。

单丝展开线材抛丸机主要由校直系统、前密封室、抛丸室、后密封室、抛丸器总成、丸料循环净化系统、除尘系统和电气控制系统等组成。高碳钢丝盘条预处理工艺如图4-24所示，单丝展开线材抛丸机的结构如图4-25所示，单丝展开线材抛丸机主要技术参数见表4-5。

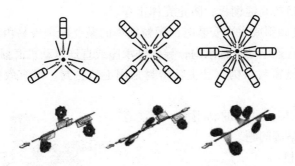

图 4-23　抛丸器与对应的导流板布置形式

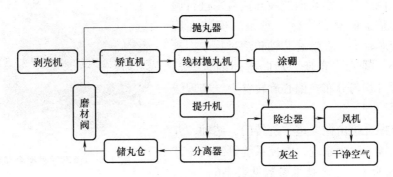

图 4-24　高碳钢丝盘条预处理工艺

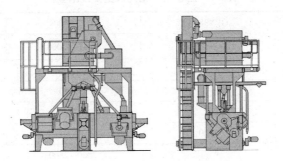

图 4-25　单丝展开线材抛丸机的结构

表 4-5　单丝展开线材抛丸机主要技术参数

型号	FL-322	FL-330	FL-430	FL-437	FL-630	FL-637
外形尺寸/mm	4300×3200× 4500	4300×3200× 4500	5500×3600× 5900	5500×3600× 5900	8000×4800× 6100	8000×4800× 6100
抛丸器数量/个	3	3	4	4	6	6
抛丸器功率/kW	22	30	30	37	30	37
抛丸量/（kg/min）	3×330	3×450	4×450	4×550	6×450	6×550
除尘风量/（m³/h）	6000	7200	9000	11000	16000	18000

根据该类型抛丸机的特点，设计时应充分考虑下列问题：

1）线材抛丸机的室体空间小，抛丸器功率大，壳体易被击穿。建议壳体采用高锰钢板制作，内衬采用可更换的高锰钢板，防止壳体击穿。

2）抛丸器大角度倾斜或水平安装时，颗粒细小的抛丸粉尘极易由联接盘与轴承盖之间的缝隙进入轴承座或直连电动机轴承内，导致轴承座或直连电动机磨损、卡死等，联动盘与密封盘结合处采用机械密封结构，且主轴密封采用毛毡密封，可有效提高抛丸器轴承使用寿命。

3）导流板可有效提高丸料的利用率，应注意导流板更换和快速调整等问题。

2. 盘卷线材抛丸机

针对整盘线卷的氧化皮清理作业，可选择盘卷线材抛丸机。该工艺不需要钢丝展开拉直来进行抛丸清理，可把整盘的盘卷线材（盘条）安装在旋转舱门的螺旋芯轴上，在螺旋芯轴转动过程中，盘卷线材做上下、前后、正反、轴向摆动的复合动作，逐渐散开，均匀分布在偏心旋转臂上，实现线材表面的全面清理。

盘卷线材抛丸机由抛丸室、旋转门、芯轴、丸料循环净化系统、除尘系统、电控系统等组成，其结构如图4-26所示，主要技术参数见表4-6。

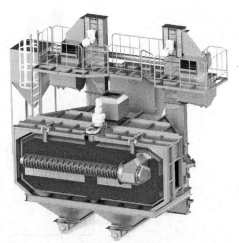

图4-26 盘卷线材抛丸机的结构

表4-6 盘卷线材抛丸机主要技术参数

型号	QPY3800	QPY5400	QPY7000
处理量/（kg/h）	5000~10000	6000~12000	6500~13000
线材直径范围/mm	$\phi5.5~\phi42$		
盘卷最大外径/mm	$\phi1500$		
盘卷最大内径/mm	$\phi850$		
盘卷展开长度/mm	3800	5400	7000
装载量/kg	2000~2500		
抛丸器数量/个	6	8	10
单台抛丸器功率/kW	18.5~45		
抛丸量/（kg/min）	6×（270~650）	8×（270~650）	10×（270~650）
除尘风量/（m³/h）	24000	35000	45000

室体由钢板与型材焊接而成，内衬优质轧制Mn13板，室体上设有检修门，用于设备检查和维修。抛丸室侧壁上水平安装了6~10台抛丸器总成。抛丸器布置的角度、位置都经过了三维动态模拟，以保证对工件全面、彻底的清理。

旋转门由门体及驱动系统组成。门体由钢板及型材焊接而成且中间安装有中心转轴，能实现门体180°旋转。门体内衬轧制Mn13护板，热区再安装一层ZCr20护板用于对门体的防护。外部安装有密封橡胶板，防止丸料从门体与室体连接处的飞溅。旋转门两侧各携带一个马达驱动的芯轴，用于盘卷摆放及展开。

芯轴是该设备的核心部件之一，它是盘卷摆放、展开的载体。为了使盘卷能均匀展开，芯轴上装有偏心隔离块，分布呈螺旋状。盘卷放置在芯轴的一端，通过芯轴的旋转，偏心隔离块螺旋转动，使盘卷线材做上下、前后、正反、轴向摆动，并有顺序地将盘条推到另一端，且在芯轴上均匀分布。因带偏心块的芯轴外表面高低不平，当芯轴旋转时，盘卷的线材随着偏心块上下起伏，以使其各个部位都能受到弹丸的打击。

盘卷线材抛丸机采用 Q360P 型抛丸器，其主要特点是：

1）密封严密。端护板及顶护板采用弧型多层迷宫式防护，联动盘与密封盘结合处采用机械密封结构（此处利用的是丸料安息角原理），防止钢丸进入轴承座。

2）耐磨件（叶片、定向套、分丸轮）全部采用模具钢加工制作，硬度 58~63HRC，使用寿命是高铬铸铁件的 3~5 倍。

3）具有良好的动平衡性，叶片质量差控制在 3g 之内，动平衡力矩≤15N·mm。

Q360P 型抛丸器结构如图 4-27 所示。

图 4-27　Q360P 型抛丸器结构

4.3.3　带钢抛丸机

带钢在高温热轧、卷取及冷却过程中会发生表面氧化，在表面形成一层氧化皮（俗称鳞皮），热轧带钢在进入后续处理工序（如冷轧）之前，必须将表面鳞皮清除干净（即除鳞），否则会直接影响后续的处理效果，损坏轧辊并影响轧板表面质量。

抛丸除鳞是依靠高速旋转的抛丸器将丸料抛向工件表面来实现的，在热轧带钢除鳞技术领域，抛丸工艺主要配合酸洗工艺使用，如对于难酸洗的不锈钢、高牌号硅钢，先使用高强度的抛丸工艺去除部分氧化皮并使得剩余氧化皮破裂产生缝隙，然后使用酸洗实现较彻底的除鳞。

带钢抛丸机可实现对不锈钢、硅钢、低碳钢等不同带钢材质的清理，丸料进入高速旋转的抛丸器，在叶片上加速后，以约 80m/s 的速度抛射在快速运行的带钢上、下表面，达到除去带钢表面鳞皮的目的，通过改变抛丸速度和丸料大小可控制抛丸效果。

带钢抛丸机主要由抛丸室、抛丸器总成、丸料循环系统（提升机、分离器、螺旋输送器、料箱、丸料控制阀等）、除尘系统、控制系统等组成。工作原理是：高硬度的弹丸（45~51HRC）通过流丸管进入抛丸器，经叶片加速后，抛射到正在运行的带钢两面，带钢上部残存的丸料经吹扫后与其他丸料通过螺旋输送器、斗式提升机等循环装置送到机体上部，通过丸渣分离器将氧化皮和丸料分离，丸料循环使用。

根据生产需求，带钢抛丸机可多个清理单元串联使用，每个单元配置 4 个抛丸器（上、下各 2 个），根据带宽不同，通过气缸调节抛丸器定向套开口位置，可调节抛射带的覆盖范围。带钢抛丸机（2 组串联）结构如图 4-28 所示，带钢抛丸机抛射状态和抛射带调整示意如图 4-29 所示，带钢抛丸机的抛丸器如图 4-30 所示。

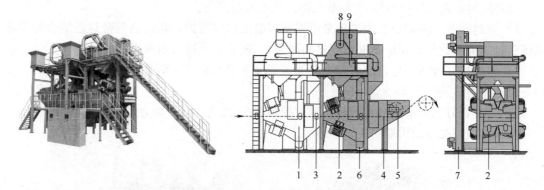

图 4-28　带钢抛丸机（2 组串联）结构

1—抛丸室　2—抛丸器　3—托辊　4—吹扫室　5—导向辊　6、8—螺旋输送器　7—提升机　9—分离器

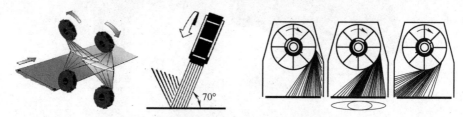

图 4-29　带钢抛丸机抛射状态和抛射带调整示意

图 4-30　带钢抛丸机的抛丸器

带钢抛丸机主要技术参数见表 4-7。

表 4-7　带钢抛丸机主要技术参数

项目型号	中/宽型带钢抛丸机		窄型带钢抛丸机
	Q6916ST	Q6921ST	Q696ST
带钢宽度/mm	600~1600	1600~2100	≤600
清理速度/(m/min)	20	15	20

（续）

项目型号	中/宽型带钢抛丸机		窄型带钢抛丸机
	Q6916ST	Q6921ST	Q696ST
抛丸器数量/个	4	4	4
抛丸器功率/kW	90/110	90/110	45/55
抛丸量/（kg/min）	4×1200	4×1200	4×600
除尘风量/（m³/h）	45000	60000	23000

4.3.4　路面抛丸机

路面抛丸机是通过机械的方法把丸料以很高的速度和一定的角度抛射到路面，在丸料的冲击下，使路面形成一定的粗糙度，并去除残留物。同时，除尘器产生的负压会将丸料和清理下的粉尘等杂质回收净化，含有杂质的气体经除尘器过滤，干净的气体直接排放，粉尘等杂质落入收尘箱。1-8D75 型路面抛丸机如图 4-31 所示。

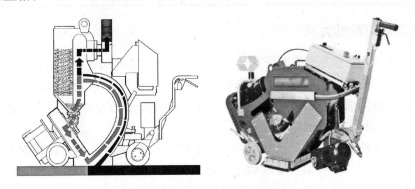

图 4-31　1-8D75 型路面抛丸机

路面抛丸机使用时，根据所选的丸料（一般选择 S330、S390 铸钢丸），可控制机器的行走速度和丸料的流量，获取不同的抛射效果。例如，选用 S330 铸钢丸处理 C50 的混凝土路面，可获得 $Rz90$ 的表面粗糙度；处理沥青路面，可去除表面油层，获得 $Rz80$ 的表面粗糙度；处理钢板，可获得 $Rz50$ 的表面粗糙度以及 Sa2.5 级的表面清洁度。

路面抛丸机的主要用途：

1）清理沥青路面，提高沥青路面的表面粗糙度和摩擦系数，保证行车的安全。同时，清理沥青路面的附着物（如机油等），提高路面的抗滑性能。

2）用于在建和已建桥梁钢桥面涂装防腐的前处理，使钢桥面达到喷涂所需的表面粗糙度和清洁度，增加涂层的附着力。

3）用于机场跑道的养护，去除飞机跑道上的胎迹、标线等，增大机场跑道表面粗糙度，提高跑道的摩擦系数。

4）用于市政道路的清理与养护，去除路面的标志、标线，增大路面的表面粗糙度和摩擦系数。

路面抛丸机的主要技术参数见表 4-8。

表 4-8　路面抛丸机的主要技术参数

型号	1-6.5D55	1-8D75	1-8D110	2-8D110	1-12D150	2-12D150	2-12D185
抛丸宽度/mm	200	250	250	500	425	850	850
在混凝土表面的清理速度/(m²/h)	≥80	≥110	≥150	≥300	≥225	≥450	≥550
在钢板表面的清理速度/(m²/h)	≥20	≥30	≥40	≥80	≥60	≥120	≥150
行走速度/(m/min)	0.5~20						
行走功率/kW	0.75				1.1		
抛丸器功率/kW	5.5	7.5	11	2×11	15	2×15	2×18.5
抛丸器回转直径/mm	165	203			305		
除尘风量/风压/[(m³/h)/Pa]	2200/5700			3600/7000		5000/9000	
空气压缩功率/kW	2.2	2.2	2.2	3	2.2	3	3
除尘功率/kW	5.5			7.5		18.5	
设备总功率/kW	≈13	≈15	≈18	≈30	≈23	≈42	≈50

4.3.5　汽车铝轮毂抛丸机

　　铝轮毂抛丸机的工作原理是利用高速旋转的抛丸器将丸料加速到一定速度后，冲击铝合金轮毂表面，清除铝合金轮毂表面的附着物、飞边等；改善铝合金轮毂表面组织，消除表面应力集中，提高疲劳强度和表面硬度；产生 $Ra1.6~6.3\mu m$ 的表面粗糙度，可提高表面喷涂的附着力，为后续粉末涂敷做好准备。

　　应力集中产生的原因：铝合金轮毂在冷却过程中，由于壁厚不均，冷却速度不一致，致使表面产生应力集中。而对铝合金轮毂进行抛丸处理可起到清理、增色作用，消除应力集中，提高表面喷涂附着力。因此，抛丸处理在铝压铸件中应用广泛。

　　山东开泰集团自主研制的铝轮毂专用抛丸机，名称为 QZJ22 型皮带通过式抛丸机，主要用于清理最大直径 22in（558.8mm）、高 400mm 的铝合金轮毂顶面，清除铝合金轮毂顶面的飞边，消除表面应力集中，增大表面粗糙度，其结构如图 4-32 所示。

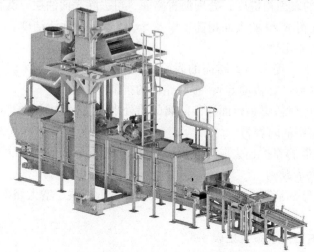

图 4-32　QZJ22 型皮带通过式抛丸机的结构

设备工作时,除尘系统、分离器、提升机、螺旋输送器、平带输送系统、抛丸器等依次运行,工件通过输送辊道连续不断地输送到平带输送系统,并通过输送带进入抛丸室。当入口传感器检测到有工件进入时,丸料阀打开,工件一边前行,一边接受弹丸击打,直至离开抛丸室。抛丸室出口有一段输送辊道,在输出辊道末端有一个翻转机构,工件在翻转辊道上翻转 180°,倒出顶面残存的弹丸,然后再恢复原位,通过辊道输送到下一工序。

铝轮毂抛丸机的技术参数见表 4-9。

表 4-9 铝轮毂抛丸机的技术参数

项目	技术参数	备注
工件要求	最大直径 ϕ22in(558.8mm)、高 400mm,工件温度不得超过 80℃	清理铝合金轮毂顶面
生产率	清理速度:2~5m/min,5 件/min	变频调速
磨料要求	S0.3~0.6 不锈钢丸	
表面质量等级	符合 GB 8923—88 A-B Sa2.5 级	表面清洁度
单台抛丸器功率/kW	15	
抛丸器数量/个	4	
抛丸量/(kg/min)	4×230	
设备弹丸循环量/(t/h)	60	
除尘风量/(m³/h)	27000	
装机功率/kW	≈125	
除尘排放浓度/(mg/m³)	≤10	
噪声要求	低于 93dB	

4.3.6 轴类零件抛丸机

轴类零件锻打成形后,一般需要进行调质、表面清理、探伤、裂纹清除、复探、矫直、防锈等工序。轴类零件表面清理的主要目的是去除曲轴表面的氧化皮,消除表面应力及显微裂纹,并起到一定的强化作用。对于经过淬火或调质处理的锻件,强化效果更为明显。

最常用的轴类零件抛丸机是 DV 系列机械手式抛丸机,该系列抛丸机采用机器人上下料,自动化程度高,对曲轴、半轴、凸轮轴、齿轮轴等轴类零件有较好的清理效果。本节以 DV2-430 机械手式抛丸机为例,简单介绍轴类零件抛丸机的结构及工作原理。

DV2-430 机械手式抛丸机主要由室体、回转支架、转台、抛丸器、提升机、螺旋输送器、分离器、辅助平台、机器人、除尘系统和控制系统等组成,如图 4-33 所示。其主要技术参数见表 4-10。

表 4-10 DV2-430 机械手式抛丸机主要技术参数

项目	技术参数
可清理的工件	轴、盘式半轴、杆式半轴、曲轴、齿轮轴等
工件要求	工件最大尺寸:ϕ250×1200mm

（续）

项目	技术参数
处理目的	清除表面氧化皮
清理要求	清洁度达到 Sa2.5 级
清理效率/(件/h)	160
抛丸器型号	KT380
单台抛丸器功率/kW	22
抛丸器数量/个	4
抛丸量/(kg/min)	4×330
设备弹丸循环量/(t/h)	80
机器人载荷要求	不超过 200kg
AGV 小车载荷要求	不超过 1t
除尘风量/(m³/h)	18000
装机功率/kW	≈115
除尘排放浓度/(mg/m³)	≤10
噪声要求	低于 93dB

图 4-33　DV2-430 机械手式抛丸机

　　该设备运行时，除尘系统、弹丸循环系统及抛丸器依次运行，工件由 AGV 小车（或其他输送机构）送至指定位置，再由机器人进行抓取，单次抓取两件并将工件放入室体内部自转装置中，再由自转装置主转台旋转 180°将 1 号工位上的工件送入抛丸清理区域，当旋转到位后，1 号工位开启小转台实现工件自转，2 号工位上的机器人为其进行上料操作，同时弹丸闸门自动打开，抛丸器抛射出丸料形成弹丸束，对工件进行抛打清理。自行设定抛丸清理时间，待抛丸清理完成后，弹丸闸门自动关闭，再由主转台进行旋转 180°将 1 号工位上的工件送出，然后下一个工件被送入，再由机器人对新的工件进行操作。如此不断地重复循环，对本次 AGV 小车所运送的所有工件进行清理，待本次托盘工装上的工件全部清理结束后，由 AGV 小车（或其他输送机构）将其输送至指定位置。

4.3.7　风电铸件抛丸机

大型铸件的表面抛丸清理主要采用台车式抛丸机和吊钩式抛丸机，台车式抛丸机一般使用范围较广，特别是较大吨位（60t 以上）的铸件，应用更为安全。吊钩式抛丸机使用较为方便，抛丸清理时，无须对工件进行翻转，清理效率较高。

本节以大型风电铸件表面清理为例，着重介绍这两种抛丸机的应用及特点。

1. 台车式抛丸机

台车式抛丸机主要由抛丸室、台车承载系统、气动对开门、抛丸器总成、磁选分离器、提升机、螺旋输送器、气控供丸系统、补喷系统、除尘系统、电气控制系统、辅助平台等组成。Q36120 型台车式抛丸机如图 4-34 所示，技术参数见表 4-11。

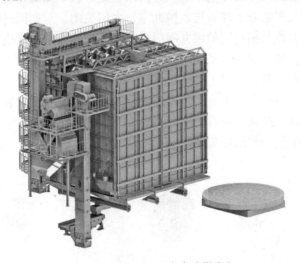

图 4-34　Q36120 型台车式抛丸机

表 4-11　Q36120 型台车式抛丸机技术参数

项目	技术参数
可清理的工件	风电铸造轮毂、底座、定转轴、轴承座等
工件要求	工件最大尺寸：$\Phi9000\times8000$
处理目的	清除表面氧化皮，消除表面集中应力，提高涂层附着力
清理要求	表面粗糙度≤75μm
清理效率/（件/h）	2
台车最大装载量/t	150
台车回转直径/mm	7000
台车回转速度/（r/min）	1~3

（续）

项目	技术参数
台车行走速度/（m/min）	3~5
抛丸器型号	Q180
单台抛丸器功率/kW	22
抛丸器数量/个	16
抛丸量/（kg/min）	16×330
设备弹丸循环量/（t/h）	320
除尘风量/（m³/h）	20000
装机功率/kW	≈644
除尘排放浓度/（mg/m³）	≤10
噪声要求	低于93dB

该设备运行时，需依次开启除尘系统、分离器、提升机、螺旋输送器等。工件被放置在台车表面，然后回转台车装载工件后进入抛丸室，大门关闭，与此同时转台回转机构开始带着工件自转，然后抛丸器及相对应的供丸闸门自动打开，开始对工件进行抛丸清理，到达设定的抛丸清理时间后，弹丸闸门自动关闭，抛丸器在一定延时后关闭，转台停止转动且大门开启并将工件送出至抛丸室外，对工件进行翻转，然后再将其送入抛丸室，清理底面。

如果对工件有针对性的设计工装，将工装固定在台车上，通过工装托起工件，且使工件与台车保持一定的距离，抛丸清理时，无须翻转工件，工件整体均可清理干净。风电铸件的轮毂、底座、主轴等工装托举结构如图4-35所示。

图4-35　风电铸件的工装托举结构

2. 吊钩式抛丸机

Q37600型吊钩式抛丸机主要由抛丸室、导轨支架、气动对开门、抛丸器总成、分离器、提升机、螺旋输送器、补喷室、三维平台车、除尘系统、电气控制系统、辅助平台、天车等组成，如图4-36所示。其技术参数见表4-12。

表4-12　Q37600型吊钩式抛丸机技术参数

项目	技术要求	备注
工件要求	工件最大尺寸：Φ6000×6000mm 单件最大质量：≤60000kg	风电铸造轮毂、底座、定转轴、轴承座等
输送形式	天车输送	

（续）

项目	技术要求	备注
处理目的	清除表面氧化皮，消除表面集中应力，提高表面附着力	
清理要求	表面粗糙度≤75μm	
清理效率/(件/h)	2	
吊钩最大装载量/t	60	
抛丸器型号	Q180	
单台抛丸器功率/kW	22	
抛丸器数量/个	8	
抛丸量/(kg/min)	8×330	
设备弹丸循环量/(t/h)	170	
除尘风量/(m³/h)	60000	
装机功率/kW	≈380	
除尘排放浓度/(mg/m³)	≤10	
噪声要求	低于93dB	

图 4-36 Q37600 型吊钩式抛丸机

　　除尘系统、分离器、提升机、螺旋输送器等依次开启，吊钩上装载工件，待工件平稳后，由天车将工件吊入抛丸室，关闭抛丸室门，供丸闸阀自动打开，抛丸器开始对工件进行抛丸清理，按照预设的时间清理完毕后，抛丸室门自动打开，天车将工件送出抛丸室，卸载工件，一个抛丸工序即完成。

4.3.8　火车轮抛丸机

　　火车轮在运行中受冲击、滚压等交变载荷的作用，踏面制动车轮还会承受制动热载荷。在交变载荷及热载荷作用下，车轮辐板的某些部位可能产生较大的应力。在对一件按 AAR 标准生产、规格为 D42、发生辐板断裂的机车车轮进行研究分析时，发现失效车轮符合标准

AAR M-107/M-208 的要求，辐板抗拉强度和显微硬度正常，但失效车轮存在辐板抛丸覆盖不充分现象。根据王仁智教授提出的观点：喷丸强化机制中的"应力强化机制"与"组织结构强化机制"是两个最基本的强化因素，这两种强化机制，都是改善疲劳、应力腐蚀、氢脆等断裂抗力的强化机制；"应力强化机制"的强化原理为喷丸引入的残余压应力只是通过削减外施交变正应力中的最大值，以此达到提高其疲劳断裂抗力的宗旨。可知，抛丸强化效果对承受交变应力的工件失效产生较为重要的影响。

AAR M-107-M-208：2016 碳素钢车轮规范，对轨道车轮规范做了一些调整，以提高车轮的耐用性。根据最新的规定，使用经过认证的 Almen C 试片测量，抛丸强度必须足以产生不小于 0.01in（Almen C）的最小弧度高度。每个车轮的抛丸时间必须"不少于由记录的饱和曲线确定的饱和度所需的时间"——这意味着抛丸时间由 Almen C 试片决定，而不是车轮材料决定，在 Almen C 试片上达到的饱和所需时间明显长于车轮实际饱和时间。因此，现在车轮的抛丸过程固定在每轮 150s 左右，与 Almen C 试片的抛丸时间相匹配，这个抛丸周期时间远高于每个车轮 90s 的行业预期。

火车轮结构如图 4-37 所示，火车轮抛丸位置如图 4-38 所示。

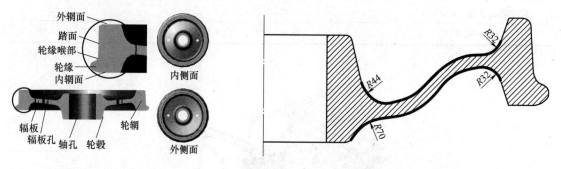

图 4-37　火车轮结构　　　　　　　　图 4-38　火车轮抛丸位置

上料横移小车行至机械手放料工位时停止，上料扶架自动打开一定角度，由机械手将车轮（立式姿态）放置到横移小车上，由自动对中机构将工件夹紧；此时机械手松开复位，上料扶架自动打开至 90°后，自动对中机构复位，上料横移小车退至起始位置后旋转 90°停止；拨料机构将车轮拨离上料横移小车，并沿轨道滚至抛丸位置，由挡料机构使其停止。在抛丸工位，车轮在托辊的带动下边旋转、边接受弹丸的抛打。托辊的旋转速度可根据工艺要求进行无级调速（变频调速）。完成抛丸后，工件再次由拨料机构拨离托辊，并沿轨道继续前进至下料横移小车上，由挡料机构使其停止，此时工件仍保持立式姿态；下件横移小车旋转 90°后将工件移至机械手抓取工位，由自动对中机构将工件夹紧，下料扶架自动打开一定角度，由机械手自动抓紧工件后，自动对中机构复位，工件由机械手移至其他工位，最后下料扶架和下料横移小车自动复位。至此抛丸机的上、下料传输动作完成。

火车轮抛丸机由抛丸室及密封室、气动密封门、抛丸器总成、工件输送系统、工件上下料装置、挡料及拨料机构、溜丸斗及格栅、螺旋输送器、斗式提升机、丸渣分离器、旋振筛、开放式螺旋分离器、平台梯子栏杆、弹丸控制系统、气控系统、电控系统、除尘系统等组成。常见的火车轮抛丸机有 QZJ130 型机车轮辐强化机，其结构如图 4-39 所示。

图 4-39　QZJ130 型机车轮辐强化机的结构

火车轮抛丸机抛丸室的两侧各布置一台抛丸器，随着工件的旋转，工件需要强化的表面全部被丸料均匀覆盖。在抛丸室内，抛射区特别设有 ≥14mm 厚轧制高锰钢制作的防护板，方便人工调节和更换，以防护车轮不允许抛打的部位（轮辋、轮毂）。

丸料粒度均匀性是影响强化效果的因素之一。采用旋振筛对循环丸料进行筛分，将 1.7mm 以下的弹丸筛分出去，是保证抛丸强化效果的重要措施之一。

丸料圆度是影响强化效果的另一主要因素。采用螺旋选圆筛分选出不圆的丸料，减少破碎的弹丸参与抛丸强化的概率，是保证抛丸强化效果的另一重要措施。

在火车轮抛丸强度满足 AAR M-107-M-208 标准的前提下，提高工件抛丸强化生产率的唯一方法是增大单位时间内工件表面的抛丸覆盖量。当弹丸对工件的冲击功一定时，饱和时间与覆盖率成反比。单位时间内覆盖的弹丸越多，饱和时间越短。在满足弧高值的情况下，降低抛丸器转速，也就是减小丸料的冲击功，维持抛丸器电动机电流值不变（调大丸料阀流量），可缩短饱和时间。火车轮抛丸机技术参数见表 4-13。

表 4-13　火车轮抛丸机技术参数

项目	技术参数
工作效率	≤180s/循环（以 H36、D42 两种车轮为准）
磨料要求	S660 铸钢丸
抛丸目的及要求	抛丸目的：提高车轮辐板的抗疲劳强度 强度要求：≥0.254mm （饱和时间）目标强度 ≈0.3mm 覆盖率要求：100% 稳定性要求：72h 内喷丸强度变化小于 0.0381mm Almen C
非抛丸面防护要求	抛丸过程中，非抛丸面（内、外轮辋表面，内、外轮毂表面）应具有防护装置，禁止抛丸到非抛丸面（如果无法做到完全防护，则至少应不损坏加工面的表面粗糙度要求），避免造成磕碰伤和划伤

（续）

项目	技术参数
抛丸器型号	KT500
单台抛丸器功率/kW	45
抛丸器数量/个	2
抛丸量/（kg/min）	2×800
设备弹丸循环量/（t/h）	120
除尘风量/（m³/h）	20000
装机功率/kW	≈180
除尘排放浓度/（mg/m³）	≤10
噪声要求	低于93dB

4.3.9　齿轮抛丸机

齿轮运行过程中，常出现弯曲疲劳失效与接触疲劳失效，严重影响了齿轮的使用寿命。弯曲疲劳失效是交变载荷作用下齿根弯曲应力所致。齿轮在工作时常被视为一支悬臂梁，齿根相当于悬臂梁的支点，齿根圆角处为最大弯曲应力集中区域，疲劳裂纹从此处萌生，若所受载荷较大，且拉应力较大，齿轮会出现早期失效。在齿轮啮合过程中，受载一侧齿根圆角半径处产生拉应力，而在另一侧齿根圆角半径处受到压应力。经过多次循环后，在齿根受拉程度最高处，易出现疲劳裂纹，而当齿根承受压应力时，则不易出现疲劳裂纹。在交变载荷条件下，齿轮弯曲疲劳失效分为三个阶段：第一阶段，微裂纹在齿根圆角处萌生；第二阶段，裂纹扩展到齿轮内部；第三阶段，裂纹迅速延伸扩张，齿轮断裂。齿根弯曲疲劳失效、接触疲劳失效是齿轮接触区赫兹接触应力与剪切应力共同作用引起的，其失效形式以点蚀与剥落为主。

抛丸强化是指在齿轮表面及近表面引入残余压应力，残余压应力能够中和齿轮在运行过程中产生的交变拉应力，即可降低拉应力峰值，也可使疲劳裂纹向齿轮的内部转移。当在残余压应力层内出现疲劳裂纹时，残余压应力能够降低交变应力的平均值，起到延缓裂纹扩展的作用。

抛丸过程会增大表面粗糙度，使齿轮表面能够储油，可提高齿轮润滑性能，防止齿轮胶合、磨损、剥落的发生，还能降低齿轮工作温度。抛丸强化可消除齿轮机械加工留下的刀痕，减小齿轮表面应力集中。因此，抛丸作为一种提高齿轮疲劳强度、承载能力，并满足齿轮轻量化设计要求的表面强化工艺，被广泛应用于齿轮制造领域。

在抛丸强化过程中，齿轮表面发生了剧烈的塑性变形，表层晶粒细化，位错密度提高，提高了齿轮表层及近表层显微硬度，进而提高其强度和耐磨性；减缓了齿轮在后续工作中表面的变形，延缓了齿轮应力失效，提高了齿轮的接触疲劳性能。

齿轮抛丸机主要由抛丸室、抛丸器总成、丸料循环净化系统、转台承载系统、除尘系统、电气控制系统等组成。常见的该类抛丸机有 ZJ044 型齿轮抛丸机，其结构如图 4-40 所示。齿轮抛丸机工作时，除尘系统、分离器、提升机、抛丸器等依次开始运行，在操作工位的小转台上装卸工件，然后小转台随大转台公转。大转台上带着 8 个小转台（8 个工位）做步进式间歇转动，每次旋转1个工位。工件装夹在小转台上，处于两个抛射位置的小转台定点转动，以便工件接受均匀的抛射，在改善残余应力和机械性能的同时，清除了工件表面的氧化皮；处于操作口的两个小转台不转动，以便装卸工件。大转台采用先进的分度盘传动机构，每次转1/8圈，然后停止。大转台停止时，供丸闸门打开，抛丸开始，抛丸时间到，供丸闸门关闭，停止供丸，至此完成了一次抛丸。大转台再转1/8圈，周而复始，重复下一个动作，直至工作结束。

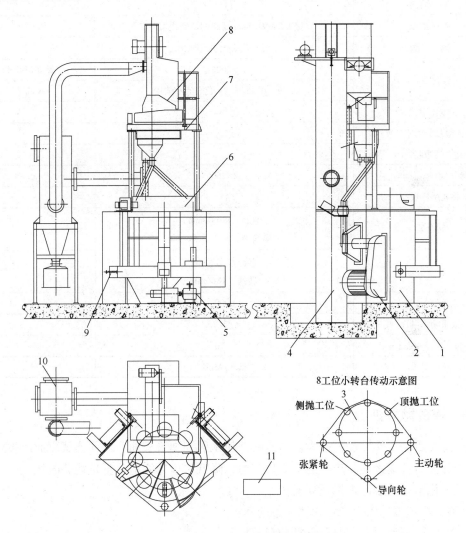

图4-40 ZJ044型齿轮抛丸机结构

1—抛丸室 2—抛丸器总成 3—8工位子母转台 4—提升机 5—小转台驱动装置 6—分度盘
7—检修平台 8—分离器 9—小转台带张紧机构 10—除尘系统 11—控制系统

抛丸室侧面上的两个工位各安装了1台抛丸器总成。两台抛丸器轴线高度相同，抛射方向一台向上、一台向下，以确保丸料对工件的全面覆盖。

旋振筛设在提升机下部加料口上端，从储丸仓引出的1000kg/h的丸流，经过一层40目筛网（筛孔尺寸0.42mm），将小丸粒分离排除。筛网上的丸粒流入提升机回到储丸仓。

齿轮抛丸机技术参数见表4-14。

表4-14 齿轮抛丸机技术参数

项目	技术参数	备注
工件要求	设备有效抛射区：≤ϕ350mm×700mm 工件质量：≤70kg	齿轮
生产纲领	3万件/月	
磨料要求	ϕ0.5～ϕ0.6mm 高碳钢丝钝化切丸	
抛丸目的	对齿轮表面进行强化	
强化要求	≥200%	弹丸覆盖率
	0.36～0.45mm 抛丸强度A试片	弧高值
抛丸器型号	Q180	
单台抛丸器功率/kW	22	
抛丸器数量/个	2	
抛丸量/（kg/min）	2×260	
设备弹丸循环量/（t/h）	45	
大转台要求	直径：ϕ1600mm 间歇转速：1.5～2.5r/min	
小转台要求	直径：ϕ300mm 转速：18r/min	
除尘风量/（m³/h）	6000	
装机功率/kW	≈41.25	
除尘排放浓度/（mg/m³）	≤10	
噪声要求	低于93dB	

4.3.10 弹簧抛丸机

弹簧抛丸机的工作原理：把大量高速的丸粒抛射到弹簧表面，致使弹簧表面产生残余压应力，中和弹簧往复运动时产生的交变拉应力，降低拉应力峰值，抵抗疲劳破坏。

抛丸强化给弹簧表面带来下列变化：

1）表面粗糙度增大，产生无数密集的麻坑。

2）形成冷作硬化层，表层硬度略有提高。

3）表面产生残余压应力，形成残余压应力层。

表面粗糙度对疲劳强度有一定的影响，疲劳强度随表面粗糙度的增大而降低。表面粗糙度的大小与丸料对工件表面的冲击功有关（丸料粒径和冲击速度），丸料粒径和丸料速度越大，工件表面粗糙度越大，对疲劳强度的影响也越大。所以，进行弹簧抛丸强化时，应选用粒径较小的丸料，且在满足强化要求的情况下，降低丸料的速度，提高表面覆盖率，缩短强化时间。

强化原理见4.3.9节齿轮抛丸机。

连续通过式弹簧抛丸机如图 4-41 所示。

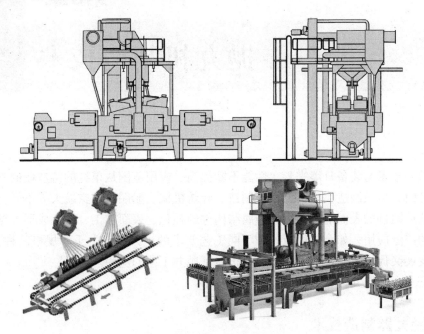

图 4-41　连续通过式弹簧抛丸机

连续通过式弹簧抛丸机的特点：

1）能够全方位、无死角处理，提高处理效果。

2）适于自动化生产系统，可降低生产成本。

3）无须中间缓冲，可实现零件跟踪记录。

4）自动装载、卸载，可实现无人化操作。

5）可调节停驻时间和通过速度，确保强化过程的均匀性。

连续通过式弹簧抛丸机技术参数见表 4-15。

表 4-15　连续通过式弹簧抛丸机技术参数

名称	RDS45-2	RDS45-4
工件外径/mm	80~250	80~250
最大工件长度/mm	600	600
抛丸器数量/个	2	4
单个抛丸器功率/kW	45	45
最大抛丸器转速/(r/min)	2600	2600
抛丸量/(kg/min)	650	650
磨料要求	ϕ0.3~ϕ0.6mm 高碳钢丝钝化切丸	
强化要求	≥200%	弹丸覆盖率
	0.3~0.6mm 抛丸强度 A 试片	弧高值

随着抛丸技术与装备日臻完善，性能不断提高，应用范围从单纯的铸造业的表面清理扩大到冶金矿山、机械制造、汽车、兵器制造、轻纺机械、船舶、航空航天等不同行业，其工艺范围亦从铸锻件的表面清理扩展到金属结构件的强化、表面加工、抛丸成形等领域。随着抛丸工艺的广泛应用，如今能适应各种不同工艺要求的抛丸机有上千个规格品种，反过来，抛丸机的发展又促进了抛丸技术的发展，扩展了抛丸工艺的应用。

下面分别介绍抛丸机各组成部分的制造技术。

5.1 抛丸器制造技术

抛丸器是抛丸机的关键部件，抛丸器由以下主要零部件构成：叶轮及叶轮驱动盘、分丸轮、定向套、叶片、轴承座总成、罩壳、高铬耐磨防护衬板、橡胶防护衬板、进丸管、底板及减振胶板等。

常用的抛丸器型号有 QY360 悬臂抛丸器、Q034 直连抛丸器、Q034 悬臂抛丸器、Q130 抛丸器、Q180 抛丸器等几大系列。目前新研发的 KT380、KT500、KT600 系列高端高效抛丸器也已投入市场。

5.1.1 QY360 抛丸器的加工工艺

QY360 抛丸器应用广泛，结构简单，性能稳定，主要由壳体、轴承座总成、底座、叶轮、防护板、分丸轮、定向套等组成，如图 5-1 所示。

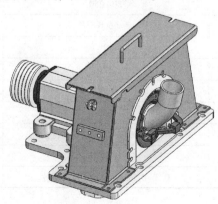

图 5-1 QY360 抛丸器

1. QY360 抛丸器叶轮的加工工艺

QY360 抛丸器叶轮（见图 5-2）由两个叶片和 4 根销轴组成。叶轮每个部分的加工过程都要严格按照工艺执行才能确保叶轮的质量符合要求。QY360 抛丸器叶轮的加工工艺见表 5-1。

表 5-1　QY360 抛丸器叶轮的加工工艺

机械加工工艺过程卡			产品型号	QY360	部件图号	QY360-3
			部件名称	叶轮	共　页	第　页
材料牌号	40Cr	毛坯种类	锻打毛坯	毛坯外形尺寸	×××	备注

工序号	工序名称	工序内容	车间	设备	工艺装备	工时
1	热处理	叶片、销轴淬火，表面硬度达到 45~52HRC	热处理	真空炉		
2	铆	1）用工装把两叶片和销轴夹紧 2）放在压力机的工装底座上，旋转叶轮，让销轴靠在定位片上 3）用火焰烤销轴的头至全红，操作压力机连续、快速压三下 4）旋转叶片，换对面的销轴靠在定位片上，重复步骤 3）的操作，直至 4 根销轴压完 5）翻面，重复步骤 3）、4） 6）在两叶片之间靠近销轴的位置取 4 个点测量尺寸，要求为 $64^{+0.3}_{0}$mm，4 个点均应合格，否则返修	机械加工	摩擦压力机	QY360 抛丸器叶轮夹紧工装 叶轮铆接底座	
3	磨	将长于圆盘部分的销轴头磨平		砂带机		
4	车	1）用自定心卡盘卡住带螺纹孔圆盘的内孔，车外圆至 ϕ250mm；精车端面，表面粗糙度为 $Ra3.2\mu m$；精车内孔至 ϕ135H7，表面粗糙度为 $Ra3.2\mu m$ 2）翻面，夹外圆，精车端面，保证叶轮厚度为 104mm，端面表面粗糙度为 $Ra3.2\mu m$；精车内孔至 ϕ135H7，表面粗糙度为 $Ra1.6\mu m$	机械加工	车床		
5	钻	攻螺纹（4-M12）	机械加工	钻床		
6	动平衡	1）将叶轮固定在动平衡机上，打开动平衡仪，确定初次不平衡量和不平衡位置 2）打磨不平衡位置，再次测量动平衡，直至不平衡量低于 0.5g	机械加工	动平衡机		
7	检	检查各尺寸是否符合工艺要求	质检			

2. QY360 抛丸器轴承座的加工工艺

QY360 抛丸器轴承座（见图 5-3）用于抛丸器的传动，是抛丸器组成部分里面很重要的一个加工零件，加工精度要求高，加工工艺要求严格。QY360 抛丸器轴承座的加工工艺见表 5-2。

图 5-2　QY360 抛丸器叶轮

图 5-3　QY360 抛丸器轴承座

表 5-2　QY360 抛丸器轴承座的加工工艺

机械加工工艺过程卡				产品型号	QY360	部件图号	QY360-0-016
				部件名称	轴承座	共　页	第　页
材料牌号	HT250	毛坯种类	铸造件	毛坯外形尺寸		×××	备注
工序号	工序名称	工序内容		车间	设备	工艺装备	工时
1	铸	铸造毛坯，不得有气孔、砂眼、缩松等缺陷		铸造			
2	时效	热时效，消除热应力		热处理	真空炉		
3	铣	将毛坯放入工装，用压板压住；铣底面，控制中心高 115±0.1mm		机械加工	铣床	铣面工装	
4	镗	用压板压住 4 个角。镗内孔至 $\phi 130^{+0.032}_{+0.014}$ mm，表面粗糙度为 $Ra1.6\mu m$；镗端面，去掉毛坯表层即可；反刀镗另一个端面，控制总长 222±0.5mm，两个端面表面粗糙度均为 $Ra3.2\mu m$		机械加工	镗床		
5	刨	用台钳夹住 4 个角。刨 4 个角的上面，控制高度 52mm		机械加工	刨床		
6	钻	1）上轴承箱钻模，钻孔（4-ϕ22）		机械加工	钻床	QY360 抛丸器轴承箱钻模	
		2）上多头钻，钻孔（8-ϕ8.5），深 35mm，攻螺纹（8-M10）		机械加工	钻床		
7	检	检查各尺寸是否符合工艺要求		质检			

3. QY360 抛丸器装配工艺

抛丸器是抛丸机的核心部件，也是抛丸机的心脏。QY360 抛丸器装配工艺流程如下：

（1）轴承箱总成装配

1）检查轴承座与前后轴承压盖带轮等铸造件是否有缺陷，钻孔和攻丝是否有遗漏，主轴、挡盘、联动盘等机械加工件是否检验合格，做好工件的清洁工作。

2）装配前，将前轴承压盖与联动盘、后轴承压盖与密封盘试装，检查相互转动接触情况，观察是否卡顿。

3）先将油嘴（M10）与堵头（1/16）安装在轴承座上（如后期安装，螺纹孔出现不能拧入现象，用丝锥攻螺纹产生的铁屑会进入轴承箱，影响轴承寿命）。

4）把挡盘安装在主轴上（沿 M12 螺纹孔方向安装），将其放入轴承箱（主轴挡盘方向与轴承座 M10 油嘴方向一致，不可放倒），取出轴承 6312C3 FAG（手套应干净、无油污），一个放在挡盘方向的主轴上，一个放在主轴的另一端，轴承有标识面朝外，以便客户维修时识别轴承型号。起动压力机（如无压力机可用铜棒敲击安装），将两个轴承同时压入轴承箱，轴承加注黄油（注入量是轴承容积的 1/3~1/2，切勿加多，避免引起轴承温度升高）。

5）安装隔套与键（16×70）（与主轴安装挡盘相反方向），安装前轴承压盖，用 M10×30 螺栓固定；安装联动盘（安装前联动盘内孔与主轴刷油润滑），用压力机压入即可。

6）安装后轴承压盖，用 M10×30 螺栓固定；安装密封盘（密封盘内孔与主轴刷油），用压力机压入；安装键（16×70）及带轮（带轮内孔与主轴刷油），用压力机压入；安装轴端挡圈，用 M12×30 螺栓固定。

7）转动轴承箱总成，检查转动是否良好，联动盘端面跳动 0.15mm 以内即合格。

（2）抛丸器总成装配

1）用角磨机把抛丸器底板与带螺纹孔的金属板上面的铁屑与钻孔毛刺打磨平整，用 M16×40 螺栓固定（底板与带螺纹孔的金属板四周对齐，用螺栓固定）。

2）将轴承箱总成安装在抛丸器底板上，内下盖安装在轴承箱联动盘下面，密封圈（120×132×2）安装在内下盖里面（内下盖安装前应把两侧打磨平整，检查抛丸器壳体螺纹孔与内下盖两侧孔是否合适，如果不合适，用角磨机打磨内下盖，直到与壳体螺纹孔合适为止），轴承箱总成用 M20×75 螺栓固定（螺栓先不要紧固）。

3）将叶轮安装在轴承箱轴承联动盘上（安装前将叶轮表面与联动盘擦拭干净），用高强内六角 M12×30 固定（紧固螺栓时对角固定），将抛丸器端护板（端护板两侧凸缘处打磨平整，以便于安装侧护板）放在叶轮上，螺纹孔都朝外。

4）安装罩壳，用角磨机把罩壳顶部打磨平整，将底部焊渣打磨干净，放在抛丸器底板上，用 M10×25 螺栓固定好（罩壳焊有衬板一面放在轴承箱总承的一边），安装内上盖，将其放在内下盖上面，用 M10×25 螺栓固定在罩壳上（内上盖、内下盖与罩壳螺栓应固定好，不能有间隙）。

5）安装端护板，先将轴承箱总成一面端护板用 M12×40 与 M12×50 螺栓固定好，另一面先将前盖安装在罩壳上（前盖两侧打磨平整，先放在底板上看与壳体螺纹孔是否合适，如果不合适，用角磨机打磨，直到合适为止），用 M10×25 螺栓固定，将衬板放在前盖与端护板之间，用 M12×50 与 M12×55 螺栓固定好端护板，将叶轮与前盖之间的间隙调整好，紧固轴承箱总成。

6）将叶片安装在叶轮上面，将分丸轮安装在叶轮里，用高强内六角 M16×35 螺栓紧固好。罩壳两侧安装侧板压板用 M10×40 螺栓固定，压板中间螺纹孔安装 M12×100 螺栓，安装侧护板，用 M12×100 螺栓紧固（侧护板与端护板之间不能有间隙，连接不好可用铜棒轻轻敲打，直至连接好为止）。

7）将护板定位套放在端护板与侧护板连接好的面上，放上顶护板，用铜棒轻轻敲击，使其安装到位，壳体两侧通孔安装定位钩，用 M10×25 螺栓固定，定位钩压在顶护板上，拧紧螺栓。

8）壳体两侧吊耳处安装 M12×110 活接螺栓，用销轴（10×40）和开口销（3.2×30）安装好，安装罩盖（罩盖粘贴海绵胶条，30×2），手把安装在活接螺栓上，把罩盖固定好。

9）把托架Ⅱ安装在前盖上，用 M10×40 螺栓固定，密封圈 142×156×2 安装在定向套上，把定向套放在前盖里面，定向套外面凹槽处安装止退夹，并用 M8×20 螺栓固定。

10）将托架Ⅰ和活接螺栓 M12×80 安装在托架Ⅱ上，用销轴 10×40 与开口销 3.2×30 连接好，将 O 形圈 109×6 安装在流丸管上，流丸管安装在定向套里，手把安装在活接螺栓上，拧紧固定好流丸管。手动转动带轮，观察是否卡顿，如无异常，则抛丸器装配完成。

（3）抛丸器测试 将装好的抛丸器放置在试验平台上固定牢固，空载运行 2h，检验轴承座温升和振动值。轴承座温升≤35℃且最高温度≤70℃、振动值≤3.5mm/s 视为试机合格，将检验记录登记留档。

5.1.2 Q034 抛丸器的加工工艺

Q034 抛丸器主要由壳体、轴承座总成、连接盘、叶轮体、防护板、分丸轮、定向套、叶片等组成，如图 5-4 所示。

1. Q034 抛丸器叶轮的加工工艺

Q034 抛丸器叶轮（见图 5-5）由两个叶片及 4 个销轴加工后铆接而成。其叶轮的加工工艺见表 5-3。

图 5-4 Q034 抛丸器

表 5-3 Q034 抛丸器叶轮的加工工艺

机械加工工艺过程卡		产品型号	Q034	部件图号	Q034KT. 2A
		部件名称	叶轮	共 页	第 页

材料牌号	40Cr	毛坯种类	锻打毛坯	毛坯外形尺寸	×××	备注

工序号	工序名称	工序内容	车间	设备	工艺装备	工时
1	热处理	叶片、销轴淬火，表面硬度达到 50~55HRC	热处理	真空炉		
2	铆	1）用工装把两叶片和销轴夹紧	机械加工	摩擦压力机	Q034 叶轮夹紧工装	
		2）放在压力机的工装底座上，旋转叶轮，让销轴靠在定位片上			叶轮铆接底座	
		3）用火焰烤销轴的头至全红，操作压力机连续、快速压三下				
		4）旋转叶轮，换对面的销轴靠在定位片上，重复步骤3）的操作，直至4根销轴压完				
		5）翻面，重复步骤3）、4）				
		6）在两叶片之间靠近销轴的位置取4个点测量尺寸，要求为 $80^{+0.3}_{0}$ mm，4个点均应合格，否则返修				
3	磨	将长于圆盘部分的销轴头磨平		砂带机		

（续）

机械加工工艺过程卡				产品型号	Q034	部件图号	Q034KT. 2A
				部件名称	叶轮	共　页	第　页
材料牌号	40Cr	毛坯种类	锻打毛坯	毛坯外形尺寸		×××	备注
工序号	工序名称	工序内容		车间	设备	工艺装备	工时
4	车	1）用自定心卡盘卡住大孔圆盘的内孔，车外圆至 $\phi250$mm；精车端面，表面粗糙度为 $Ra3.2\mu$m；精车内孔至 $\phi55^{+0.08}_{0}$mm，表面粗糙度为 $Ra3.2\mu$m；精车内孔至 $\phi170$H7，深4mm，表面粗糙度为 $Ra3.2\mu$m		机械加工	车床		
		2）翻面，夹外圆，精车端面，保证叶轮厚度为140mm；精车内孔至 $\phi150^{0}_{-0.5}$mm					
5	动平衡	1）将叶轮固定在动平衡机上，打开动平衡仪，确定初次不平衡量和不平衡位置		机械加工	动平衡机		
		2）打磨不平衡位置，再次测量动平衡，直至不平衡量低于 0.5g					
6	检	检查各尺寸是否符合工艺要求		质检			

2. Q034 抛丸器轴承座的加工工艺

Q034 抛丸器轴承座（见图 5-6）用于抛丸器的传动，是抛丸器组成中很重要的一个加工零件，加工精度要求高，加工工艺要求严格。Q034 抛丸器轴承座的加工工艺见表 5-4。

图 5-5　Q034 抛丸器叶轮

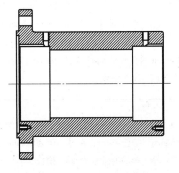

图 5-6　Q034 抛丸器轴承座

123

表 5-4　Q034 抛丸器轴承座的加工工艺

机械加工工艺过程卡				产品型号	Q034	部件图号	Q034KT-13
				部件名称	轴承座	共　页	第　页
材料牌号	HT250	毛坯种类	锻打毛坯	毛坯外形尺寸		×××	备注
工序号	工序名称	工序内容		车间	设备	工艺装备	工时
1	铸	铸造毛坯，不得有气孔、砂眼、缩松等缺陷		铸造			
2	时效	热时效，消除热应力		热处理	真空炉		
3	车	1）用自定心卡盘卡住轴承座法兰侧内孔，车 $\phi180$mm 端面，表面粗糙度为 $Ra6.3$mm；车内孔至 $\phi125$mm，控制深度 50mm				铣面工装	
		2）调头，车 $\phi265$mm 端面，表面粗糙度为 $Ra6.3$mm，总长 265mm；车外圆至 $\phi260$mm，长度为 30mm，表面粗糙度为 $Ra12.5\mu$m；精车外圆至 $\phi185_{-0.04}^{0}$mm，深度为 5mm，端面的表面粗糙度为 $Ra3.2\mu$m，外圆面的表面粗糙度为 $Ra1.6\mu$m，$\phi260$mm 外圆面加工 C2 倒角；车内孔至 $\phi118_{0}^{+0.2}$mm，深度为 140mm；精车内孔至 $\phi130_{+0.014}^{+0.054}$mm，深度为 $60_{-0.1}^{0}$mm，表面粗糙度为 $Ra1.6\mu$m，外端面加工 C1.5 倒角；车内孔至 $\phi170$mm，深度为 5mm		机械加工	车床		
		3）调头，车外圆至 $\phi180$mm，车至法兰盘端面处，保留 R2 圆角，表面粗糙度为 $Ra12.5\mu$m，车 $\phi260$mm 法兰端面，表面粗糙度为 $Ra6.3\mu$m，外端面加工 C2 倒角；车内孔至 $\phi118_{0}^{+0.2}$mm，深度为 140mm；精车内孔至 $\phi130_{+0.014}^{+0.054}$mm，深度为 $56_{-0.1}^{0}$mm，表面粗糙度为 $Ra1.6\mu$m，该内孔轴线与法兰盘侧 $\phi130$mm 内孔轴线同轴度在 $\phi0.05$ 以内，外圆面加工 C1.5 倒角					
4	铣	在法兰盘侧 $\phi130$mm 内孔铣半圆槽，槽的半径为 R4mm，槽长 48mm；在另一侧 $\phi130$mm 内孔铣半圆槽，槽的半径为 R4mm，槽长 32mm		机械加工	铣床		

（续）

机械加工工艺过程卡					产品型号	Q034	部件图号	Q034KT-13
					部件名称	轴承座	共 页	第 页
材料牌号	HT250	毛坯种类	锻打毛坯		毛坯外形尺寸	×××	备注	
工序号	工序名称	工序内容			车间	设备	工艺装备	工时
5	钻	1）在 $\phi260$mm 端面钻孔，钻 6 个 $\phi17$mm 通孔，按 60° 均布，间距为 $\phi220_{-0.1}^{+0}$mm，其孔轴线与半圆槽轴线在同一平面内，该孔与壳体厚连接板配做；钻 6 个 $\phi6$mm、深 20mm 孔，按 60° 均布，间距为 $\phi155_{-0.1}^{+0.1}$mm，注意其与半圆槽的位置关系，其中两孔左右各按 30° 分布在半圆槽两侧			机械加工	钻床		
		2）将工件旋转 90°，在与半圆槽轴线同一水平面内，钻 2 个 $\phi8$mm 通孔，其中一个孔轴线与 $\phi260$mm 法兰盘端面相距 23mm，另一个孔轴线与 $\phi180$mm 端面相距 32mm						
		3）将工件旋转 90°，钻 6 个 $\phi6$mm 孔，深 20mm，按 60° 均布，间距 $\phi155_{-0.1}^{+0.1}$mm，孔的轴线与法兰盘端面 $\phi6$mm 孔对齐						
		4）将工件旋转 90°，在与半圆槽轴线同一水平面内，钻 2 个 $\phi8$mm 通孔，其中一个孔轴线与 $\phi260$mm 法兰盘端面相距 40.5mm，另一个孔轴线与 $\phi180$mm 端面相距 65.5mm						
6	攻螺纹	1）对 $\phi260$mm 端面上的 $\phi6$mm 孔攻螺纹（6 个，M8-6H），螺纹孔深 15mm			机械加工	攻丝机		
		2）对 $\phi180$mm 端面上的 $\phi6$mm 孔攻螺纹（6 个，M8-6H），螺纹孔深 15mm						
		3）对与半圆槽同侧的 $\phi8$mm 通孔攻螺纹（2 个，M10X1），螺纹孔深 15mm						
		4）对与半圆槽对侧的 $\phi8$mm 通孔攻螺纹（2 个，G1/8），螺纹孔贯穿						
7	检	检查各尺寸是否符合工艺要求			质检			

3. Q034 抛丸器装配工艺

Q034 抛丸器装配工艺的流程如下：

（1）轴承箱总成装配

1）先将 034 轴承座与前后轴承压盖，主轴等配件清理干净，确保无尘无铁屑。

2）前后轴承压盖安装骨架油封（65×90×10）。

3）测量主轴轴承座尺寸，检查是否有铸造缺陷和加工缺陷，以及油路是否通畅、是否有加热丝。

4）轴承座安装油嘴（M10×1）安装堵头。

5）先将挡盘安装在主轴上（轴短的方向），戴上干净的手套将轴承（2312）安装在主轴上，用压力机压紧。

6）将装好轴承的主轴放在轴承座里，用压力机压入轴承座，用黄油枪注入黄油（油量为轴承容积的 1/2 左右），盖上前轴承压盖（油槽与轴承座油槽冲齐），用 M8×25 螺栓加平垫圈、弹簧垫圈紧固，放入前隔套；最后安装键及联动盘。

7）将轴承座调转过来安装另一面，放入挡盘，戴上干净的手套将轴承（2312）安装在主轴上，用压力机将其压入轴承座内（压入轴承后检查轴承内外圈是否到底）；转动轴承箱，检查其能否正常转动，如果能正常转动，则注入黄油，盖上前轴承压盖（油槽与轴承座油槽冲齐），用 M8×25 螺栓加平垫圈、弹簧垫圈紧固，放入前隔套，放上止推垫圈（55）用圆螺母（55×2）锁紧；最后安装键及带轮，轴承箱总成装配完成。

（2）抛丸器总成装配

1）用角磨机把抛丸器带螺纹孔的金属板割渣与飞边打磨平整，把攻好螺纹的壳体放在带螺纹孔的金属板上，注意四周对齐，用螺栓（M16×30）平垫圈、弹簧垫圈把带螺纹孔的金属板固定在壳体上。

2）把轴承箱总成安装在壳体上（油嘴朝罩盖方向，后期方便加油），用螺栓（M16×45）平垫圈、弹簧垫圈紧固在壳体上。

3）把装好的壳体放在工装架子上，轴承箱总成朝下；安装端护板，用方头螺栓（M12×50）安装在壳体的四个孔里，安上平垫圈、弹簧垫圈与螺母，不要拧紧螺母（前后护板都要安装）。

4）把叶轮放在轴承箱总成的连接盘上（叶轮与连接盘擦拭干净），对准螺纹孔，用高强内六角螺栓（M12×30）紧固好，确保叶轮安装到底。观察叶轮与端护板间隙，调整好间隙后把方头螺栓的螺母拧紧。

5）把侧板压板安装在壳体两侧，用螺栓（M12×30）和平垫圈、弹簧垫圈将其拧到侧板的螺纹孔里并拧紧。把螺栓（M12×55）拧到侧板压板螺纹孔里，侧板上方螺纹孔用螺栓（M12×50）拧到螺纹孔里；安装侧护板，侧护短与端护板上方对齐，拧紧侧板上的螺栓，防止螺栓松动。

6）安装叶片，把叶片安装在叶轮槽里（注意叶片方向）；安装分丸轮，用高强内六角螺栓（M16×35）拧紧。放上盖圈，用螺栓（M12×20）加平垫圈、弹簧垫圈拧紧。安装定向套，用螺栓（M12×40）加平垫圈、弹簧垫圈拧紧，用压板把定向套压紧。安装流丸管，用螺栓（M12×40）加平垫圈、弹簧垫圈拧紧，用压板把流丸管压紧。流丸管上安装流丸管接管，用螺栓（M10×40）加平垫圈、弹簧垫圈拧紧。

7）把抛丸器从工装架子上吊下来，安装顶护板，把顶护板放入端板与侧板的槽里，罩盖粘贴胶板，放在壳体上，用螺栓（M12×100）拧到顶护板螺纹孔里，不要拧紧，壳体吊耳装上活接螺栓（M12×110），用销轴（10×40）与开口销（3.2×30）连接，用把手把盖子紧固好，然后把盖子两侧的螺栓拧紧，最后把安装顶护板的螺栓拧紧，防止螺栓松动。检查抛丸器转动是否正常，如果正常，则抛丸器装配完成。

（3）抛丸器测试　将装好的抛丸器放置在试验平台上固定牢固，空载运行 2h，检验轴承座温升和振动值。轴承座温升≤35℃且最高温度≤70℃、振动值≤3.5mm/s 视为试机合格，将检验记录登记留档。

抛丸器的重要零部件主要有叶轮和轴承座，叶轮的加工工艺和轴承座的加工工艺要严格按照工艺文件执行，热处理硬度需满足设计要求。装配时要保证装配精度，护板缝隙是装配的关键质量控制点。试机时要严格执行试机检验标准，测试不合格的产品严禁使用。

5.2　弹丸循环输送装置制造技术

5.2.1　提升机的加工工艺

提升机主要起到丸料输送功能，常见的斗式提升机如图 5-7 所示。

提升机主要由下罩、中罩、上罩、提升带总成、传动系统等组成。其加工工艺主要包括以下几个方面：

（1）材料准备　提升机的主要材料为钢板和提升带，其钢板厚度和提升带型号根据不同的使用场合和要求而定。在生产过程中，需要对材料进行切割、折弯、焊接等加工处理，以满足不同输送量的尺寸要求。

（2）提升机壳体制作

1）根据设计图样进行下料。

2）将下好的板料按照图样要求划线折弯，折弯时须保证折弯角度（90°）的偏差≤2°。

3）将折弯的壳体板按照图样对接，对接缝隙≤1mm。确认缝隙符合要求后，将两半壳体点焊成一体。

4）加装角钢法兰测量壳体内腔对角线，保证对角线偏差≤1mm。确认对角线偏差符合要求后，将角钢法兰按照图样要求点焊。

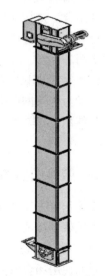

图 5-7　斗式提升机

5）将点焊好的每件壳体用螺钉连接成一体，调整直线度，保证每米直线度偏差≤1mm、总直线度偏差≤5mm。

6）焊接壳体中缝，中缝满焊；焊接角钢法兰，角钢法兰内部满焊，外部段焊。

（3）组装　在完成壳体制作后，需要将其与其他部件进行组装。组装的工艺主要包括以下几个步骤：

1）安装提升轮提升机轴。将提升轮吊起放置于上、下罩壳体内，将提升机轴从壳体一侧穿过提升轮，将准备好的端板用螺栓固定到上、下罩壳体上面，紧固螺栓。

2）安装轴承。将轴承安装在提升机轴上，将轴承固定在轴承底座上。

3）安装减速器。将减速器按照图样要求安装在提升机上罩，定好位并焊接牢靠。

4）安装辅件。将链轮罩、链条、测速罩等辅件按照图样要求装配到位。

（4）测试　在完成组装后，需要对提升机进行测试，以确保其性能和使用效果符合要求。测试的工艺主要包括以下几个步骤：

1）检查各部件的安装情况，确保其牢固可靠。

2）进行空载试运行，检查提升轮的旋转是否平稳、噪声是否符合要求等。

5.2.2　振动筛的加工工艺

振动筛是一种常用的筛选设备，广泛应用于矿山、冶金、化工、建筑材料、粉煤灰、煤矸石、火电站等行业。其加工工艺主要包括材料准备、筛体焊接、表面处理、装配调试、质量检验等。下面介绍其中的重点环节：

（1）材料准备　振动筛的主要结构包括筛体、筛网、激振器和衬板等。材料准备阶段主要是对这些零部件所需的材料进行选择和准备，例如选用适合振动筛制造的合金钢材料，选用合适的尺寸进行切割加工，根据图样进行钢板折弯、型材下料，将需要钻孔和攻螺纹的材料准备齐全。

（2）筛体焊接　将切割好的经过加工的零部件按照图样进行拼接，按照设计要求进行构件的组合。拼接完成后，对尺寸进行二次测量和检查，确认无误后按照振动筛焊接工艺要求进行焊接，焊缝应牢固，无缺陷和变形，以确保振动筛的使用寿命和运行稳定性。焊材选用 501 药芯焊丝，以保证焊接强度。

（3）装配调试　将焊接好的各个零部件喷砂处理后进行装配，调试振动筛的各项性能，包括振动力、筛网张力、筛面清洁装置等。对振动筛进行全面的功能测试，确保其达到设计要求和使用标准。振动筛的加工工艺需要严格控制每个环节，以保证振动筛的质量和稳定性。

5.2.3　带输送器的加工工艺

带输送器主要用于丸料输送，其主要由支架、环形输送带、传动辊筒、张紧辊筒、托辊、头尾架等组成。其加工工艺主要包括以下几个方面：

（1）材料准备　带输送器的主要材料为型材、钢板、外购托辊和输送带，输送长度根据不同的使用场合和要求而定。在生产过程中，需要对材料进行切割、焊接、钻孔等加工处理，以满足不同输送长度要求。

（2）制作带输送器支架

1）根据设计图样进行下料。

2）将下好的型材按照图样要求进行钻孔加工。

3）根据图样要求焊接各支架以及横梁，制作头架和尾架。

（3）组装　在完成支架和横梁制作后，需要将其与其他部件进行组装。组装的工艺主要包括以下几个步骤：

1）安装支架和底部横梁。将每个支架按照图样顺序连接起来，底部支架按照图样放置到位，用螺栓连接紧固。

2）安装环形带。安装横梁之前需要将环形输送带放置到位。

3）安装横梁和托辊。环形输送带就位以后，将横梁按照图样穿过环形输送带安装到支架上，将托辊安装到横梁支架上。

4）安装传动装置。将传动装置穿过环形输送带安装在支架两侧的固定座上，并用螺栓紧固。

5）张紧输送带。所有零部件安装到位后，调节张紧机构张紧环形输送带。

（4）调试和测试　在完成组装后，需要对带输送器进行调试和测试，以确保其性能和使用效果符合要求。调试和测试的工艺主要包括以下几个步骤：

1）检查各部件的安装情况，确保其牢固可靠。

2）进行空载试运行，检查转动是否平稳、皮带是否跑偏、噪声是否符合要求等。

5.2.4　螺旋输送器的加工工艺

螺旋输送器如图 5-8 所示，主要用于丸料输送。

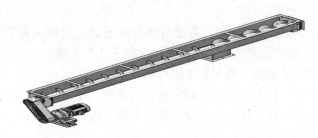

图 5-8　螺旋输送器

螺旋输送器主要由机壳、螺旋轴和端板、轴承和传动装置组成。其加工工艺主要包括以下几个方面：

（1）材料准备　螺旋输送器的主要材料为钢板和钢管，其厚度和直径根据不同的使用场合和要求而定。在生产过程中，需要对材料进行切割、焊接、螺旋叶片成形等加工处理，以满足不同输送量的尺寸和形状要求。

（2）加工螺旋轴

1）根据设计图样进行下料。

2）将下好的无缝管和圆钢经过车削内孔实现无缝管和轴头配合，将配合好的无缝管和轴头按照图样尺寸定位焊接。

3）将焊接成形的螺旋轴转移至车床，按照图样加工两侧轴头，加工时须保证两侧轴头的同轴度，防止产生跳动。

4）车削完成后将其转移至铣床铣键（减速器选用轴装驱动方式，须车完螺旋轴，先拉片，然后整体精车，再铣键槽）。

（3）螺旋叶片制作以及焊接　螺旋叶片是螺旋输送器的核心部件，其制造工艺直接影响输送器的性能和使用寿命。螺旋叶片的制造工艺主要包括以下几个步骤：

1）制作模板。根据螺旋叶片的尺寸和形状要求，制作出相应的模板。

2）切割材料。根据模板将钢板切割成相应的形状。

3）弯曲成型。将切割好的钢板放在折弯机上进行弯曲成形，以形成螺旋叶片的形状。

4）焊接。将弯曲好的螺旋叶片焊接成一体，以固定其形状和结构。

5）安装螺旋叶片。将制作好的螺旋叶片根据图样设计好的螺距安装在轴上，以形成螺旋输送器的主体部分。

（4）螺旋壳体制作

1）按照下料图下料，并根据设计图样进行壳体板折弯。

2）用折弯板拼接出整个螺旋壳体，测量螺旋壳体整体变形量，控制在每米 2mm 以内。

3）焊接两侧法兰，焊接长度方向连接法兰，长度方向法兰焊接后变形量控制在 2mm 以内，中间加装连接板来防止变形。

（5）组装　在完成螺旋壳体制作后，需要将其与其他部件进行组装。组装的工艺主要包括以下几个步骤：

1）安装轴承。将轴承安装在输送器的轴上，以支撑螺旋叶片的旋转。

2）安装减速器。将减速器安装在输送器的一端，以提供动力。

3）安装传动装置。将传动装置安装在减速器和轴之间，以实现减速器对螺旋轴的驱动。

（6）调试和测试　在完成组装后，需要对螺旋输送器进行调试和测试，以确保其性能和使用效果符合要求。调试和测试的工艺主要包括以下几个步骤：

1）检查各部件的安装情况，确保其牢固可靠。

2）进行空载试运行，检查螺旋叶片的旋转是否平稳、噪声是否符合要求等。

3）进行负载试运行，检查输送器的输送能力和稳定性。

5.3　丸渣尘分离器制造技术

丸渣尘分离器的主要功能：实现丸料与灰尘以及其他杂质的有效分离，以保证工件表面清洁无灰尘。丸渣尘分离器主要分为风选式分离器和磁选式分离器两种。

5.3.1　风选式分离器的加工工艺

风选式分离器主要用于丸料和灰尘以及大颗粒杂质的分离，常见的帘幕风选式分离器的结构如图 5-9 所示。

风选式分离器主要由螺旋输送器、风选区、驱动机构、料仓等组成。其加工工艺主要包括以下几个方面：

（1）材料准备　风选式分离器的主要材料为钢板和无缝钢管，其分离能力根据不同的使用场合和要求而定。在生产过程中，需要对材料进行切割、折弯、焊接等加工处理，以满足不同分离量的要求。

（2）分离器壳体制作

1）根据设计图样进行下料。

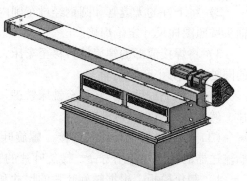

图 5-9　帘幕风选式分离器的结构

2）将下好的板料按照图样要求划线折弯，折弯时须保证折弯角度偏差≤1°。

3）将板料和折好弯的壳体板按照图样定位焊接，风选区每块钢板的焊接定位都应严格按照设计要求进行。

4）分离器螺旋需要按照螺旋输送器的制作工艺标准进行。

5）将铆焊好的分离器风选区、储丸仓、螺旋输送器壳体三部分满焊，确保不漏砂、不漏气。

（3）组装　在完成壳体制作后，需要将其与其他部件进行组装。组装的工艺主要包括以下几个步骤：

1）安装轴承。将轴承安装在输送器的轴上，以支撑螺旋叶片的旋转。

2）安装减速器。将减速器安装在输送器的一端，以提供动力。

3）安装传动装置。将传动装置安装在减速器和轴之间，以实现减速器对螺旋轴的驱动。

4）安装风选区与螺旋输送部分。将螺旋输送部分与风选区根据图样安装并用螺栓紧固。

5）安装辅件。将链轮罩、链条、测速罩等辅件按照图样要求装配到位。

（4）测试　在完成组装后，需要对风选式分离器进行测试，以确保其性能和使用效果符合要求。测试的工艺主要包括以下几个步骤：

1）检查各部件的安装情况，确保其牢固可靠。

2）进行空载试运行，检查分离器螺旋的旋转是否平稳、噪声是否符合要求等。

5.3.2　磁选式分离器的加工工艺

磁选式分离器主要用于金属丸料和非金属丸料以及灰尘和大颗粒杂质的分离。磁选式分离器的结构如图 5-10 所示。

磁选分离器主要由螺旋输送器、磁选滚筒、风选区、料仓、驱动机构等组成。其加工工艺主要包括以下几个方面：

（1）材料准备　磁选式分离器的主要材料为普通钢板、不锈钢钢板和无缝钢管、圆钢、陶瓷片等，分离器分离能力根据不同的使用场合和要求而定。在生产过程中，需要对材料进行切割、折弯、焊接等加工处理，以满足不同分离量的要求。

（2）分离器壳体制作

1）根据设计图样进行下料。

2）将下好的板料按照图样要求划线折弯，折弯时须保证折弯角度偏差≤1°。

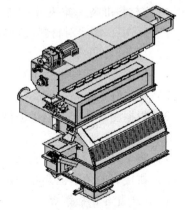

图 5-10　磁选式分离器的结构

3）将板料和折好弯的壳体板按照图样定位焊接，风选区每块钢板的焊接定位都应严格按照设计要求进行。

4）分离器螺旋部分的制作需要按照螺旋输送器的制作工艺标准进行。

5）将铆焊好的分离器风选区、储丸仓、螺旋输送器壳体三部分满焊，确保不漏砂、不漏气。

（3）组装 在完成壳体制作后，需要将其与其他部件进行组装。组装的工艺主要包括以下几个步骤：

1）安装磁选滚筒。将装配好的磁选滚筒装到磁选分离区，调整固定。

2）安装轴承。将轴承安装在输送器的轴上，以支撑螺旋叶片的旋转。

3）安装减速器。将减速器安装在输送器的一端，以提供动力。

4）安装传动装置。将传动装置安装在减速器和轴之间，以实现减速器对螺旋轴的驱动。

5）安装风选区与螺旋输送部分。将螺旋输送部分与风选区根据图样安装并用螺栓紧固。

6）安装辅件。将链轮罩、链条、测速罩等辅件按照图样要求装配到位。

（4）测试 在完成组装后，需要对磁选式分离器进行测试，以确保其性能和使用效果符合要求。测试的工艺主要包括以下几个步骤：

1）检查各部件的安装情况，确保其牢固可靠。

2）进行空载试运行，检查螺旋输送部分和磁选滚筒的旋转是否平稳、噪声是否符合要求等。

3）观察磁选滚筒和收丸螺旋减速器的摆动情况。

4）观察磁选滚筒角度调节装置调节的可靠性以及方便性。

5.4 弹丸的贮存和供应装置制造技术

弹丸的储存和供应装置主要有集丸斗和储丸仓，集丸斗和储丸仓主要起到收集丸料和储存丸料的作用。其加工工艺主要包括以下几个方面：

（1）材料准备 集丸斗的主要材料为型材、钢板，根据需要设计不同大小的集丸斗。在生产过程中，需要对材料进行切割、折弯、焊接等加工。

（2）下料、折弯

1）根据设计图样进行下料。

2）将下好的型材按照图样要求焊接成框架结构。

3）根据图样要求将钢板进行折弯，折弯角度偏差≤1°。

（3）角钢框架铆焊

1）将下好料的角钢按照图样拼焊，保证各角钢尺寸偏差≤3mm。

2）拼接好的角钢框架经测量无误后固定到焊接平台上压紧，按照焊接工艺标准焊接。

（4）集丸斗钢板铆焊

1）将折弯好的钢板按照图样要求进行拼焊。

2）拼焊应保证对接处角度合适，缝隙≤2mm。

3）集丸斗整体拼接完成后测量对角线，对角线误差≤3mm。

4）拼接处铆接，间隔100mm点焊牢靠。

5）拼接完成且尺寸符合图样要求后，将集丸斗外侧焊缝满焊，焊高与板厚保持一致，内部段焊30mm，间隔200mm。

（5）集丸斗与角钢框架整体铆焊

1）将角钢框架平放到集丸斗里，根据图样定位角钢框架位置。

2）角钢框架定好位置，点焊到集丸斗上。

3）角钢框架与集丸斗连接处满焊牢靠。

储丸仓的加工工艺与集丸斗相同。

5.5 除尘装置制造技术

除尘装置主要由除尘管道、除尘器、除尘风机等组成。常见的除尘器主要有布袋除尘器和滤筒除尘器。

5.5.1 布袋除尘器的加工工艺

布袋除尘器主要用于收集灰尘、减小颗粒物排放浓度、保护环境。布袋除尘器的结构如图 5-11 所示。

布袋除尘器主要由壳体、除尘布袋、脉冲系统等组成。布袋除尘器的加工工艺主要包括以下几个方面：

（1）材料准备 除尘器原料通常是钢板和型材，需要进行切割、焊接和构件加工。通过切割机将钢板切成所需尺寸，需要折弯的板料要根据图样划线折弯，折弯角度误差≤1°。通过将钢板进行打孔、钢板折弯等构件加工，制作出壳体、支架等关键部件。

（2）壳体拼焊 将准备齐全的材料按照图样要求拼接成整体，壳体在拼接时，其对接缝隙≤1mm，壳体对角线误差应≤3mm。壳体拼接完成且尺寸无误后，开始焊接。除尘器焊接采用内部满焊、外侧段焊的焊接工艺，以保证焊接后不漏气。

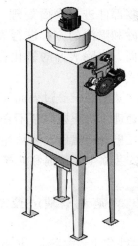

图 5-11 布袋除尘器的结构

（3）表面处理 由于除尘器使用环境恶劣，所以需要对零部件进行表面处理，以提高其耐腐蚀性。通常采用喷砂和喷涂的方法进行表面处理。使用喷砂机将强力喷射的金刚砂颗粒撞击到零部件表面，去除表面的氧化物和杂质。然后使用喷涂机对零部件进行喷漆，以保护其表面不受腐蚀。

（4）组装 经过表面处理后，开始进行布袋除尘器的组装工作。首先进行焊缝打胶密封处理，防止因焊接不良导致漏气，从而影响除尘器的除尘效果；其次将各个构件按照设计要求进行组装，包括壳体、支架、喷吹控制系统等；最后安装布袋，通过骨架和密封圈固定。整个组装过程需要严格按照工作流程进行，确保组装质量和操作安全，防止因操作不当造成布袋着火。

5.5.2 滤筒除尘器的加工工艺

滤筒除尘器通过滤筒来达到除尘的目的，滤筒除尘器根据安装方式主要有斜插式、立式两种，图 5-12 所示为斜滤筒除尘器。

滤筒除尘器主要由壳体、灰斗、脉冲系统、滤筒、支腿等组成。其加工工艺主要包括以下几个方面：

（1）材料准备　除尘器原料通常是钢板和型材，需要进行切割、焊接和型材加工。通过激光切割机将钢板切成所需尺寸，切割完成的钢板需要根据图样进行折弯，折弯板角度误差≤1°。通过将钢板进行打孔、钢板折弯、型材钻孔等构件加工，以便制作出包括壳体、支架等关键部件。

（2）壳体拼焊　将准备齐全的材料按照图样设计尺寸要求拼接成整体，拼焊时，以除尘器侧面板作为基准面，壳体在拼接时，其对接缝隙≤1mm，壳体对角线误差应≤3mm，前后面板采用1in管支撑，防止焊后变形。壳体拼接完成且尺寸无误后，开始焊接。除尘器焊接采用内部满焊、外侧段焊的焊接工艺，以保证焊接后不漏气。

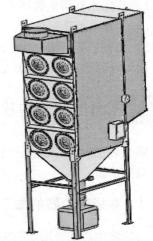

图 5-12　斜滤筒除尘器

（3）表面处理　由于除尘器使用环境恶劣，所以需要对零部件进行表面处理，以提高其耐腐蚀性。通常采用喷砂和喷涂的方法进行表面处理。使用喷砂机将强力喷射的金刚砂颗粒撞击到零部件表面，去除表面的氧化物和杂质。然后使用喷涂机对零部件进行喷漆，以保护其表面不受腐蚀。

（4）组装　经过表面处理后，开始进行滤筒除尘器的组装工作。首先进行焊缝打胶密封处理，防止因焊接不良导致漏气，从而影响除尘器的除尘效果；其次安装滤筒支架和文丘里管；然后安装脉冲反吹系统，将气包固定牢固；接着安装除尘器灰斗和支腿；最后安装除尘器滤筒和滤筒盖。

5.6　抛丸室制造技术

抛丸室主要由壳体、护板、抛丸器总成以及小件组成。其加工工艺主要包括以下几个方面：

（1）材料准备　抛丸室主要由钢板、型材以及壳体防护板组成，需要进行板料切割、焊接和型材加工。通过激光切割机将钢板切成所需尺寸，切割完成的钢板需要根据图样进行折弯，折弯板角度误差≤1°。型材加工连接孔累计误差≤1mm。根据图样尺寸将钢板进行拼接，钢板厚度≥6mm时，需要开坡口进行拼接，拼接缝隙≤1mm。采用单侧坡口形式时，一般采用内侧坡口焊接以保证外侧美观。

（2）壳体拼焊　将准备齐全的材料按照图样要求拼接成整体，拼焊时根据实际情况选择拼接基准面，以便于整个壳体铆焊，拼接面在拼接时的缝隙均应≤2mm。将壳体各面拼接完成后测量壳体对角线，误差应≤3mm。然后将拼接好的壳体进行加固，加固完成后拼接抛头起鼓板。起鼓板拼接完成，则整个抛丸室壳体就算拼焊完成了。二次测量尺寸无误后，开始焊接。壳体钢板焊接采用内部段焊、外侧满焊，型材框架采用段焊的焊接工艺，以保证焊接后能满足强度要求且保证壳体变形≤3mm。

（3）表面处理　由于壳体采用了型材，型材表面氧化皮较多，所以需要对壳体进行表面处理，以提高其表面清洁度。通常采用喷砂抛丸和喷涂底漆的方法进行表面处理。使用喷砂机将强力喷射的金刚砂颗粒撞击到零部件表面，去除表面的氧化物和杂质。然后使用喷涂机对零部件进行喷漆，以保护其表面不受腐蚀。

（4）铺设护板　经过表面处理后，需要在壳体上铺设护板。69 辊道系列抛丸机和 QT 吊钩通过系列抛丸机铺设护板的原则是：先铺两端面，然后铺设起鼓面，再铺设辊道周边，最后铺设剩余面。37 系列吊钩式抛机铺设护板的原则是：先铺设顶面，然后铺设旗鼓面，最后铺设其他面。护板铺设材料主要分两种：一种是铸造护板铺设，铸造护板铺设需要满足护板间隙≤2mm；另一种是锰板护板铺设，锰板护板铺设一般采用大块焊接形式，大块焊接护板需要焊接牢固，焊接固定孔时，首先要保证护板与壳体熔焊到一起，然后进行焊缝填充。

（5）安装抛丸器　护板铺设完成后，需要将抛丸器安装到指定位置。安装抛丸器时，要保证室体开口与抛丸器开口护板间隙大小一致，抛丸器安装位置调整到与室体开口平行，才能保证电动机安装横平竖直。抛丸器调整完成后，需要将底板固定到壳体上，底板与壳体间隙应≤2mm。然后将底板与壳体板焊接牢固。电动机带轮和抛丸器带轮应保持齐平。安装完抛丸器和电动机后，需要在抛丸器与壳体开口之间的间隙增加仿形板进行防护。

5.7　工件输送系统制造技术

抛丸机主要有 37 吊钩输送、38/48 吊链输送、58 积放链输送、69 辊道输送、QGW 钢管外壁 V 形轮输送和 36/76 台车输送等输送方式。

常见的输送方式为 69 辊道输送。69 辊道主要由辊道支架、辊子、减速器、链轮链条、防护罩等组成。69 辊道输送示意如图 5-13 所示。

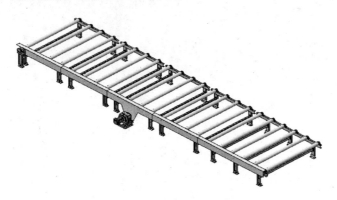

图 5-13　69 辊道输送示意

69 辊道输送的加工工艺主要包括以下几个方面：

（1）材料准备　69 辊道主要由钢板、型材组成，需要进行板料切割、焊接和型材加工。通过激光切割机将钢板切成所需尺寸，型材加工固定孔累计误差应≤1mm。

（2）辊道支架拼焊　将加工完成的型材按照图样进行铆焊，焊接时应保证焊接牢靠。

（3）辊道轴加工

1）根据辊子图样，结合工艺要求下料。

2）焊接轴头。

3）加工轴头。

4）焊接轴头与无缝管。

5）用车床加工辊道轴。

6）用铣床铣键。

（4）辊道轴装配及空运行　将加工检验合格的辊道轴、链轮、轴承、键、轴端挡圈装配到辊道轴上。轴端挡圈用合适型号的螺钉固定，连接链条并调整链条松紧，连接减速器，调试运行正常后，安装链条防护罩。

第6章

抛丸机控制系统

6

6.1 抛丸机电控系统概述

抛丸机电控系统是抛丸机的重要组成部分，它可实现抛丸机电能的管理和分配，电动机的运转控制和保护，抛丸机运行信息的采集与显示，抛丸机运行参数的设置与调整。

完整的抛丸机电控系统必须安全可靠地实现抛丸机的控制，为此必须达到以下目标：

1）电能输送和分配安全可靠。

2）各电动机控制与保护稳定可靠。

3）抛丸机运行信息准确采集和显示。

4）抛丸机运行参数方便设置和调整。

5）抛丸机控制系统考虑社会环境，综合考虑经济性与先进性。

6.2 抛丸机电控系统设计

6.2.1 概述

电气控制是通过电气自动控制方式来控制生产过程。电气控制系统是由电动机和若干电气元件按照一定要求用导线连接起来，以便完成生产过程控制特定功能的系统。电气图，也称为电气控制系统图，用来描述电气控制设备结构、工作原理和技术要求。

6.2.2 电气原理图

电气原理图用来表明设备的工作原理及各电气元件间的相互作用，一般由主电路、控制执行电路、检测与保护电路、配电电路等几大部分组成。电气原理图直接体现了电子电路与电气结构及其相互间的逻辑关系，所以一般用在设计、分析电路中。分析电路时，通过识别图样上所绘制的各种电气元件符号，以及它们之间的连接方式，就可以了解电路的实际工作情况。

6.2.3 电气元件布置图

电气元件布置图主要是表明电气设备上所有电气元件的实际位置，为电气设备的安装及维修提供必要的资料。

电气元件布置图可根据电气设备的复杂程度集中绘制或分别绘制。图中不需标注尺计，但各电气元件代号应与有关图样和电气元件清单上所有的元件代号相同，在图中往往有10%以上的备用面积及导线管（槽）的位置，以供改进设计时用。

6.2.4 电气安装接线图

电气安装接线图主要用于电气设备的安装配线、线路检查、线路维修和故障处理。在图中要表示出各电气设备、电气元件之间的实际安装位置和接线情况，并标注出外部接线所需的数据。

6.3 抛丸机动力系统设计

6.3.1 抛丸机动力系统设计要求

抛丸机电控系统设计从设计每一路的主回路动力电路开始。

抛丸机动力系统设计是分析所有电动机、其他耗能单元的功率及运行特点，设计各个动力消耗设备的主电路。对于抛丸机主电路设计，需要满足以下要求。

1. 线路安全

主电路负责承载电路的大电流、高电压，它一旦出现故障，往往会产生比较严重的后果，因此必须十分重视它的安全。安全包含设备安全和人身安全。

安全性的实现需要充分评估设备的运行状况，确保按照控制规范要求选择电控元器件和电缆、导线等。对于能够调节保护参数的重要电控元件，其参数必须设置合理。

2. 线路保护

动力控制回路必须具备必要的保护措施。对于长时间运行的电动机控制电路，一般需要提供的保护有短路保护、过载保护。它们的检测元件串联在主电路中，直接承受短路电流和过载电流，因此选型配合要准确。

3. 线路可靠

抛丸机控制系统处于长期使用状态，必须充分重视其可靠性。可靠性是重复工作的持久特性，如在主电路中，接触器触点反复受到电流的冲击和火花侵蚀，因此要按照其使用类别正确选用规定的型号，以保证其达到应有的电气使用寿命。

6.3.2 抛丸机主电路设计流程

1. 主电路设计流程

1）获取机械结构动力明细表，确认电动机额定电压、额定电流、额定功率等参数。

2）根据机械结构和设计任务书，明确每台电动机的作用和特点。

3）根据设备总功率及负载率选择主开关。

4）根据每台电动机的运行特点设计每台电动机的主电路。

2. 确定电动机特点

电动机特点包括起动特性、调速要求、反应速度，运行相关、停止特性和功率因数等。

（1）起动特性 三相异步电动机通常采用直接起动，可以利用一般电动机主电路进行设计，然后分别选择对应的保护元件和动力电缆。当电动机功率比较大，超过变压器允许值或客户规定的限制功率值时，需要采用降压起动或软启动器起动。

（2）调速要求　对于有调速要求的电动机，可以采用变频驱动调速电路，此时应该考虑变频器品牌，从而确定对应的接线、控制方式、调速方式、保护信号获取等特性。需要调速的场合主要有风机电动机、辊道输送电动机、通过式吊钩行走电动机、台车电动机等，在一些特殊需求场合，抛丸电动机也采用变频驱动，以获得不同的抛丸速度。

（3）反应速度　对于有反应速度要求的电动机拖动设备，首先减小设备的转动惯量，然后采用加大功率变频器或伺服电动机拖动，此时主电路变频器必须有合适的制动电阻，以耗散制动时的能量。

（4）运行相关　抛丸机控制系统中，有时需要两台或多台电动机共同拖动一个机械运动部分，此时设计主电路应考虑它们同时供电，同时断电，实现运行同步。特别是在变频调速的情况下，此时可以使用一台变频器拖动多台电动机，使其运行于一样的频率下。

（5）停止特性　在一些变频调速电动机停止的情况下，当机械设备惯量很大时，如大型风机，需要考虑将变频器设置于自由停车方式或把减速时间加长，防止产生报警。如果机械结构不能长时间停止，需要外部抱闸，也可以加制动电阻，通过消耗一部分能量来加快停止速度，如重型台车变频缓慢起动和停止。

（6）功率因数　当设备总功率非常大，供电线路比较远，考虑线路的负荷时，需要就地增加无功补偿措施。

3. 绘制主电路

根据每台电动机主电路，以及客户需求的电器元件品牌，确定元件型号和参数配置，整定电流、电缆规格等数据。数据可以直接写到图样上，这样会更加直观，方便理解。

6.4　抛丸机控制电路设计

6.4.1　一般控制电路

1. 常见基本控制电路

1）点动控制电路。

2）自锁控制电路。

3）正反向运行控制电路。

4）行程控制正反向运行电路。

5）Y-△延时转换电路。

2. 降压起动电路

1）定子串电阻降压延时起动控制电路。定子串电阻降压延时起动控制电路在电动机起动时，电动机的定子绕组串接电阻；起动后，电动机定子绕组直接接入电网运行。

2）定子串电阻降压电流控制起动电路。定子串电阻降压电流控制起动电路可以按照电流原则进行控制。定子串电阻的回路中同时串接电流继电器，用以检测定子电流的大小。该控制电路的特点是起动过程由电流控制。在控制领域中，常把这种控制方式称为电流控制原则。

3）自耦变压器降压起动。电动机起动时，采用自耦变压器将电源电压降低后加到三相电动机上，实现电动机降压降流。

3. 双速电机控制电路

双速电动机是由改变定子绕组的磁极对数来改变转速的。它有 6 个接线端子，分别是 D1、D2、D3、D4、D5、D6。将出线端子 D1、D2、D3 接入电源，D4、D5、D6 端子悬空，则绕组为△形接法，每相绕组中两个线圈串联，此时电动机是 4 极电动机，电动机为低速运行；当 D1、D2、D3 短接，D4、D5、D6 接入电源时，电动机为双 Y 形接法，此时是两极电动机，电动机高速运行。

4. 变频控制电路

一般控制电路的变频器常用端子控制起停方式和变频器速度给定的方式。

（1）端子控制起停方式

1）单开关起停+方向。通过驱动端子给变频器高电平，变频器就可以起动。当开关断开，相当于驱动端子变成了低电平，变频器就停止运行。

2）双开关实现正反向运行起停。有些场合需要控制变频器实现正反向运行，而交流异步电动机虽然可以通过将变频器输出端中的任何两条相线调转就能实现反向运行，但操作起来比较麻烦，而变频器都带有反向运行直接起动控制功能。将一个开关接到变频器的正向运行端子，就能实现正向运行，但开关要选择保持式的，当开关断开后，变频器会直接停止。同样，当将另外一个开关接到变频器的反向运行端子，就能实现反向运行，开关同样要选择保持式的，当开关断开后，变频器会停止运行。

3）三线式接线开关实现正反向运行。采用这种方式可实现运行中改变方向。

（2）变频器速度给定方式

1）面板直接给定。在本地控制模式下起动变频器以后，直接按面板上的加减速度按钮即可，此时不需要外接电线。

2）键盘数字设定。使用键盘设定频率功能，从变频器中储存给定值的参数中写入频率设定值。这种方式用于不经常改变频率的应用场合，此时不需要额外接线就可以实现变频器运行。

3）模拟量设定。通过模拟量的输入端子设定运行频率。一般变频器有若干模拟量输入端子，选择一个输入端子或组合，实现速度的调节。

频率由模拟量输入端子来设定，可以设定输入信号为电压信号或电流信号，模拟量可以通过面板上的跳线改成电流接入。模拟量输入为电流输入时，$0 \sim 20\text{mA}$ 电流对应为 $0 \sim 10\text{V}$ 电压。在不同的应用场合，模拟量设定的 100.0% 所对应的标称值有所不同，具体请参考各应用部分的说明。

6.4.2 设计抛丸机控制电路时应注意的问题

设计具体线路时，为了使线路设计得简单且准确可靠，应注意以下几个问题。

1）尽量减少连接导线。

2）正确连接电器的线圈。

3）控制线路中应避免出现寄生电路。

4）选用标准化器件。

5）多个电器的依次动作问题。

6）可逆线路的联锁。

7）完善的保护措施。

6.5　电气控制系统的工艺设计

在完成电气原理设计及电气元件选择之后，接着进行电气控制系统的工艺设计。工艺设计的目的是满足电气控制设备的制造和使用要求。电气控制系统工艺设计的内容包括以下几点：

1）电气控制设备总体配置。电气控制设备总体配置，即总装配图、总接线图。

2）各部分的电气装配图与接线图。各部分的电气装配图与接线图，并列出各部分的元件目录、进出线号及主要材料清单等技术资料。

3）编写设备操作使用说明书。

6.5.1　电气控制设备总体配置设计

各种电动机及各类电气元件根据各自的作用，都有一定的装配位置。在构成一个完整的自动控制系统时，必须划分组件。

1. 划分组件的原则

1）功能类似的元件组合在一起。例如，用于操作的各类按钮、开关、键盘、指示检测、调节等元件集中为控制面板组件，各种继电器、接触器、熔断器、照明变压器等控制电器集中为电气安装板组件，各类控制电源、整流、滤波元件集中为电源组件等。

2）尽可能减少组件之间的连线数量，接线关系密切的控制电器置于同一组件中。

3）强弱电控制器分离，以减少干扰。

4）力求整齐美观，将外形尺寸、质量相近的电气元件组合在一起。

5）便于检查与调试，将需经常调节、维护和易损元件组合在一起。

2. 电气控制设备各部分及组件之间的接线方式

1）电气安装板、控制面板，以及机床电器的进出线一般采用接线端子（按电流大小及进出线数选用不同规格的接线端子）。

2）电气箱与被控制设备或电气箱之间采用多孔接插件，便于拆装、搬运。

3）印制电路板及弱电控制组件之间宜采用各种类型的标准接插件。

总体配置设计确定了各组件的位置和连线后，就要对每个组件中的电气元件进行设计。电气元件的设计图包括电气元件布置图、电气元件接线图、电气箱及非标准零件图的设计。

6.5.2　电气元件布置图的设计

电气元件布置图是依据总原理图中的部件原理图设计的，是某些电气元件按一定原则的组合。布置图是根据电气元件的外形绘制的，并应标出各元件间距尺寸。每个电气元件的安装尺寸及其公差范围，应严格按产品手册标准标注，作为底板加工依据，以保证各电气元件顺利安装。

同一组件中电气元件的布置需要注意的问题如下：

1）体积大和较重的电气元件应安装在电气安装板的下面，而发热元件应安装在电气安装板的上面，并应该留有足够的散热空间。

2）强、弱电分开并注意弱电屏蔽，防止外界干扰。

3）需要经常维护、检修、调整的电气元件的安装位置不宜过高或过低。

4）电气元件的布置应考虑整齐、美观、对称，外形尺寸与结构类似的电气元件应安装在一起，以利于加工、安装和配线。

5）电气元件布置不宜过密，要留有一定的间距。

6.5.3　电气安装接线图的绘制

电气安装接线图是根据电气控制原理图和电气元件布置图进行绘制的。按照电气元件布置最合理、连接导线最经济等原则来绘制。为安装电气设备、电气元件间的配线及电气故障的检修等提供依据。

在绘制电气安装接线图时，应遵循以下原则：

1）在接线图中，各电气元件均按其在安装底板中的实际位置绘出，各电气元件按实际外形尺寸以统一比例绘制。

2）电气元件按外形绘制，并与布置图一致，偏差不能太大。绘制电气安装接线图时，一个元件的所有部件应绘在一起，并用点划线框起来，表示它们是安装在同一安装底板上的。

3）所有电气元件及其引线应标注与电气控制原理图相一致的文字符号及接线回路标号。

4）电气元件之间的接线可直接连接，也可采用单线表示法绘制，实际包含几根线可从电气元件上标注的接线回路标号数看出。当电气元件数量较多或接线较复杂时，也可不绘制各元件间的连线，但在各元件的接线端子回路标号处应标注另一元件的文字符号，以便识别，方便接线。

5）接线图中应标出配线用各种导线的型号、规格、截面积及颜色等。另外，还应标明穿管的种类、内径、长度及接线根数、接线编号。

6）接线图中所有电气元件的图形符号、文字符号和各接线端子的编号必须与电气控制原理图中的一致，且符合现行标准规定。

7）电气安装接线图统一采用细实线，成束的接线可以用一条实线表示。接线很少时，可直接画出各电气元件间的接线方式；接线很多时，为了简化图形，可不画出各电气元件间的接线，而接线方式用符号标注在电气元件的接线端，并标明接线的线号和走向。

8）安装底板内外电气元件之间的连线需通过接线端子板才能连接，并且安装底板上有几条接到外电路的引线，端子板上就应绘出几个接线的接点。

6.5.4　电气箱及非标准零件图的设计

对于电气箱及非标准零件图的设计，当电气控制系统比较简单时，控制电器可以附在生产机械内部，而当控制系统比较复杂时，或者由于生产环境及操作的需要，通常都带有单独的电气箱，以利于制造、使用和维护。

设计电气箱时，要考虑电气箱的总体尺寸及结构形式，应符合方便安装、调整及维修的要求，并利于箱内电器的通风散热。

对于大型控制系统，电气箱常设计成立柜式或工作台式；对于小型控制系统，则设计成台式、手提式或悬挂式。

6.5.5　清单汇总和说明书的编写

在电气控制系统原理设计及工艺设计结束后，应根据各种图样，对本设备需要的各零件及材料进行综合统计，按类别划出外购成品件汇总清单表、标准件清单表、主要材消耗定额表及辅助材料消耗定额表。

设计及使用说明书是设计审定及调试、使用、维护过程中必不可少的技术资料。设计使用说明书应包含的主要内容如下：

1）拖动方案选择依据及本设计的主要特点。

2）主要参数的计算过程。

3）各项技术指标的核算与评价。

4）设备调试要求与调试方法。

5）使用、维护要求及注意事项。

6.5.6　抛丸机电气控制系统工艺设计

对一些生产量比较大、设备比较简单的可以采用常规线路实现控制。下面以 Q326 抛丸机为例，讲述一般抛丸机常规电气控制系统工艺设计。

1. 系统分析

Q326 抛丸机是履带式抛丸机，它以履带承载工件。履带正向运行时，工件在履带上不停翻滚，安装在顶部的抛丸器抛射出弹丸并均匀击打工件；弹丸击打工件后变成静止状态，通过履带上的孔落入下面的输送装置，并被输送到提升机，由提升机提升到高处，经过分离器分离出干净弹丸，这些弹丸经过抛丸阀再次进入抛丸器，实现工作循环。抛丸过程产生的灰尘被除尘风机吸入除尘器，由除尘器过滤干净后排入大气中。

2. 设备电动机和控制点动作分析

该抛丸机采用手动开门，动力单元包含抛丸电动机、履带电动机、提升电动机、除尘电动机、振动电动机。线路采用一键循环方式，其工作流程是：先打开大门，加入工件，再关闭大门，然后按下循环起动按钮，抛丸机立刻开启自动抛丸循环。首先起动除尘风机、履带电动机（正向运行）、提升电动机，接着起动抛丸电动机、打开抛丸阀，开始抛丸计时；计时时间到，关闭抛丸电动机，延迟一段时间，让工件上的残余弹丸完全返回抛丸机，延时到关闭履带电动机、提升机及除尘，最后开启振动电动机，起动振动延时时间继电器，振动时间到，抛丸机全部停止，工人打开大门，按动履带电动机反向运行进行卸料；卸料完毕，等待下次工作循环。

3. 绘制主电路原理图

1）确认动力明细表，见表 6-1。

表 6-1　Q326 抛丸机动力明细

控制点名称	功率/kW	额定电压/V	额定电流/A	额定频率/Hz	数量/个
除尘电动机	2.2	3 相 AC380V	5.0	50	1
履带电动机	1.1	3 相 AC380V	2.8	50	1
除灰电动机	0.55	3 相 AC380V	1.5	50	1
提升电动机	1.5	3 相 AC380V	3.7	50	1
抛丸电动机	7.5	3 相 AC380V	14.8	50	1
总计	12.85		27.8		5

2）确定 Q326 抛丸机电动机作用和特点，见表6-2。

表6-2　Q326 抛丸机电动机作用和特点

电动机名称	功能	控制要求	备注
除尘电动机	拖动除尘风机	单向运转，不调速	
履带电动机	拖动履带电动机	正反转，不调速	
除灰电动机	拖动除灰电动机，实现除尘振打	单向运转，不调速	
提升电动机	拖动提升机	单向运转，不调速	
抛丸电动机	拖动抛丸电动机	单向运转，不调速，电流显示	

3）确定总功率，选择主开关。总功率计算见表6-1，为 12.85kW；电流和为 27.8A。可以选择 60A 断路器。

4）绘制主电路。按照电动机功率及控制要求，绘制 Q326 抛丸机电气控制系统主电路。如图6-1所示，依照总功率选择主断路器 QF100；辅机系统控制功率比较小，共用一个断路器 QF1 作为短路保护；履带电动机需要正反向运行，设计为正反向运行电路；抛丸机功率较大，设计一个完整的独立回路；抛丸器需要有电流显示，增加电流互感器和电流表回路。所有电动机均采用直接起动方式，无调速要求。绘制完成架构，添加技术数据，方便检修和施工。

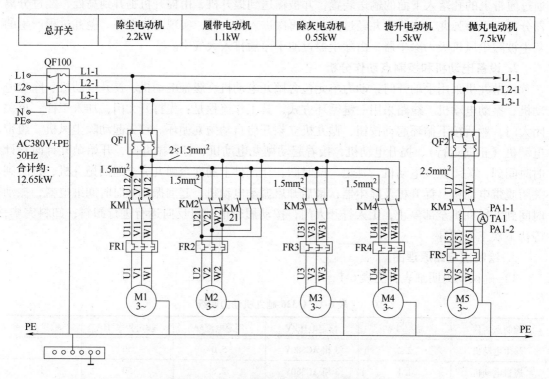

图6-1　Q326 抛丸机电气控制系统主电路

4. 绘制控制电路原理图

按照控制流程，采用经验法设计 Q326 抛丸机控制电路，如图6-2所示。

控制回路采用一键循环起动控制，操作简单方便；线路带堵转检测功能，当提升机打滑和堵转时，检测开关断开，控制自锁电路，防止打滑，损坏提升带。控制电路带有完成提醒功能，每一次抛丸循环完成，发出声响，提醒操作者卸料。当线路有过载发生时，发出过载报警信号，而且消除不了，提醒操作者检修复位后才能再次使用。

控制电源	除尘	提升、履带、抛丸	抛丸阀	除灰	除灰	抛丸结束

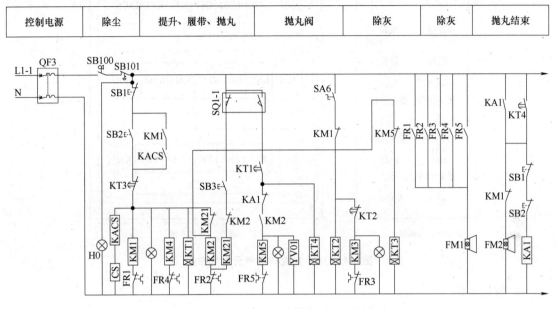

图 6-2　Q326 抛丸机控制电路

5. 绘制 Q326 抛丸机接线图和电气元件排布图（见图 6-3 和图 6-4）

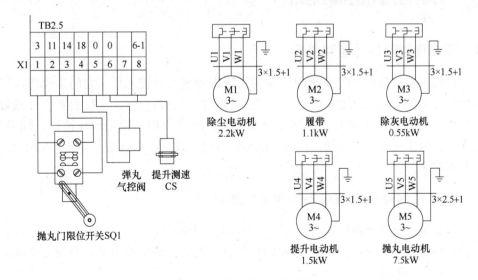

图 6-3　Q326 抛丸机接线图

6. 元件清单

元件清单列表（略）。

7. 操作说明书

操作说明书编写（略）。

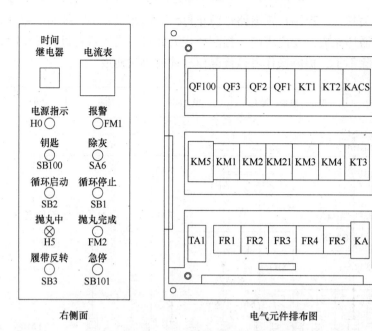

图 6-4 Q326 抛丸机电气元件排布图

8. 发货资料

整理相关资料，编写发货资料汇总（略）。

6.6 可编程控制器控制电路

6.6.1 可编程控制器功能和发展

可编程控制器（简称 PLC）是现代控制系统中的重要自控元件。它的出现将电气工程师从复杂的有形的外部线路逻辑设计转变成了 PLC 内部逻辑设计，使控制系统开发效率大幅提升。由于 PLC 功能不断扩展，从传统的线路逻辑演变出模拟量闭环控制、伺服控制、通信处理、变量储存等很多功能，打通了诸多设备间的数据传输通道，实现了控制仪表、复杂控制器等的功能。

6.6.2 PLC 控制系统与继电器控制系统的区别

PLC 控制系统与继电器控制系统的区别有以下几个部分：

1）组成器件不同：继电器控制线路由许多真正的硬件继电器组成，而梯形图则由许多所谓"软继电器"组成。

2）触点数量不同：硬继电器的触点数量有限，用于控制的继电器触点数一般只有 4~8 对，而梯形图中每个"软继电器"供编程使用的触点数有无限对。

3）实施控制的方法不同：在继电器控制线路中，实现某种控制是通过各种继电器之间硬接线解决的，而 PLC 控制是通过梯形图，即软件编程解决的。

4）工作方式不同：在继电器控制线路中，采用并行工作方式，而在梯形图的控制线路中，采用串行工作方式。

6.6.3　可编程控制器结构和符号

一个整体式 PLC 内部包含电源、CPU、输入单元、输出单元、存储器、扩展接口和外设接口。PLC 的工作原理是无限循环扫描。扫描过程包括初始化处理、处理输入信号阶段、程序处理阶段、处理输出信号阶段。扫描周期时间 $T=($读入一点时间×点数$)+($运算速度×程序步数$)+$故障诊断时间。PLC 根据规模大小一般分为小型机、中型机、大型机。小型机的控制点数为 100~500 点，一般是整体式的；中型机的控制点数为 >500~1000 点，一般也是整体式的；大型机的控制点数为 >1000 点，采用多模块组合方式。国产 PLC 实物如图 6-5 所示。

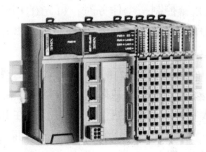

图 6-5　国产 PLC 实物

在电路图中，PLC 一般用一个方框表示，标注上 PLC 型号和外部接线端子的符号，外部连接的电气元件以各自符号表示并连接到对应的接线端子上。为了方便理解和编程，除了电路符号，还需要标注上注释；当电路复杂，接线端子很多，一张图绘制不完，或者大型 PLC 由很多模块组成时，此时需要分开绘制，从施工、维修、编程多方考虑，每一张图中都要有 PLC 或模块符号、PLC 的接线端子、外部接线端子的符号和注释。

6.6.4　可编程控制器主要参数

PLC 主要参数有电源电压、输入参数、输出参数、I/O 点数、通信方式、指令周期、内部单元和存储空间等。

6.6.5　可编程控制器的选型和使用

1. 选型

PLC 的选型主要根据实现的功能和容量、维护的方便性、备件的通用性、是否易于扩展及有无特殊模块控制要求等进行。具体需要考虑的因素如下：

1) I/O 点数。根据控制系统需要的点数确定 PLC 的类型。一般无特殊要求时，根据使用的 I/O 点数按照小型机、中型机、大型机顺序选择。I/O 的点数选择需要考虑留有适当的余量。

2) 存储容量。当系统有模拟量信号存在或进行大量数据处理时，应该考虑选择稍大一些的容量。

3) 存储维持时间。存储维持时间和使用的次数有关，一般是 1~3 年。如果需要长期或掉电保持，应选用不需备用电源的 EEPROM 存储，也可选外用存储卡盒子。

4）扩展。当主 PLC I/O 点数不足或需要特殊功能时，需要对 PLC 进行扩展。PLC 扩展方式有增加扩展模块、扩展单元及主单元连接。扩展模块有输入单元、输出单元、输入/输出一体单元。当扩展部分超出主单元驱动能力时，应选用带电源的扩展模块或另外加电源模块。

5）通信。PLC 的通信方式有 PLC 与 PC 通信、PLC 与 PLC 之间通信及 PLC 与智能设备通讯三种。通信可采用 RS232 接口直接连接、RS422+RS232C/422 转换适配器连接及以太网连接等方式。

2. 合理利用软件及硬件资源

构建 PLC 为核心的控制回路时，应该合理利用 PLC 的软件和硬件资源。

1）对于输入点，在循环前已经投入的指令或不参与控制循环的可不接入 PLC。

2）当多重指令控制一个任务时，可先在 PLC 外部将它们并联后再接入一个输入点。

3）尽量利用 PLC 内部功能软元件，充分调用中间状态，使程序具有完整的连贯性且易于开发，同时也可减少硬件投入，降低成本。

4）在条件语序的情况下，最好独立设计每一路输出，以便于控制和检查，也可保护其他输出回路；当一个输出点出现故障时，只会导致相应输出回路失控；输出若为正/反向控制的负载，不仅要从 PLC 内部程序上联锁，并且要在 PLC 外部采取措施，防止负载在两方向动作。

5）当 PLC 紧急停止时，应使用外部开关切断，以确保安全。

3. 使用注意事项

PLC 内是弱电电子电路，虽然进行了抗干扰设计，但使用时候也要注意，必须按照规范来施工和调试。

1）输入点接线时不要将交流电源线接到输入端子上，以免烧坏 PLC；辅助电源功率较小，只能带动小功率的电气元件，如光电传感器等，一般 PLC 均有一定数量的备用点数（即空地址接线端子），不要将线接上去。

2）输出有继电器型、晶体管型（用于高速输出），输出可直接带轻负载（如 LED 灯）；PLC 输出电路中没有保护，因此应在外部电路中串联使用熔断器等保护装置，防止负载短路，造成 PLC 损坏。

3）PLC 施工过程中，输入/输出信号线尽量分开走线，不要与动力线捆扎在一起，以免出现信号干扰现象，造成误动作；信号传输线应采用屏蔽线，并将屏蔽线接地；为保证信号可靠，输入/输出线一般控制在 20m 以内；扩展电缆易受噪声、强电干扰，应远离动力线、高压设备等；接地端子应独立接地，不与其他设备接地端串联，接地线截面积应不小于 $2mm^2$。

4）PLC 存在 I/O 响应延迟问题，尤其在快速响应设备中应加以注意，PLC 的输入断开时间要大于 PLC 的扫描时间。

4. 故障检查及故障排除

（1）故障显示　设备的故障显示一般有三种解决方案，第一种是使每个故障均有信号表示，其优点是直观，便于检查，缺点是程序复杂且输出单元占用较多；第二种是将所有故障点均由一个信号表示，其优点是节约成本，减少了对输出单元的占用，缺点是不能直接判断出具体故障回路来；第三种是将性质类似的一组故障点设成由一个输出信号表示。

以上三种解决方案各有利弊。在条件允许、每个回路均很重要且要求快速准确判断出故障点的情况下，可采用第一种解决方案；一般情况下采用第三种解决方案比较好。第三种解决方案由于故障按分类报警显示，就可以直接判断出故障的大致方向，知道会对设备或工艺过程造成何种影响，可立即采取相应措施加以处理，同时再结合其他现象、因素、另一组或几组报警条件，将具体故障点从此类中划分出来，整个 PLC 内部程序、外部输出点及接线数增加不多，性价比较高。

（2）输入、输出故障的排除　一般 PLC 的输入点和输出点都设有 LED 指示灯，用于指示现在的信号状态，如图 6-6 所示。可以依据该指示灯状态判断外部故障。无论是在模拟调试还是实际应用中，若系统中某回路不能按照要求动作，首先应检查 PLC 输入开关量接触点是否可靠（一般可以通过查看输入 LED 灯或直接测量输入端完成）。若输入信号未能传到 PLC，则应去检查输入对应的外部回路；若输入信号已经采集到，则查看 PLC 是否有响应输出指示，若没有，则是内部程序出现问题或输出 LED 指示灯出现问题；若输出信号已确信发出，则应去检查外部输出回路（从 PLC 输出往后检查）。

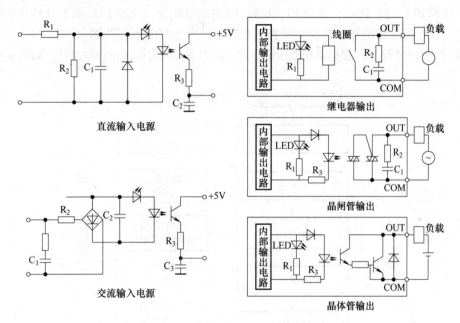

图 6-6　PLC 内部输入与输出回路

在输出回路中，由于短路或其他原因造成 PLC 输出点在内部黏滞，只需将其接线换至另一预留的空接线点上，同时修改相应程序，将原输出标号改为新地址号即可。

6.6.6　抛丸机 PLC 控制系统设计流程

在了解了 PLC 的基本工作原理和指令系统之后，可以结合实际进行 PLC 的控制系统设计。PLC 控制系统的设计包括硬件设计和软件设计两部分。

1. PLC 控制系统设计的基本原则

1）充分发挥 PLC 的控制功能，最大限度地满足被控制的生产机械或生产过程的控制要求。

2）在满足控制要求的前提下，力求使控制系统经济、简单、维修方便。

3）保证控制系统安全可靠。

4）考虑生产发展和工艺的改进，选用 PLC 时，在 I/O 点数和内存容量上需要适当留有余地。

5）软件设计主要是编写程序，要求程序结构清楚、可读性强、程序简短、占用内存少、扫描周期短。

2. PLC 控制系统的设计内容

抛丸机 PLC 控制系统的设计一般包含硬件设计、控制程序设计、资料整理三个部分。

（1）硬件设计

1）根据设计任务书，进行工艺分析，并确定控制方案，拟定控制系统设计的技术条件。这是整个设计的依据。

2）选择电气传动形式和电动机、电磁阀等执行机构，绘制主电路图；选择输入设备（如按钮、开关传感器等）和输出设备（如继电器、接触器、指示灯等）。

3）选定 PLC 的型号（包括机型、容量、I/O 模块和电源等）。

4）分配 PLC 的 I/O 点，编制 PLC 的输入/输出分配表，绘制 PLC 的 I/O 硬件接线图。

5）设计控制系统的操作台、电气控制柜等，以及电气安装接线图。

（2）控制程序设计　根据系统要求编写软件说明书，然后再进行程序设计，如图 6-7 所示。

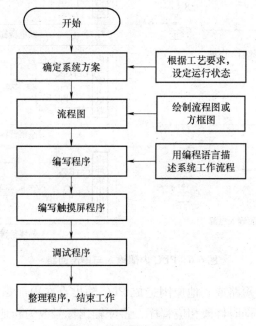

图 6-7　控制程序设计流程

设计 PLC 控制程序时，首先要熟悉生产过程和设备的情况，按工艺要求设计完善的自动控制系统图，包括断续控制的继电器控制系统；具有数学运算（如代数运算的加减乘除等）的控制系统；具有 PID 的闭环模拟量控制系统等。为了更好地编程，首先要绘制出完善的控制系统图，再将其变换成梯形图。

（3）资料整理　程序调试完成以后，需要对整个工作过程进行一个回顾。首先，结合控制程序修改设计图，将在调试过程中增减的传感器及其他电气元件等在系统图上修改体现；其次，修改 PLC 的输入输出分配表、软件说明书等电子统计文档，确保与实物相同；最后，将所有资料汇总打包成归档文件夹，用用户名+时间命名，进行存档，以方便后期查找和使用。

3. 具体步骤

（1）分析控制过程　这是设计 PLC 控制系统中极为重要的一步，PLC 的灵活性使控制系统不仅在控制操作上而且在控制方法上都给用户提供了方便。

1）输入/输出要求分析。首先要评估控制系统所要求的 I/O 数量，当使用的 I/O 数量不够时，就要选用扩展模块进行扩展。

2）顺序、定时和相互关系分析。决定控制动作发生的时间（即在什么时候进行什么控制），应确定每个被控器件如何与其他器件发生关系（如光电开关去起动电动机），并且知道在它们之间发生什么响应。

（2）分配 I/O 点，设计控制系统原理图　根据控制系统分析，选择确认输入输出点数以后，初步选择 PLC 类型，为每个传感器分配一个输入点，为每个控制设备分配一个输出点，然后绘制出 PLC 的控制接线原理图。确定点数时，根据实际的使用数量，增加适当的备用点数。按照常规设计流程，完成主电路、控制柜、操作台、电排布图及电气安装接线图设计。

（3）编写控制程序梯形图　到目前为止，我们知道了有关这方面的三个基本内容，即哪些装置必须控制、它们之间的相互关系和工作顺序，在何时，哪些控制任务必须完成。对于较复杂的控制系统，根据生产工艺要求，绘制出控制流程图或功能流程图，然后设计出梯形图，再根据梯形图编写语句表程序清单，对程序进行模拟调试和修改，直到满足控制要求为止。编写继电器梯形图时，每条逻辑线路必须从左侧母线开始，以继电器线圈、计时器、计数器或一个特殊指令结束。这与真实电路图不同，右侧的母线不要画入梯形图。PLC 的编程比较容易，其逻辑线路的串联、并联节点可以无限使用，因此需要多少节点就使用多少。PLC 的这一特点是很有用的，即使一个复杂的电路也常常可用一个简单的电路来代替。另外，为了编程方便，也可以对电路做些适当的变化，以方便阅读和理解。

（4）应用系统整体调试　如果控制系统由几个部分组成，则应先进行局部调试，然后再进行整体调试；如果控制程序的步序较多，则可先进行分段调试，然后连接起来进行整体调试。

（5）编制技术文件　技术文件应包括 PLC 的外部接线图等电气图（如电气排布图）、电气元件明细表、顺序功能图、带注释的 PLC 梯形图和说明。

4. 抛丸机 PLC 控制系统设计举例

在抛丸机控制系统中，PLC 应用越来越广泛。下面以 QR3212 抛丸机 PLC 控制系统为例，进行抛丸机 PLC 控制系统设计。

（1）分析设备的工作流程，绘制工作流程图　按照设备基本结构，其中的电动机有门驱动电动机、料斗升降驱动电动机、履带电动机、抛丸电动机、提升电动机、振动电动机、除尘电动机。

设备其他控制装置有脉冲阀、抛丸阀。

各部分功能是：

1）门驱动电动机用于实现抛丸机大门的打开和关闭动作。

2）料斗升降驱动电动机用于驱动料斗上升和下降动作，实现往抛丸机中加料。

3）履带电动机用于拖动履带正向运行和反向运行，抛丸机加料和正在抛丸时需要履带正向运行，抛丸机卸料时要履带反向运行。

4）抛丸电动机用于给弹丸加速。

5）提升电动机用于把弹丸提升到高处，然后落入抛丸器内部。

6）振动电动机用于拖动振动筛运动，振动筛把抛丸后履带卸下的工件筛分，并将弹丸输送到卸料位置。

7）除尘电动机用于拖动除尘风机运转，把抛丸机内部烟尘和空气混合物抽到除尘器内部，由除尘器把烟尘用过滤单元过滤出来。

8）脉冲阀由脉冲仪控制，脉冲仪运行后，产生控制电脉冲，驱动脉冲阀按照脉冲宽度短时打开，压缩空气从脉冲阀进入除尘器，把除尘器分离出来的灰尘从过滤单元上吹下，落到除尘器底部。

9）抛丸阀用于控制弹丸落入抛丸器内部。

根据设备基本结构，绘制出手动工作流程和自动工作流程，如图6-8所示。

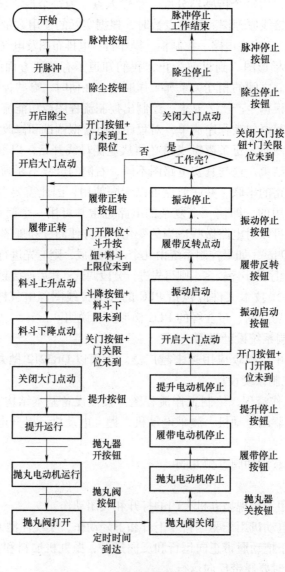

a) 手动工作流程

图6-8　手动工作流程和自动工作流程

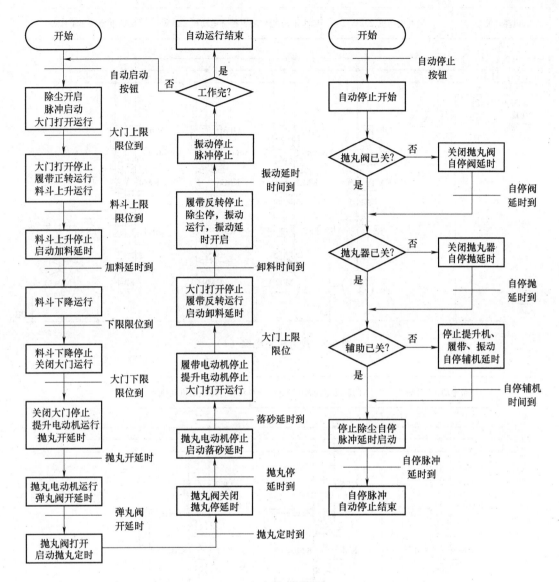

b) 自动工作流程

图 6-8 手动工作流程和自动工作流程（续）

（2）分配 I/O 点，设计控制系统原理图

1）绘制主电路。根据设备动力分配电动机符号，结合电动机功率和运行特点，按照基本主电路绘制方法绘制主电路。

根据电动机功率、运行特点，确定电动机起动方式、调速需求、正反向运行要求，绘制主电路。根据设备总功率，选择主断路器；设备用电动机功率不大，变压器容量足够，因此均采用直接起动；两台振动电动机需要同时运行和停止，因此用一个主回路控制；门驱动电动机、料斗升降驱动电动机、振动电动机需要正反运行，设计正反向运行电路；生产工件一般不需要调速控制，均采用普通常规运行方式。抛丸机主电路如图 6-9 和图 6-10 所示。

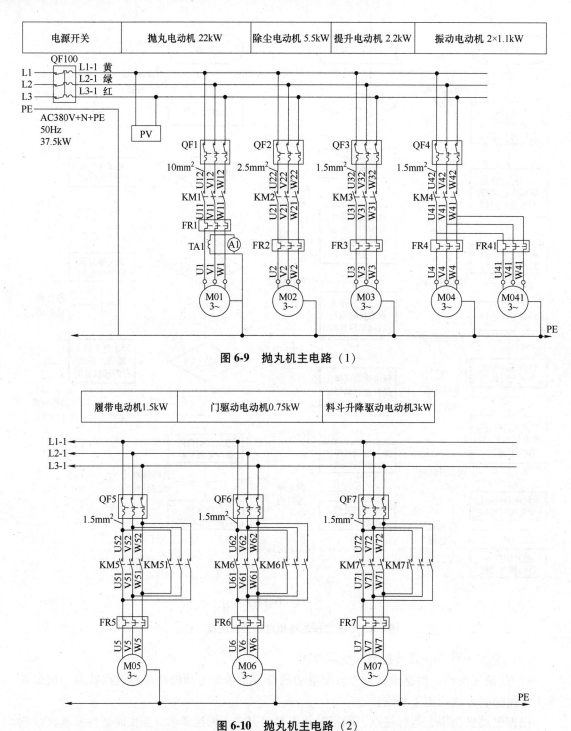

图 6-9　抛丸机主电路（1）

图 6-10　抛丸机主电路（2）

2）绘制 PLC 控制电路。选择传感器和 PLC，绘制 PLC 控制电路。

抛丸机工作分为自动和手动两个功能，手动功能用于特殊情况需要单步控制时，自动功能用于常规操作。这里选择西门子 S7-200smartPLC，继电器输出型 SR60。

由图 6-8a 看出，手动工作时，需要按照顺序操作相关按钮来实现对应操作，手动操作不经常使用，因此可使用触摸屏虚拟按钮来操作；考虑抛丸方便和减少触摸屏使用次数，设置手动自动转换开关、自动起动停止按钮、外部时间继电器等。为了对每台电动机进行监控，发生故障时可以快速定位故障电动机，将每台电动机的保护热继电器触点接入 PLC，电动机过载时可以快速指示具体电动机。对正反向运行电路控制线圈设置外部互锁，防止接触器粘连后接触器运行产生短路故障。

提升带可能存在磨损打滑现象，因此使用接近传感器配合旋转片来检测提升带松动或卡住时的打滑故障；大门采用接近开关检测开门位置和关门位置；料斗的位置不是很精确，需要使用光电开关检测上限和下限位置；外部需要的安全限位等接入 PLC，会产生异常报警停机；按上述基本情况设计 PLC 控制电路，如图 6-11~图 6-13 所示。

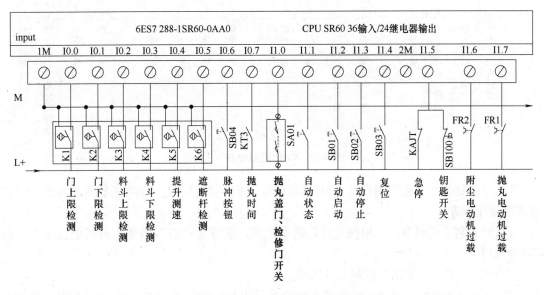

图 6-11　PLC 控制电路（1）

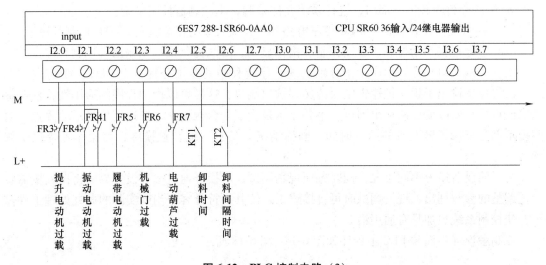

图 6-12　PLC 控制电路（2）

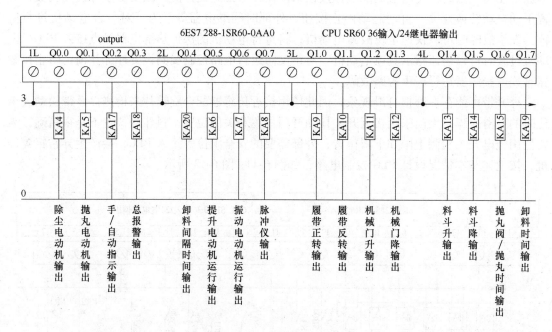

图 6-13 PLC 控制电路（3）

3）完成其他相关施工图设计。设计接线端子图、控制柜图、元件排布图及辅助气动控制系统原理图等。

4）相关制造资料整理。根据设计好的电控图，整理生产资料清单，进行电控生产。具体步骤如下：

① 统计图纸，生成系统控制元件清单。

② 根据设备外形，设计外部电缆、传感器等电控系统安装和外部管线布置图，统计外部辅助生产资料清单。

③ 生产资料表转生产部门，进行系统元件采购，生产制造控制系统。

（3）控制程序设计 根据 PLC 控制电路和工作流程，分配软元件，编写控制程序。

PLC 程序包括手动控制、自动控制、报警显示、时间提示及控制输出等控制程序。

手动控制、自动控制程序用于分别实现工作流程中的逻辑原理，以 PLC 内部继电器输出。最终控制输出子程序把逻辑结果传递到输出端口，这样可以增加程序的通用性，修改输入输出点后只要改变控制输出即可。报警显示是为了配合触摸屏，快速定位显示故障点。时间提示部分记录了抛丸机的运行时间、磨损情况等信息，配合触摸屏，给操作者提供维修参考。

为了使设备适应不同工况，同时方便现场调试，触摸屏通过参数设置界面将抛丸机需要工艺调整的参数列出，现场调试时可直接改正，使其更符合客户当前实际的抛丸处理工件需求，使控制系统更加具有通用性。

控制触摸屏界面和 PLC 主程序如图 6-14～图 6-18 所示。

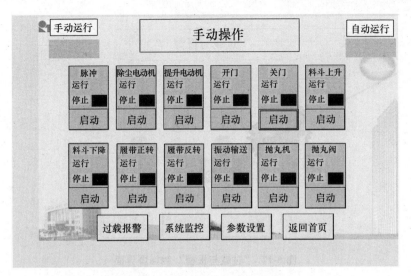

图 6-14　"手动操作"触摸屏界面

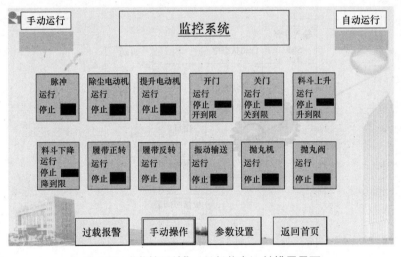

图 6-15　"监控系统"（运行状态）触摸屏界面

图 6-16　"参数设定"触摸屏界面

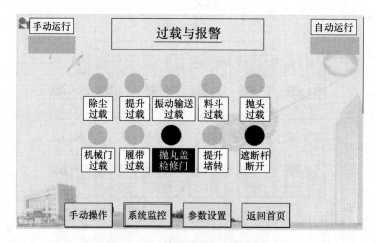

图6-17 "过载与报警"触摸屏界面

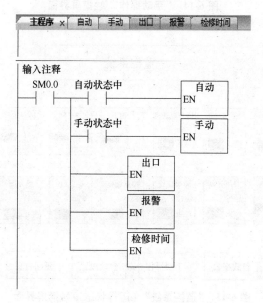

图6-18 PLC主程序

（4）整理资料，编写电气操作说明书及发货资料 电气操作说明书及发货资料略。

6.7 抛丸机智能化系统

6.7.1 抛丸机智能化系统概述

现代社会，控制理论和控制技术突飞猛进。我国正快速进入数字化时代，数字化在抛丸机上的应用也越来越深入和广泛。

数字化是利用数字技术来进行数据的表示、处理、存储和传输等工作，使信息能够更高效、便捷地管理和利用。数字化转型是利用数字化技术的手段和理念，重新设计、打造企业和组织的核心业务流程及生态系统，实现从传统业务模式向数字化转型的过程。

当前，我们正处于从信息化向智能化发展变化的关键时点，而这种变化的核心正是"数字化转型"。在信息化时代，互联网以及运行在其上的数据仅仅只是工具，而真正做决策的是人。在信息技术时代，所有的信息都是以人的意志来进行决策的。所有信息的上传、计算和加工以及信息的获取，都由人来决策。在智能化时代，互联网以及运行在其上的数据会形成决策，而人将与其他智能机器一样成为智能化网络管理的一个执行节点。要真正进入智能化时代，还需要解决以下三个关键技术：

1）信息的自主上传和获取，即不依赖人的主观意志进行数据采集——这正是需要物联网（IoT）技术的原因。

2）基于数据的机器智能决策——这正是需要人工智能和机器学习的原因。

3）智能决策的落地执行——这正是需要智能机器人技术的原因。

以上三个关键技术在很长一段时间内很难形成根本性突破，这就决定了未来很长一段时间需要将人与智能机器一起结合协同工作，并需要随着技术的发展不断调整两者之间的关系。人与智能机器之间是通过数据来进行交互的，因此这一转型过程也被称为"数字化转型"，而这也正是"数字化转型"这一概念的由来和本质。

6.7.2　抛丸机智能化功能

在智能化工厂里，抛丸机应具备的功能是自动感知、自动调节、自动更新，最终实现无人自动控制、与外界沟通，获取新的生产数据，以及向外界反馈自身信息，获得维修和维护。

抛丸机自动感知是通过在抛丸机上安装若干传感设备，使抛丸机能够从智能控制系统获取抛丸机工作所必需的数据，同时又可以向智能控制系统反馈自身运行状态数据。

抛丸机的自动调节是抛丸机能够根据获取的数据，按照内部存储的知识和规则进行运算，然后输出控制信号给外部执行机构，通过执行机构调节自身运行状态，如使抛丸器电流稳定在给定抛丸工艺上。

抛丸机的自动更新是抛丸机可以对自己智能控制系统内部存储的知识和规则进行增减和优化，从而使其可以适应更广泛的抛丸工件。

与其他机器一样，实现抛丸机智能化同样需要解决三个关键技术，即数据获取、数据决策和机器执行。

6.7.3　抛丸机智能化基础元件

1. 触摸屏

触摸屏（touch screen）又称"触控屏""触控面板"，是一种可接收触头等输入信号的感应式液晶显示装置。工业触摸屏如图 6-19。当操作屏幕上的图形按钮时，屏幕上的触觉反馈系统可根据预先编程的程序驱动各种连接装置，可用以取代机械式的按钮面板，并借助液晶显示画面产生生动的影音效果。触摸屏作为一种最新的输入设备，是目前最简单、方便、自然的一种人机交互方式。在抛丸机上，触摸屏是一种应用于工业现场的实现抛丸机智能化的设备之一。

图 6-19　工业触摸屏

2. PLC

PLC 是可编程控制器的简称，但现代 PLC 早已超出逻辑控制应用的限制，在通信、伺服控制、数据存储、内部数据运算等方面的功能已经十分强大，很多 PLC 都可以运行计算机编程语言，成为一台真正意义上的特殊计算机。例如，德国倍福自动化有限公司的 PLC，核心是一台安装了特殊软件的计算机，然后又采用了若干扩展模块，保留有传统 PLC 的基本外观结构，如图 6-20 所示。

在智能化设备应用中，PLC 承担的工作有逻辑控制、数据采集、数据运算、外部数据的交互和数据的存储。

电源模块　主控单元　扩展单元

图 6-20　复杂 PLC

3. 计算机

计算机是实现复杂控制算法必不可少的一个重要元器件。当 PLC 算力不足或储存空间达不到时，需要使用计算机配合 PLC 实现更加复杂的控制。使用计算机的动态界面可以监控设备的运行状态，它比触摸屏更加灵活，显示更加丰富。

随着数字化转型的发展需求，工厂需要采用服务器连接越来越多的现场设备，此时产生了很多工业数据采集软件，专门用于采集数据，如组态王数据采集与监控（SCADA）等，然后分发和使用。这些软件可以把众多现场设备数据集中采集到公司服务器的数据库中，然后根据数字化转型需要进行统一分配、运算和显示。

4. 智能化设备

数据的采集和显示离不开传感器，在抛丸机智能化控制系统中，需要采用很多新型的传感器，也需要传统的压力、温度、流量等针对过程控制的传感器，同时需要使用的传感器和设备有射频识别系统、扫码系统、高度测量系统、编码器、电流传感器等。

（1）射频识别系统　射频识别（radio frequency identification，RFID）技术，又称无线

射频识别，是一种通信技术，俗称电子标签。可通过无线电信号识别特定目标并读写相关数据，而无须识别系统与特定目标之间是否建立机械或光学接触。射频系统是采用射频识别的数据传输系统，它包含读写头和电子标签（射频载体）。电子标签附着在工件或输送工件的小车上，当电子标签接近读写头时，电磁感应产生电流，驱动标签内的电子电路工作，电子标签立即与读写头进行数据交互。电子标签内部有一定的存储空间，该存储空间可以由读写头进行读出或写入，读写头通过通信电缆连接到 PLC 上，它把获取的数据传递到 PLC 中，并且可以把 PLC 的数据传输到电子标签内部，电子标签记录下这些数据，最终由终端汇总储存数据。射频识别系统的工作原理和外形如图 6-21 所示。

图 6-21 射频识别系统的工作原理和外形

1）射频识别原理。射频识别方式需要在每个小车上安装一个电子标签，标签的内容是可以改写的。使用时先对标签写入数据。

数字化转型中，人成为数字化系统中的一个执行单元，人可以和扫码枪配合，实现数据的输入，避免错误的发生。

2）射频识别系统实现流程。射频设备在自动化系统中实现信息交互、程序编制的流程如下：

① 系统组态：系统组态是将射频读写器硬件添加到系统中，然后组态其接口参数，包含 I/O 地址和通信波特率，并建立其数据的传输通道，如图 6-22 所示。

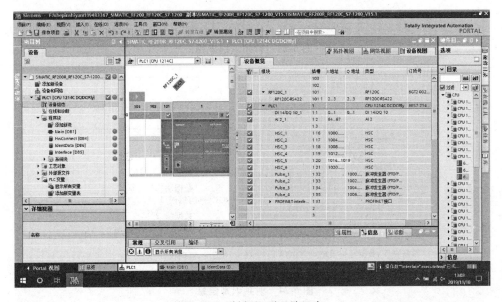

图 6-22 射频识别系统组态

② 编写程序：系统组态完成，下一步是编写程序，如图6-23所示。根据系统要求，建立两三个数据块，分别存放连接参数、接口参数及读写的数据；然后根据读写要求，调用读写程序块，实现数据的读出和写入。读写的数据以数组方式写入，此处读写须根据需要指定起始地址和要读写的个数，如图6-24所示。在自动化工厂中，则需要根据实际情况提前分配好各个工序的地址。

③ 给控制变量赋值，确定读写模块工作，实现数据的传递。

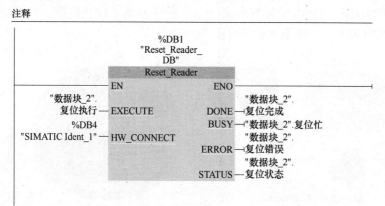

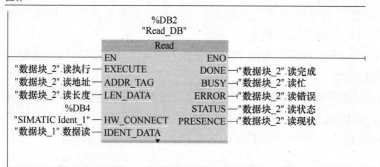

图6-23 射频识别编程

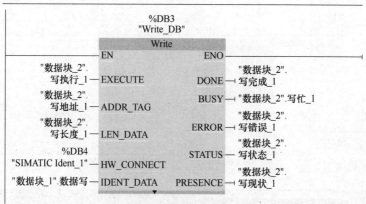

图6-24 射频识别信息

（2）扫码系统 条形码（barcode）是将宽度不等的多个黑条和空白，按照一定的编码规则排列，用以表达一组信息的图形标识符。条形码是迄今为止最经济、实用的一种自动识别技术。条形码技术具有以下几个方面的优点

1）输入速度快。与键盘输入相比，条形码输入的速度是键盘输入的 5 倍，并且能实现"即时数据输入"。

2）可靠性高。键盘输入数据的出错率为三百分之一，利用光学字符识别技术的出错率为万分之一，而采用条形码技术的误码率低于百万分之一。

3）采集信息量大。利用传统的一维条形码一次可采集几十位字符的信息，二维条形码更可以携带数千个字符的信息，并有一定的自动纠错能力。

4）灵活实用。条形码既可以作为一种识别手段单独使用，也可以和有关识别设备组成一个系统实现自动化识别，还可以和其他控制设备连接起来实现自动化管理。另外，条形码标签易于制作，对设备和材料没有特殊要求，识别设备操作容易，不需要特殊培训，且设备也相对便宜。

5）成本非常低。在零售业领域，因为条形码是印刷在商品包装上的，所以其成本几乎为"零"。

扫码系统包含条形码和扫码枪，如图 6-25 所示。图 6-26 和图 6-27 所示为扫码信息化应用开发流程。

图 6-25　条形码与扫描枪

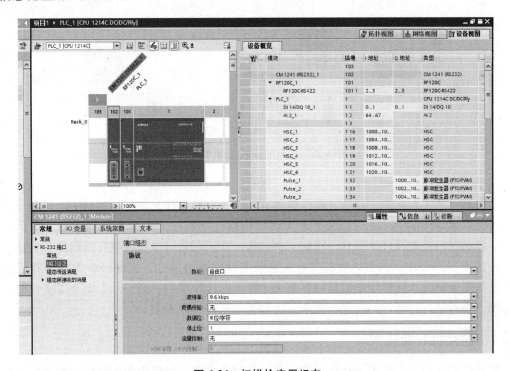

图 6-26　扫描枪应用组态

163

通过图 6-26 可以看出，扫描枪选择 RS-232 接口，因此首先在 PLC 硬件组态上添加一 RS-232 通信接口模块 CM1241，组态其波特率、数据位、停止位、校验等参数；然后建立一个数据块，用于存放接收的数据，并调用接收程序块，配置程序块参数；最后配合扫码动作，触发接收，将数据存入程序块，如图 6-27 所示。

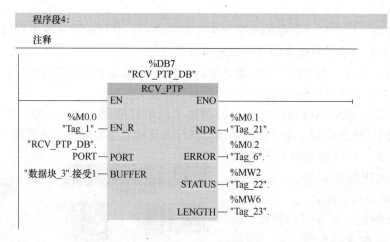

图 6-27 通信编程

5. 执行机构

智能抛丸机自动调节运行状态需要执行机构来完成。执行机构一般有接触器、电磁阀、变频器、伺服驱动、电动缸（或推杆）。常用气动电磁阀和电动缸如图 6-28 所示。

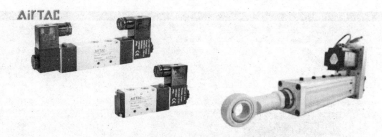

图 6-28 常用气动电磁阀和电动缸

6. 存储单元

存储单元是实现智能控制不可缺少的部分，用于存储程序和数据。控制的知识和经验可以直接写进存储程序中，也可以写入断电保持数据存储器中。写入存储程序中的知识被固化，不容易进行后期改进和提升。因此，将经验、知识写入可保持数据存储器是一种比较灵活的方式。在 PLC 中，内部一般都含有大量断电数据保持单元，控制经验参数和知识保存到断电数据保持区，在程序中根据运算自动选择。在计算机中，知识数据则是以文件形式进行存储，设备运行时可以不断进行更新，更加适应现场实际需要。

6.7.4 抛丸机智能化实现

机器智能化是一个利用信息化和自动化，机器自主学习生成知识的过程。抛丸机完全自主学习生成知识系统的完全智能化现在还是达不到的，能够做到的是在功能和行为上模拟人的操作、而知识系统、经验参数部分可以人工给出，并不断由人工升级方式来实现。这实际是一个专家控制系统，其基本结构如图 6-29 所示。

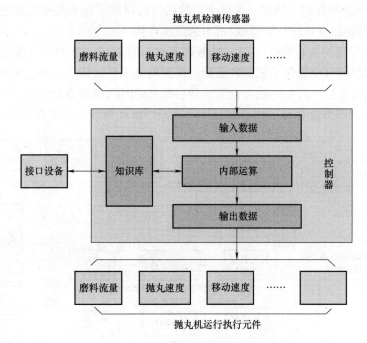

图 6-29　抛丸机智能控制系统的基本结构

根据这个结构，实现两类抛丸机智能控制系统如下。

1. 工程机械抛丸机智能化实现

在大型连线工程机械生产中，抛丸机是工程机械涂装车间的一个重要组成部分。工程机械抛丸机多采用通过式结构，输送设备采用电动葫芦或积放链实现车间的物料输送。

（1）工程机械智能涂装车间生产流程

1）信息写入。上料工位使用机器人或人工把工件悬挂到输送小车上，然后由机器人或人工使用扫码枪扫描工件条形码，数据输入系统把工件编号、生产时间等信息由读写头写入输送小车的 RFID 中。

2）信息读出。抛丸机待机开前门，小车在电动葫芦或积放链驱动下进入抛丸前等待区，抛丸机的 RFID 读写头读出小车上电子标签工件编号，编号被抛丸机智能控制系统识别，智能控制系统首先根据编号查找内部储存的抛丸数据，然后把抛丸机调节到需要的运行参数上，自动发出抛丸指令；输送系统 RFID 读写头读出小车上电子标签的编号等信息，输送智能控制系统识别编号，根据编号查找内部储存的此处运行速度数据，然后把输送速度调节到需要的数值上，等到抛丸机发送来的前进信号，开始按照给定速度前进，同时把此时运行速度数值写入 RFID 的指定存储区。

3）状态调整。工件被输送控制系统按照规定速度通过抛丸区，到达抛丸加工区，此处进行检查。由人工或自动检查系统确认抛丸效果后，发出指令，抛丸系统自动把抛丸参数和抛丸时间输入电子标签中，输送系统则驱动小车到达下一个工作区。

4）顺序工作。按照与抛丸区类似的工作流程，小车陆续进入其他工位，完成对应的工作，记录相应的工艺数据和工作时间。

5）信息读回。工件到达卸料位置，被打码标识后输送到后续工序或储存场所。卸料区读写头把 RFID 中的所有加工数据一次读出，然后由公司数字化采集单元把它们存进车间服务器，如此可根据唯一的标识对工件进行永久追溯查询。

（2）抛丸机智能控制系统的实现　根据数字化车间需求，抛丸机智能控制系统需要完成编号读写、参数调节功能和工艺参数更新。根据抛丸工件的特点，需要实现的调节参数有需要运行的抛丸机编号，需要的抛丸电流、开启抛丸的时间和结束抛丸的时间，这些数据被存储在本地 PLC 内部数据存储区内，并且可以不断更新和增减。其工作原理如图 6-30 所示。

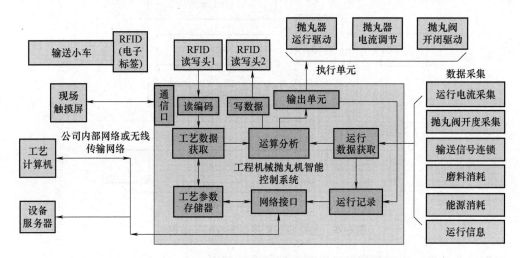

图 6-30　工程机械抛丸机智能控制系统的工作原理

1）工作流程。工艺计算机通过公司内部网络，经过智能控制器专用网络接口，下发生产工艺参数到抛丸机智能控制系统，工艺参数被储存到本地工艺参数存储器中。

抛丸机的运行数据则被记录到运行记录存储区，按照数据采集规则，如定时采集，服务器对抛丸机的运行数据进行采集并存入内部数据库中成为一条历史记录。

RFID 读写头 1 完成编号读入，工艺数据获取程序通过工艺参数存储器查找得到工艺数据，运算分析根据给定的工艺参数组和实时反馈的运行数据产生调节信号并由输出单元输出，执行单元收到这些调节信号，把抛丸机调整到需要的工艺参数上。与产品有关的工艺数据，在抛丸完成后通过读写头 2 写入 RFID，最终到卸料区一次读出，形成产品档案。

触摸屏通过通信口访问和控制系统内部变量，实现现场监控、现场巡视和检修、临时测试等操作。在某些场合，也可以根据授权密码，直接修改内部储存的工艺数据，实现设备稳定的脱网运行。

2）电子标签操作。涂装车间整体规划，统一 RFID 读写头品牌。根据选定 RFID 品牌特点，智能控制系统编写、读写控制子程序。在开始抛丸时，读编码程序模块获得电子标签数据，识别出工件编号；在抛丸机确认无误后，执行写数据程序模块，把该工件抛丸数据写入 RFID。根据工件编号，通过查询方式获得工艺数据。工艺数据获取子程序通过给定的编码，查询工艺参数存储器，从中找到编码对应的工艺参数，该组工艺参数就可以被系统应用。

3）运行数据采集。

① 抛丸机运行电流采集。抛丸机使用电流传感器采集每台抛丸电动机的运行电流，运行电流反映了抛丸机实际的负载状态。抛丸电动机的运行数量也可通过运行电流来反映，当某台抛丸电动机的电流为零时，说明该电动机处于停止状态，没有弹丸抛出，由此通过分段法可以计算出当前抛丸器的抛丸量。因此，通过控制运行电流就可控制抛丸量。

抛丸阀开度用于显示抛丸机的运行状态，并且联合进行电流闭环控制。当工艺参数给一个抛丸器电流时，抛丸阀开度调节进入抛丸器的弹丸量，当电流传感器采集的运行电流偏离给定电流时，内部运算分析程序发出调节命令，改变抛丸阀的开度，使进入抛丸机的弹丸量增加或减小，从而实现运行电流的稳定。

② 抛丸阀开度。抛丸机运行电流和抛丸阀开度反映了抛丸机的运行状态，当抛丸阀开度很大，如大于95%，而运行电流达不到需求时，此时说明有故障，或者管道堵塞，弹丸进入不了抛丸器，或者抛丸机料箱缺料，没有足够弹丸进入抛丸器。当弹丸阀开度很小，如5%，而运行电流超过需要数值时，此时也存在故障，一个原因可能是电动机有问题，运转阻力过大；另一个是抛丸阀有问题，弹丸产生泄露。

③ 输送线连锁信号。输送线连锁信号用于判断开始和停止抛丸的时间。工件不同，悬挂到输送装置上以后，其头部距离抛丸区位置及总体长度都是不一样的。为了有效利用抛丸机，防止空抛、漏抛现象发生，打开抛丸阀的时间必须准确。抛丸机控制系统内储存了不同工件编号对应的开阀和关阀时间，这个时间是通过输送出移动信号后开始计算的，并且是在抛丸工艺参数中根据规定的小车速度提前计算出来的。除了抛丸信号，还有其他辅助连锁信号，用于实现与抛丸机门操作的连锁。

④ 抛丸消耗。抛丸消耗指数字化车间采集设备消耗的磨料、电能、压缩空气等的消耗数量。抛丸机磨料消耗通过定量加料和料位开关实现。当抛丸机料仓的料位开关检测到缺料时，加料仓上的补料阀打开，向抛丸机中加料，加料正常后，关闭补料阀，并测量此时的剩余磨料，由此计算出加入抛丸机中的磨料，该数值即为两次加料之间的磨料消耗值；电能使用带通信功能的电能表计量，压缩空气使用带通信功能的气体流量表计量，电能和气体消耗根据工件抛丸节拍顺次采集并传输到控制系统内部，然后和控制系统内部抛丸机的运行时间、抛丸时间、待机时间等参数一起，由数字化车间服务器进行收集，存入服务器上的数据库中，供相关部门使用。

4）执行单元。抛丸机接触器用于控制抛丸器运行。当工件高度较小而抛丸器数量较多时，需要仅运行与工件高度适应的额定抛丸器，停止运行其他抛丸器，以达到节能降耗的目的。这个可通过关断对应抛丸器的抛丸机接触器实现。

抛丸阀通过控制气缸开闭动作使用电动推杆调节其开度大小。电动推杆的推力和气缸产生的推力作用效果相反，气缸使抛丸阀打开，电动推杆使抛丸阀关闭。电动推杆从全部关闭开始收回的长度即为抛丸阀允许的打开开度。

5）存储显示。数据存储显示系统包含工艺计算机、设备服务器和现场触摸屏。

工艺计算机将工艺部下发和修改的生产工艺参数传输到智能控制系统的内部存储器，实现生产工艺的远程更新。设备服务器则记录设备的运行信息，监控设备的运行状态，分析设备的运行数据，即时给出设备的维护保养信息，保障设备的稳定运行。现场触摸屏为巡视人员提供可视化的监控界面，直接了解目前运行状态和报警信息，同时也是设备调试和维修时的操作界面。当工艺下发回路发生故障，可凭授权密码直接现场修改工艺数据及其他的生产数据。

2. 钢材预处理线抛丸机智能化实现

钢材预处理设备用于各类板材、型材的预处理，从而起到提升钢厂出产钢材品质和附加值的作用。在建造船舶、钻井平台等海洋工程项目中，对钢材尺寸更是具有很高的要求，这对各种表面处理工作提出了相当大的挑战，因为其间有大量的钢板和特殊型材需要在装配前进行优质高效的清理、切割、焊接和喷漆等预处理活动。钢材预处理线是一个将抛丸、上底漆和烘干等工艺结合起来的联合钢材表面处理生产线。经过钢材预处理线的处理，钢板和型材被彻底地抛丸加工后，立刻喷涂一层临时的防腐蚀涂层，然后烘干，便于运输和后续使用。钢板预处理线智能控制框图如图6-31。

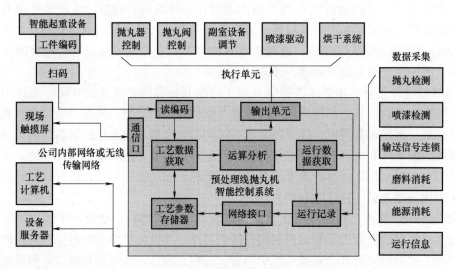

图6-31　钢材预处理线智能控制框图

（1）预处理线工作流程　钢材预处理线工作流程如下：

1）钢板上料。工件（钢板或其他型材）被智能起重设备或其他设备搬运到预处理线上料辊道上以后，通过扫码枪或其他信息输入系统将工件编码送入抛丸机控制系统，抛丸机控制系统识别该编码，并且找到对应的工艺数据，做好抛丸准备。

2）数据测量。工件由辊道输送系统向抛丸机方向输送；当工件头部到达抛丸机前面的高度传感器安装位置时，高度传感器测量出工件的高度，控制系统根据实时运算准确调整后副室内机械系统的高度，使其适应工件的高度。

当工件头部到达抛丸机前面的位置传感器安装位置，位置传感器测量出工件在辊道上的位置，控制系统按照工艺要求，根据运算结果调整工件位置所在的抛丸器，使其在需要的参数下运行，其他对应位置没有工件的抛丸器则停止或维持低速运转。

3）抛丸调整。当工件头部到达抛丸区域时，抛丸阀开启并自动调节开度，使抛丸电动机负载电流维持在工艺数据规定的数值上，保证工件获得规定的抛丸量。

工件继续前进，当工件到达后副室时，工件上积存的弹丸和灰尘被清理干净，然后工件被输送出抛丸室。

4）钢板喷漆。工件从抛丸机输送出来以后，当头部到达喷漆室前面安装的位置传感器以后，工件位置被测量出来，该数据被传送到喷漆系统，喷漆系统按照工件的喷漆工艺数据要求，计算出开枪、关枪的时间，实现自动喷漆。

5）钢板烘干。喷漆完成，工件进入烘干室进行烘干。烘干室按照工艺要求自动调整风机运行转速并维持内部温度稳定，以保证获得干燥的工件。

6）钢板喷码。工件离开烘干室以后，喷码系统根据工艺数据信息，对工件表面进行喷码，方便后面使用和识别，最终工件被输送到后辊道上，当智能起重设备检测到工件末端离开打码区域时，自动将工件搬离辊道，并放置到成品区。

（2）各部分功能

1）扫码。扫码系统根据扫描得到的信息，识别出装载的工件，智能控制系统通过识别的工件获取预先存储该类工件的工艺参数，并将其传递到运算分析单元。

2）抛丸检测。抛丸检测包含工件位置检测、工作高度检测、当前运行电流检测、当前抛丸速度检测、当前输送速度检测、抛丸阀开度检测。

① 工件位置检测。工件位置检测通过专门设计的位置传感器获得。位置传感器安装在抛丸机进口之前，如图 6-32 所示。

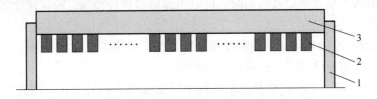

图 6-32　抛丸工件位置检测装置
1—支架　2—光电开关　3—折弯钢板支架

位置传感器横跨输送辊道上方，在对应的抛丸机位置上安装若干漫反射光电传感器，漫反射光电开关发射光线，然后依靠检测工件反射回的光线确认有无工件。漫反射光电开关检测头向下安装，可以防止灰尘落到透明镜头上，适应工业现场。

② 工件高度检测。工件高度检测，一方面可防止过高工件进入抛丸机，另一方面也可根据这个实时检测数值来调节副室设备高度。高度检测一般使用光幕进行测量，它是安装在输送辊道两侧的一对检测系统，其中一个是发射模块，发射检测光线；另外一个是接收模块，接收光线并判断高度。测量光幕轴的间距比较大，难以做到比较高的精度。在钢板预处理线上可以使用编码器测量工件的高度，如图 6-33 所示。

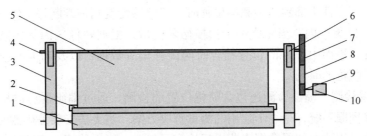

图 6-33　辊道输送线上的高度测量装置（编码器）
1—输送辊道　2—辊子　3—支架　4—旋转轴　5—旋转钢板　6—单向阻尼器　7—大同步带轮
8—同步带　9—小同步带轮　10—编码器

编码器测量高度工作原理是：工件通过辊道时候，使旋转钢板绕旋转轴旋转，旋转轴带动大同步带轮旋转，大同步带轮通过同步带带动小同步带轮旋转，实现角度的放大；小同步带轮与编码器同轴，编码器旋转产生计数脉冲，智能控制单元通过计算获得工件的高度。

由于编码器精度比较高，通过配合同步带轮的齿数比，可以获得需要的精度。

例如，编码器2000脉冲/圈，同步带轮速比为3，当500mm高的工件驱动旋转钢板摆动角度为60°时，编码器将旋转180°，此时将获得1000个脉冲，精度达到了0.5mm，而一般精度比较高的光幕仅能达到5mm。

③ 电流和开度检测。与工程机械抛丸机一样，抛丸器运行电流可以反映抛丸量，结合抛丸阀开度，可判断设备运行状态。通过稳定抛丸器的运行电流，就能稳定工件所需要的抛丸量，从而保证抛丸加工质量。

④ 抛丸速度检测。抛丸速度检测通过检测抛丸器拖动变频器的频率来体现。变频器输出频率高，抛丸器运转速度快，从抛丸器飞出的弹丸速度也快，清理效率高；当清理比较薄的钢板或其他不耐击打的工件时，需要按照工艺要求的参数采用比较小的抛丸速度。

⑤ 输送速度检测。抛丸机工件的输送速度一般通过拖动辊道运转的变频器输出频率来检测，当辊道输送由很多电动机拖动时，可以用编码器进行检测。输送速度用于喷漆运行和保证抛丸效果。

3）喷漆检测。喷漆检测用于控制喷漆系统运行。喷漆系统需要检测工件的位置和工件的高度，工件高度前面已经测出，可以直接使用。

① 工件位置检测。工件在抛丸加工过程中可能会产生位置变化，因此需要更加精确地进行再次检测。在喷漆室进口位置安装工件位置检测装置，此处位置检测结构与抛丸机进口相同，当安装有更多的光电传感器时，如图6-34所示。

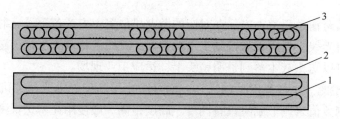

图6-34　喷漆位置检测装置
1—光电开关安装槽　2—折弯钢板支架　3—光电开关

如图6-34所示，此处安装有两排漫反射光电传感器，这样可以提高精度，减小光电开关之间的干扰。当工件头部到达传感器位置时，传感器轮流扫描判断每个传感器的状态，并把状态写入PLC映像区内；当完成一个扫描循环以后，根据映像区内的传感器状态信息计算出工件的位置，进而由工件的位置结合时间固有偏置数据，以及当前的速度或编码器位置，计算出开关喷枪的时间。

② 喷枪位置检测。喷漆检测还包含喷枪位置的检测。通过编码器可以检测喷枪的实际位置，它不依赖伺服系统，是一个通用的测量解决方案。当无法安装编码器时，伺服驱动的往复式喷漆系统采用读取伺服数据来获得喷枪实际位置；当不能读出实际的位置时，可采用时间中断间接获得喷枪的实际位置。

4）输送线连锁信号。输送线连锁信号是实现不同系统交互工作的基础。预处理线需要与智能起重设备交互，实现相互配合、自动上下工件及获得工件信息；预处理线与喷码交互，将处理的工件信息与位置信息传递到喷码机，实现喷码机准确定位、准确喷码。

5）抛丸消耗。预处理线与工程机械抛丸机采用类似的抛丸消耗数据采集系统，实现数字化车间设备消耗的磨料、电能、压缩空气等消耗数量的采集。

抛丸机磨料消耗通过定量加料和料位开关实现；电能和压缩空气消耗使用带通信功能的仪表计量，电能和压缩气体消耗根据工件抛丸批次采集并传输到控制系统内部，然后和控制系统内部抛丸机的运行时间、抛丸时间、待机时间等参数一起，由数字化车间服务器进行收集，存入服务器上的数据库中，供相关部门使用。

6）执行单元。对于一种工件，根据编号系统查到其工艺参数，输送到运算程序，并与采集到的数据进行比较，然后发出调节信号给执行单元。执行单元收到信号并改变运行状态，使抛丸机运行参数与给定的工艺参数一样。抛丸机的执行单元包含抛丸器调节、抛丸阀调节、副室设备调节、喷漆调节和烘干调节。

① 抛丸器调节。抛丸器调节通过变频器实现，变频器可以调节的工艺参数是抛丸速度和抛丸器选择。抛丸机智能控制系统通过采集的工件位置信息决定需要运行的抛丸器和需要的运行速度，通过把信号施加到对应的抛丸器驱动变频器上，实现最终功能。

② 抛丸阀调节。抛丸阀调节是根据位置信息和反馈的电流，开关抛丸阀和改变抛丸阀的开度，使反馈的电流等于给定电流值，这与工程机械抛丸机智能控制系统原理一样。

③ 副室设备调节。副室设备包含收丸螺旋、滚刷和吹扫装置，这些装置可以通过驱动装置上升或下降，从而改变自身高度，使其等于当前工件的高度。副室设备采用编码器检测当前的实际高度，使用伺服驱动系统调整设备的实际高度，当检测到的实际高度与工艺参数传递过来的高度不一样时，伺服驱动系统立即调节实际高度，使其与给定高度一致。

④ 喷漆调节。喷漆调节需要调节喷枪的高度和移动速度，以及终点的停留时间和开关喷枪的时间。喷枪的高度一般通过电动推杆的伸缩带动喷枪上下移动来改变，推杆带有位置反馈，通过位置反馈获得当前实际高度数值，智能控制系统调节该数值，使其运算得到的实际高度等于给定数值。

当采用伺服驱动速度控制模式时，喷枪移动速度由喷漆工艺决定，喷漆工艺指定了油漆配比后，喷漆厚度就与喷嘴尺寸和移动速度有关，当喷嘴尺寸选定后，喷漆厚度仅和喷枪移动速度有关，因此，每种工件都需要有一个移动速度的参数。当移动速度确定后，需要根据工件在辊道上的移动速度，确定喷枪在两端的停留时间，以确保喷枪喷过的幅度刚好等于或两倍于喷涂一个来回工件从辊道上走过的距离。

两端的停留时间计算为

$$t_0 = 0.5(D/V_1 - 2S/V_0)$$

式中 t_0——两端的停留时间；

      D——喷枪喷幅；

      V_1——辊道输送速度；

      S——喷枪移动距离；

      V_0——根据漆膜厚度计算的喷枪移动速度。

采用编码器计数方式控制喷枪开关时间的基本原理是：调试时，移动喷枪从一端到另一端，记录走过的数值，假设为 A；工件进入喷漆室前，测量得到工件的两个边缘距离起点的位置，根据此数值与总宽度的比率关系换算为编码器的计数值，假设第一个边缘计数值为 b_1，第二个边缘计数值为 b_2；喷枪在零点时，计数值以 B 表示（$B=0$）。理论上，当喷枪移动的计数值等于 b_1 时，喷枪到达工件边缘 1，此时开始喷漆；当喷枪移动的计数值等于 b_2 时，喷枪到达工件边缘 2，此时需要停止喷漆；当计数值大于等于 A 时，表示喷枪小车达到最大位置，此时根据程序计算在此等待 t_0 时间，然后反向回到零点。喷枪回到零点，清除当前计数数值，然后等待 t_0 时间，重新开始新的喷漆循环。实际使用中，由于喷枪的开闭需要时间，因此应对理论计算的数值进行修正，使开枪和关枪的时间都有提前量。

喷漆计算还包括喷漆工作延时计算，由于工件位置传感器安装在喷漆室前面，喷漆室内没有传感器，因此需要根据辊道的移动的速度计算工件头部到达喷漆区域和工作尾部离开喷漆区域的距离，该数值可通过对辊道上安装的脉冲轮进行计数来反映。

7）工作流程。

① 喷漆准备。接收工艺信息，喷枪高度调整、喷漆速度给定。

② 数据计算。工件到达，进行位置测量，同时根据测量结果和提取数据，计算开枪、停枪脉冲数据，开启往复运动，开启漆雾处理，开启辊道计数。

③ 自动喷漆。工件头部到达喷漆区，按照开关喷枪数据进行喷漆。工件尾部离开喷漆区，停止喷漆。

④ 漆雾处理。喷漆稀料含有有害的挥发性有机物，这些挥发性有机物如不经处理而直接排入大气，会造成严重的环境污染。漆雾处理系统用于除去喷漆过程中多余的油漆粉末和消除油漆挥发性有机物，保证附近空气质量和安全。漆雾处理常采用岩棉过滤+活性炭吸附方式。漆雾风机运行后，喷漆室气体被引向漆雾处理器，气流中的大颗粒首先被岩棉过滤，含有挥发性有机物的气体则逐次经过活性炭层，挥发性有机物成分被活性炭吸收，干净空气排放到大气中。活性炭吸附存在饱和问题，因此经过设定的时间后，需要对活性炭进行脱附处理，依靠较高的温度将挥发性有机物再次释放出来，然后在催化燃烧炉中进行低温催化燃烧，形成无害的气体并排放到大气中。催化燃烧方法是一种实用简便的有机废气净化处理技术，它是借助催化剂使有机废气在较低的起燃温度下进行无焰燃烧使有机废气分解为无害的二氧化碳和水蒸气，又称为催化完全氧化或催化深度氧化方法。

将挥发性有机物的活性炭吸附单元做成几个独立单元且并列运行，当吸附活性炭饱和后，进气阀关闭，脱附阀打开，热空气进入封闭的单元并被加热，挥发物从活性炭中分离出来，再次与空气混合。这些混合气体被引入催化燃烧室，在催化燃烧室内，有害气体被催化进行低温燃烧，转化成无害气体和水蒸气，并继续加热空气，这些空气再次被引入活性炭室，继续加热活性炭，使更多挥发性气体释放出来。如此循环，直至活性炭完全脱附，再次投入使用。

漆雾控制系统采用独立的 PLC 做成独立的控制系统。预处理线根据处理需要与其动作连锁，控制其运行和停止。

8）烘干系统。烘干系统包含烘干风机，循环风机、加热装置。烘干系统一般采用电热管加热方式，耗能大。它采用独立的 PLC 制作成一个单独的控制系统，接收智能控制系统的系统起停、温度等控制参数，反馈给智能控制系统温度实际数值。

9）数据存储显示系统。数据存储显示系统包含工艺计算机、设备服务器和现场触摸屏，其工作原理与工程机械抛丸机智能控制系统相同。

第7章

抛丸机的安装、使用与维护

7.1　抛丸机安全使用要求

抛丸机的安装、调试、使用、维护人员必须阅读随机资料中的安全操作说明之后，操作使用相应的设备。

7.1.1　安全使用须知

1. 安全警示标志

一般在抛丸机的相应位置都有相应的"安全警示标志"，并且配有文字说明。警示的内容是可能出现的危险因素，操作人员必须遵守操作规程以保障作业安全。无视警示标志提示进行误操作后，有导致人身伤亡事故的危险。对"安全警示标志"，应定期检查、清扫，保持其表面清晰、醒目。警示标志的安装位置不得随意变动。

常见的安全警示标志与对应的描述见表7-1。

表7-1　常见的安全警示标志与对应的描述

安全警示标志	描述
	危险 为了保证安全，务必要认识和理解所有的警示标志，以及在操作过程和观察过程中可能发生危险的部位和危险类型，采取相应的应急防护措施
	只有当设备关闭，且主开关关闭并用挂锁固定后，方可进入此内
	由于地上有散落的细小丸料，人站立此处可能会滑倒，导致受伤 操作人员要始终着穿防滑劳保鞋。要定期清理地面，清理散落的丸料
	存在被飞溅丸料打伤、飞溅入眼导致眼睛受伤或失明的危险 只有在机器关闭处于安全模式时，才能打开门或盖

（续）

安全警示标志	描述
 ⚠ 危 险	四肢可能会被运动部件卷入卡住，造成肢体伤害 只有机器关闭至安全模式时，才能打开或移除防护装置
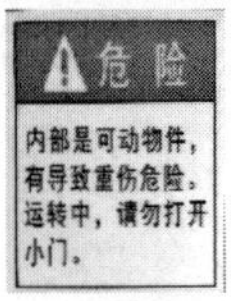 ⚠ 危 险 内部是可动物件，有导致受伤危险，运转中，请勿打开小门。	运动部件可能会有卷入的危险，随意碰触可能会导致肢体被卷入损伤 当机器关闭处于完全安全状态，主开关关闭状态且被固定时，方可打开防护罩和外壳盖板
 ⚠ 警 告	飞溅物料有伤害眼睛的风险，必须戴好防护眼镜

2. 安全装置

1) 为保证安全有效的作业，该设备装有机械式或其他方式的安全装置、保护装置及电器式互锁装置。这类安全装置失效时不得进行作业。

2) 使用该设备之前，必须检查这些安全装置是否在规定的位置，以及动作是否正常。

3) 进行维护、检查卸下安全装置后，应按照要求复原，否则可能导致重大安全事故。

4) 常见的安全装置有各种安全防护罩及防爆罩壳、各个安全传感器、接近开关、行程开关等。

3. 安全注意事项

1) 机器周围撒落地面上的弹丸应及时清扫，以防滑倒伤人，造成事故。每班工作后，都应将机器周围的弹丸清扫干净，做到日产日清。

2) 在抛丸器工作时，任何人员都应该远离室体（尤其是安装抛丸器的一侧）。

3) 链条或三角带等传动装置的防护罩，只有在检修时方可拆卸，检修工作完毕后应重新安装好。

4) 在设备维修时应切断设备的总电源，并在控制台相应部位做好标记。

5) 每次开机前，操作人员都应通知现场工作人员做好准备。

6) 设备工作时，如遇紧急情况，可按急停按钮，使机器停止运行，避免发生事故。

7.1.2 安全规范与禁止操作

必须根据相应的操作规范来操作抛丸机，如不按照使用说明书规定的规范进行操作，可能会导致设备损坏和人身伤害。

严禁以下不符合规范的操作：

1) 工件的尺寸超出设备允许的最大尺寸。

2) 清理与设计目的不相符的材料。

3) 超出正常运行的各项技术参数。

4）清理潮湿或过热的工件。

5）清理带有易燃物质（如油、溶剂、涂料）的工件。

6）使用未经认证厂商所提供的不合格零部件。

7）未经专门培训人员擅自操作机器。

8）安装设备的地基不符合设备安装和运行要求。

抛丸机应严格按照先进的技术条件和公认的安全规范进行设计。然而，在操作过程中，用户或其他第三方操作使用不当，可能会导致设备损坏或其他财产损失。

只有根据规范操作设备，时时注意安全，及时排除隐患，才能保证安全。

表 7-2 列出了需要遵守的安全规范。

表 7-2　需要遵守的安全规范

不要做的事情	必须做的事情
不要穿戴不合适的工作服，否则有可能被卷入	应穿戴适合本作业的服装
身上不得带有可能被机器缠绕、卷入之物	工作时，必须摘下领带、装饰品等
不佩戴必要的保护用具不得进行作业	佩戴规定的保护用具进行作业
设备周围不得放置妨碍工作的多余物	设备的周围要保持整洁
在通道上不得放置杂物	确保通道畅通，以防突发的危险
不得在昏暗处进行作业	要保证作业现场光线明亮
不熟悉、不了解设备的人员不得进行作业	定期进行教育、培训，使作业人员、监督人员充分了解设备
身体不舒适时，不得勉强作业	作业前，管理人员应确认操作人员的健康状况，身体不适的不得进行作业
作业前未检查设备，不得进行作业	作业前应进行检查、确认安全。检查时，人员间要相互联系发声呼应
设备周围严禁用火	设备周围严禁用火。进行维修必须用火时，应先撤走可燃物，并准备好灭火器材再进行作业
安全装置失效不得运转设备	运转前，确认安全装置完整有效
已知设备有故障后，未经修理不得带病使用	立即停止作业进行维修，并与负责人联系，采取处理措施
设备在运转中不可触及可动部分	应等设备停止运转后，再触动可动部分
设备在使用中不得进行加油、调整、清扫工作	需要进行加油、调整、清扫时，要停下设备，按照规定的步骤进行
设备在运转中，当发现机械动作有异常时，或判明有必要采取措施时，不得把身体探入机内	按"紧急停止"按钮使设备停止运转，与负责人联系，按规定的安全作业顺序采取措施
不能一人进行检查、修理工作	两人一组进行检查、维修作业，并要指定一名组长，作业时要采取安全防护措施并进行监督，钥匙由组长携带
钥匙还插在设备上时，不得进入设备内	要进入设备前，应断掉所有的动力电源，并拔下钥匙将其保管好
未释放油、气残压，不得进入机内	进入机内前，必须先释放油、气的残压，断开油压、气压源，并固定好
因重力，部件有松动、下落风险，未采取措施，不得靠近	采取用安全挡块、安全工具进行固定防范措施

（续）

不要做的事情	必须做的事情
保养、检修作业后，未确认全员安全之前，不得开机运转	全体有关人员集合点名，确认危险区域没有遗留人员后，再开机作业
使用过的工具、材料忘在机内时，不得运转设备	确定工具、材料的保管地点，确认数量无异后，再运转设备

7.1.3 管理措施

1）确保设备使用说明书摆放在抛丸机操作现场附近。

2）按照使用说明书规定的时间定期进行设备检查。

3）除了落实使用说明书中的规范操作和安全措施，还应依据其他法律法规所规定的事故预防和环境保护要求来指导本企业的员工工作。

4）操作人员必须在操作设备前认真阅读使用说明书，特别要注意安全说明。不允许没有阅读使用说明书的员工，尤其是没有抛丸机操作和维修经验的人员进行操作。

5）抛丸机上所有安全警示标志必须安装在醒目的位置。

6）抛丸机出现安全规程和使用说明书上没有的问题和故障时，要立即停止设备运行，并报备值班人员和部门主管。

7）设备安全是一项很重要的事项，未经商讨批准不允许修改、增加或重建设备部件！安全保护装置的装配也是同样的要求。

8）易损零件的更换必须符合原有零件固有的各项技术参数要求。

9）按照规定和使用说明书定期维护设备！

7.1.4 操作人员资格

1）操作人员必须经过培训和指导，能清楚地了解操作、维修、保养等各自的岗位职责。

2）分管设备的员工必须是具有相关资质的专业人员。

7.2 抛丸机的安装

7.2.1 通用安装指南

1. 运输及吊装指南

1）抛丸机在发货出厂时，一般已按运输条件尽可能地组装成为若干功能部件。整机的安装应在技术人员的指导下进行。

2）抛丸机主体及其拆下部件的运输和吊装应采用合适的起重工具，在预设的吊点进行。

3）设计图中一般会载明总体的数量和需要搬动部件的规格，以便选用最合适的工具。

4）建议在搬运过程中的周边区域留出足够空间，避免与施工空间内的固定部件或建筑结构（廊柱、墙板、已安装好的设备、车间内的预制办公房等）发生碰撞。

5）搬运的设备主体及其拆卸下来的全部组件应当固定好，同时须检查是否还有靠放的物件或工具。在搬运过程中，它们可能会倒下，给人员安全带来风险。

6）抛丸机及其拆卸下来的部件，包括机械和电气组件（变速箱、齿轮、电动马达、限位开关、电气接线盒和电缆），要保证搬运时不会受到撞击或打击而导致损坏，因此搬运应当慢速谨慎地进行。

7）在要搬运的部件中，尤其要注意配电箱，因为它所配备的装置特别精密，一旦有磕碰，会造成较大损失。

2. 抛丸机地面固定的要求

1）放置地点：抛丸机运至安装地点后，应摆放在较平整的地面上。设备所有零部件都不能露天放置，以防抛丸机生锈及电气元件损坏。

2）检查地基：在设备安装前，应首先根据基础图检查地基的施工情况。应以零平面为基准，检测每个安装位置是否符合图样要求并做记录，同时建筑人员应根据基础图用墨线在地面上画出安放设备的位置线，以供安装设备时参考。

3）零部件的检查：按照抛丸机装箱单，由指定人员检查抛丸机的各零部件是否齐全，运输过程中是否有损坏。若发现抛丸机的物品有缺损，需联系生产厂家补发相应货物。

4）抛丸机，包括工作舱及底部支承架，应当置于完全水平的地面上，不向任何一面倾斜。应当通过浇注钢筋混凝土，并加以平整，来制作支承基座，工作舱的底板应当直接固定于其上。

5）地面锚定可以采用化学锚定垫块或螺旋锚定器，其尺寸和数量在相应使用手册的基座图中有记载。当安装锚定垫块时，要十分谨慎地遵循供货商的指示，在将其固定于地面之前，可以进行一次实验性装配。

6）应当根据设备生产厂家提供的基座图来布置、安装设备。

3. 组装和装配条件

1）运输抛丸机时，一般会分成几部分；运抵目的地后，应当完整地安装各个部件。

2）抛丸机必须在设定的地点组装。抛丸机组装必须有设备制造商授权的专业人员进行。

3）安装工人应当在最佳的安全条件下工作，具备相应的装备（如起重机、高空升降机、叉车、防护服、头盔、护目镜、手套、安全鞋、高空作业安全带等）。

4）抛丸机应当安装在不会受恶劣天气影响的环境中，置于平整的地面上，符合运行要求的位置上。

5）除了运行要求，抛丸机的安置应当考虑各个方位的可通行性，以便拆卸和维修，因此在设备周围应当有尽可能多的空间。

4. 合格的环境条件

抛丸机的使用环境应符合以下要求：

1）最低环境温度：−20℃。

2）最高环境温度：+45℃。

3）空气相对湿度：≤90%。

5. 电源条件

1）抛丸机的电气柜应由三相交流电供电：

2）需要一条独立的受保护的电路，电线从电气柜下方接出，穿过内部，连接到总开关。

3）尤其要注意三相的正确划分。

4）必须由专业人员进行电源连接，在最佳安全条件下施工。

5）在进行任何操作之前，确保电源已从电气柜源头切断。

6. 电气设备的安装

1）电气设备放置于电气柜中，电气柜应当放置在平面设计图指示的位置。

2）应当将电气柜牢固地固定在地面上。

3）电气柜和抛丸机之间的电路连接应当使用铜质阻燃软电线。

4）电线应当从一个接头连接至另一接头，不应有中间连接或焊接。

5）多极电缆的端头应当固定好，使任何过度的机械张力都无法作用于导体的端头。

6）可以参照电路图和接头端子板的接线图来识辨导线。

7）保护导体用黄色-绿色标明。

8）电线应当使用桥架、线槽、套管等进行机械保护。

7. 能源供应

1）抛丸机需要提供压缩空气和电能。

2）进气阀门是抛丸机压缩空气供给的切断装置。

3）供应抛丸机的管道段应当能够承受0.8MPa的压力，压缩空气应当是干燥、无油的。

4）压缩空气管路上应安装气体过滤器，防止气动设备被气路中的异物卡住而发生故障。

5）通过将电缆与配电箱的总开关连接来供电。

6）接地线应当连接到规范、有效的接地设备上。

7.2.2 抛丸机的安装与试车

本节以QH69型辊道通过式抛丸机为例，对抛丸机的安装与试车进行详细介绍。

QH69型辊道通过式抛丸机由抛丸室、密封装置、抛丸器总成、丸料循环净化系统、前后输送辊道、除尘系统和电气控制等部分组成。设备的安装应在生产厂家技术人员的指导下进行，按照顺序安装螺旋输送器、抛丸室室体、前后副室、前后输送辊道、提升机上罩、分离器、供丸装置、平台护栏及电气系统等。

QH69型辊道通过式抛丸机安装说明见表7-3。

表7-3 QH69型辊道通过式抛丸机安装说明

项目	安装说明
安装地点	设备安装后应该留有足够的空间，以便于检修设备、方便装卸工件。出于安全考虑，设备电气控制柜应与抛丸室体错开足够距离
周围环境	1）设备应该安放在避免雨淋、干燥的车间中，以防电气元件损坏、弹丸生锈板结 2）用户所配备的除尘系统，如无特殊要求可以露天放置，但须对电动机进行防护，避免雨淋 3）如果用户准备将设备放在车间外，应专门为设备制作简易车间，将设备有效地保护起来 4）还应考虑设备的维修方便、运送工件方便、对周围环境的影响等因素

（续）

项目	安装说明
⚠警告	切勿将设备安装在水可能会流到的地方
安装	设备出厂前已将抛丸室、抛丸器等部分组装成一体，整机安装时按以下顺序 1）将螺旋输送器放入地坑，组装好丸料输送及回收系统 2）抛丸室就位，铺设格栅和漏砂版 3）安装前后副室及输送辊道 4）安装提升机外壳，并将提升带装入提升机壳中 5）将分离器与提升机上部用螺栓紧固 6）将供丸闸安装在分离器上 7）将弹丸回用管插入抛丸室后面的钢管中 8）按除尘系统图连接所有的管路 9）按电气接线图将所有电动机和电气装置接上电源及气源
安装注意事项	1）抛丸机应牢固地固定在地基上，以防振动 2）螺旋输送器的螺旋轴安装后应转动灵活，与机壳不得有卡阻现象 3）安装时，室体与前后副室、检修平台、支架之间先用螺栓联接，然后现场配焊。焊缝采用连续焊，焊缝高度 6mm 4）安装时应张紧式提升机的提升带，提升机驱动链条的松垂度以链轮中心距的 2%~4% 为宜 5）安装时应涨紧抛丸器总成的传动带 6）安装调整后的各部件应转动灵活，不得有卡阻现象及尖锐的摩擦声 7）安装时应调节各蝶阀，使粉尘不外溢，并使分离器达到最佳分离效果
⚠警告	安装提升机时，应该调整上端主动带轮轴承座，使带轮保持水平，以免提升带跑偏，与提升机罩壳相碰撞

抛丸机安装完毕后，按表 7-4 步骤试车。

表 7-4　QH69 型辊道通过式抛丸机试车步骤

项目	具体内容
试车步骤	1）试运转前，必须先熟悉使用说明书中的有关规定，对抛丸机的结构、性能做全面的了解 2）仔细检查抛丸机的各部件是否连接牢固 3）按照设备使用说明书的要求进行润滑 4）开机前，应对各部件、各电动机进行单动试验，各电动机旋向应正确，提升带应松紧适中、无跑偏现象 5）单动设备没有问题后，可依次起动除尘器、提升机、螺旋输送器、抛丸器进行空运转试验，时间为 2~3h 6）应检查各电动机的空载电流、轴承温升、减速器、抛丸量是否正常，发现问题应及时查明原因，进行调整 7）若以上各步骤没有发现问题，从抛丸室大门处向设备中加入约 8000kg 的新弹丸。添加新弹丸时，务必要保持提升机和螺旋输送器运行，防止堵料 8）加负载正式试车 9）正式试车半天~一天后，可以交付工人使用
💡注意	补充新弹丸时，必须经过筛网筛选，不得有铁块、钢丝等杂质

抛丸器出厂时都被集成安装到抛丸室体上，抛射角度一般都已调好，如果现场发现抛射角度不合适，或者更换抛丸器配件后需要重新调整抛射角度，可参考以下要点：在调节抛丸器时，应注意抛丸器的定向套位置，应使被抛丸清理的工件完全被弹丸抛射区覆盖，否则会影响清理效率。定向套窗口的位置，可参考使用说明书所示位置进行安装，必要时可在一块木板上涂以黑墨或铺设一张厚纸，放在被清理工件的位置处。起动抛丸器，人工向抛丸器的进丸管中加入少量的弹丸，检查抛射带的位置，如抛射区位置不正确，应调整定向套，以获得理想的位置为准。

7.3 抛丸机的初次使用

7.3.1 使用注意事项

1. 预期用途

抛丸机根据不同的工业用途设计并制造，所用的材料可以承受机器的正常使用。仅限使用规定的磨料类型和方法，清理规定规格、材质的工件，不得超出设计范围使用设备。

2. 禁止使用

1）不允许使用抛丸机清理规格、材质不符合规定的工件（如塑料、木质、陶瓷、钛、铝等材质的工件）。

2）不允许采用与指定用途不符的方法使用抛丸机。

3）不允许使用与操作手册规定不符的磨料，无论是尺寸、类型，还是材质。

4）不允许对初始温度高于设计最大承受温度的工件进行表面处理。

3. 使用抛丸机需要做到以下要求

1）运转、维护、检修设备前，请务必事前阅读其使用说明书，并充分理解其内容。在充分理解相应使用说明书之前，请不要操作设备。

2）运转及维护检修时，必须按照使用说明书中记载的注意事项及贴在设备上的警告牌和注意标牌的指示进行。

3）要使用设备制造厂商制造或认可的零部件。

4）运转前须确认设备危险区内没有工人。

5）运行时请勿触摸设备可动部件。

4. 抛丸机使用前的准备

（1）人员准备

1）检查身体健康状况，是否适合作业。

2）应穿戴适合本作业的服装。

3）劳动保护用具齐全。

4）认真阅读并准确理解使用说明书中的安全注意事项。

（2）运转准备

1）设备安装、配线、配管结束，达到运转状态时，要先起动各个部分，确认电动机转向及各部分动作。

2）根据不同装置空运转 2~3h，检查电动机、减速器、轴承等是否过热现象。

3）采用手动运转，检查各限位开关、保护开关及气动阀门等控制部件的动作是否正常。

4）在检查各部分及动作状态时，应参照起动顺序，起动弹丸循环装置，把弹丸流量调节装置的闸板全部关闭。

5）加丸量因机型的不同差异很大。随着设备的使用作业，钢丸逐渐消耗，所以应根据开机工作时间，准备一个月的弹丸用量。弹丸消耗量因弹丸种类等其他条件的不同而有差异，大体基准是 $0.15 \sim 0.3 kg/kW \cdot h$。

6）抛丸器抛射的弹丸通过下部螺旋被输送到提升机，提升机将弹丸提升到分离器，经过分离的弹丸进入储料仓。

7）当各部分都充满弹丸时应停止添加。起动抛丸器，待抛丸器达到设定转速后，开启弹丸闸门，此时弹丸由流丸管进入抛丸器。

8）抛丸量是通过电控柜面板上抛丸器电流表的示值来判断。调节闸板的开度，使电流表指针示值处于电动机额定电流值。

9）调整抛丸量时，如果弹丸积存在抛丸室某处，各抛丸器的抛丸量就不稳定，所以需要再补充弹丸，以达到设定的电流值。待电流表指标达到稳定状态后，可先试抛适当的试验工件，确认清理效果。

10）产品的清理效果可通过设定抛射时间的办法来控制。

11）抛丸器对产品的抛射角可用调整定向套的方法来控制。

停机时应参照相应的停机顺序，待各装置全停后，方可检查设备的有关部分。

（3）运转中

1）不得触及可动部件，以免夹住、卷入，导致重大事故。

2）设备在使用中，不得进行加油、调整、机内打扫（不得进入机内）。

3）不得触及除紧急停车和特定以外的按钮。

4）异常停车时的处理。

① 当出现异常声音、不安全的动作等异常征兆时，要按下电气控制柜或现场操作台上的"紧急停止"按钮，使其停车。

② 当异常停车时，也要按主操作盘的"紧急停止"按钮，使其停车。

③ 需要紧急停车时按"紧急停止"按钮。

④ 根据异常的情况，当需要进入机内时，要先关闭电源、气源，并拔出主操作盘的钥匙，排除残留气压。

⑤ 与负责人联系。管理监督人员按照安全停车顺序停车，在彻底消除潜在危险、切断危险源之前，作业人员不得进入机内或触及设备。

（4）运转完后

1）按照停车顺序使设备停车，切断控制盘的电源。

2）停车后拔下主配电盘的钥匙，由负责人保管。

（5）机器停止后的作业

1）对机器周围进行清扫、整理，确认机器是否有异常、机器内是否有异物。

2）清理除尘器、集尘箱及接砂箱内的废料。

7.3.2 抛丸机的日常操作

本节将以 QH69 型辊道通过式抛丸机的日常操作方法为例，详细介绍抛丸机的工作原理及工作程序。

1. 工作原理

进行抛丸清理工作时，先将除尘系统、分离器、提升机、螺旋输送器、辊道系统、吹扫系统等依次起动运行后，再开启抛丸器，设备进入预备工作状态。

首先，在抛丸室外的进料辊道上装载工件，工件通过辊道前进，然后沿辊道进入抛丸室。在抛丸室入口设有检测装置，检测到工件进入抛丸室后，供丸闸阀自动打开，开始对工件进行抛丸清理。工件一边前进，一边接受弹丸击打，以清理工件表面的铁锈和污物，然后进行吹扫，最后进入出料辊道，工件便一次性清理完毕。

工件完全离开抛丸室后，在出料辊道上将工件卸下。

重复此过程，直至工作完毕，按顺序停机。

2. 工作程序

抛丸机的操作可分为手动操作与自动操作两种状态：手动操作顺序与自动的一致。

通过操作面板上的手动/自动旋钮来切换手动操作与自动操作两种状态。

（1）自动开机程序　按自动起动按钮，下列项目按顺序起动：抛丸室除尘风机→分离器→提升机→横向螺旋输送器→纵向螺旋输送器→辊道系统→吹丸系统→各抛丸器。至此，机器已起动，可以开始处理待抛丸工件。

（2）工作循环程序

1）上料工人将待抛丸工件放在输入辊道上并对正。

2）给出上件完毕信号，并顺序起动输出辊道、抛丸室内辊道、输入辊道。

3）抛丸室前检测开关检测到工件前端。

4）抛丸室开启抛丸器供丸闸，对工件进行加工。

5）吹扫系统开启，对工件进行吹扫。

6）工件离开抛丸室体，进入输出辊道，行走至下件工位。

7）下件工人吊走工件（工件进入尾端光电开关检测范围，则执行暂停程序）

8）若继续工作，转第 1）步。

（3）关机程序　按自动停止按钮，执行完毕本次循环程序，下列项目顺序停止：抛丸器→吹扫系统→横向螺旋输送器→纵向螺旋输送器→提升机→分离器→辊道系统→除尘风机，整机工作停止。

7.4 抛丸机的检修及润滑

为了防患于未然并保持设备的性能，对抛丸机进行经常性的检修是非常重要的。抛丸机的检修人员应当经过合格的培训，了解相应的操作手册，掌握相关信息，知晓可能会遇到的风险及应对措施，才能进行设备检修作业。

7.4.1　检修的注意事项

1）不得 1 人进行维护检修作业，须 2 人以上并定出组长，2 人相互监护进行。

2）进行维护检修作业时，必须通知管理监督者、作业者及周围作业者，同时还要挂"检修作业中"的标识牌。

3）使用和维修抛丸机的工作人员，应当参照现行的劳动安全和卫生法规，采取相应的劳动防护后，才可以进行操作。

（1）进入机内进行维护、检查作业时要做到以下几点

1）要切断所有的电源、液压、气源，以免设备突然动作，将人卷入。

2）可能的滑动部分要固定好，关闭液压、气压主控阀门，并释放残压。

3）作业负责人或指定的负责人要拔下设备的开关钥匙，一直保管到确认作业完毕时。

4）要确认所有的开关、阀门都处于关闭状态。

5）通过起动按钮、阀门的操作，检查确认设备的每个部分都不能动作。

6）所有可动作的部分，都要保证不能进行操作，并要挂出告示牌。

（2）进入机内进行设备动作检查时

1）确认机内是否有人，设备突然动作可能导致人员卷入。

2）遵照负责人的指示，发声确认安全后再进行作业。

3）起动设备之前，通知全体人员，确认全体人员安全后方可起动设备。

4）不得随意进入机内。

5）设备在运转中，不得触及设备，并且不得进行修理、调整。

（3）维护、检查作业完成后

1）卸下的门、安全罩等保护装置，要恢复原状。

2）要确认设备内是否留有工具、部件等。使用火种后要进行检查。

3）作业完成后，作业的负责人要召集并确认全体人员是否均已离开危险区域。

（4）抛丸材料的管理

1）应使用指定规格的弹丸。因弹丸是消耗材料，所以根据开机作业时间要适时补充。

2）如果抛丸材料上粘有油脂类物质可能导致流动性变差，并有可能引起除尘器内着火。所以加油时要充分注意。

3）如果抛丸材料上粘有水分会引起锈蚀，并会造成结块，因此要特别注意保持抛丸材料的干燥，如长时间不用，应将其取出，妥善保管。

（5）检修计划

1）预防性的定期维修应当由专业人员进行，某些简单的维修或检查也可以让机器操作人员执行。总之，应当遵守时间规定。

2）维修人员应当遵循操作手册附带的"预防性定期维修计划"中的规定，其中规定了正确的维修方式和所需时间。

3）维修人员必须经过培训，配备有符合规定的个人防护装备。

7.4.2　抛丸机的定期检修

由于抛丸机本身的特点，为了使其保持高效、连续的运转，必须做好设备的定期维护保

养与安全检查工作。

1. 抛丸机预防性维护必检项目（见表7-5）

表7-5　抛丸机预防性维护必检项目

序号	项目	日检	周检
	抛丸器		
1	检查叶片、分丸轮、定向套，并根据标准及时更换		■
2	检查抛丸器护板是否严重磨损和错位		■
3	检查定向套指针位置，确保抛射带合适		■
4	检查进丸管密封垫，以免磨料流失	■	
5	1）检查抛丸器电流表读数，确保弹丸流量 2）不要超过额定电流	■	
	分离器		
1	清理分离器内筛网上的杂物	■	
2	清除块状金属物和其他杂物。在磨损出现漏洞之前更换或维修	■	
3	检查壳体上漏洞，根据需要修补	■	
4	检查隔板和溜板的磨损，如有必要及时更换		■
5	检查分离器的流幕是否均匀和形成满幕帘		■
6	检查细粉管和大块料管中是否有合格弹丸		■
7	检查通风管道		■
	弹丸循环系统		
1	1）检查提升带张紧、螺栓、接头是否合适等 2）通过观察口用手将提升带移到一边。如果提升带的移动量足够大，使料斗能碰到侧板，提升带必须重新张紧 3）安装新的提升带后，必须对所有的料斗和连接螺栓在运转了约200h之后进行检查，并重新紧固		■
2	检查提升机带轮的磨损和跑偏情况		■
3	更换磨损或脱落的提升斗和螺栓		■
4	检查螺旋和振动输送器的磨损和外来异物		■
5	维持储丸斗的适量弹丸储存	■	
	抛丸室和工件承载		
1	检查抛丸室护板，在打穿前更换	■	
2	检查工作门门帘和毛刷的磨损，以免磨料泄漏	■	
3	检查底板栅格，如有漏洞及时修补		■
4	清除底板栅格上的杂物，以保证磨料回用	■	

（续）

序号	项目	日检	周检
	除尘系统		
1	检查套管接头，以免空气、粉尘等泄漏		■
2	检查除尘器布袋上的粉尘，看反吹机构		■
3	检查压力表读数是否正常	■	
4	倒空除尘器灰斗	■	
5	检查灰斗门，以防空气泄漏	■	

2. 抛丸器易损件更换判定标准和更换要领（见表7-6）

表 7-6　抛丸器易损件更换判定标准和更换要领

名称	更换判定标准	更换要领
叶片	磨耗到最小厚度低于 3mm 时	1）取下导入管、定向套、分丸轮 2）打开顶盖，用锤向中心敲打叶片尖端，使其可以拔出 3）放入叶片，固定 4）安装好分丸轮、定向套，固定导入管，盖上顶盖，更换操作结束
定向套	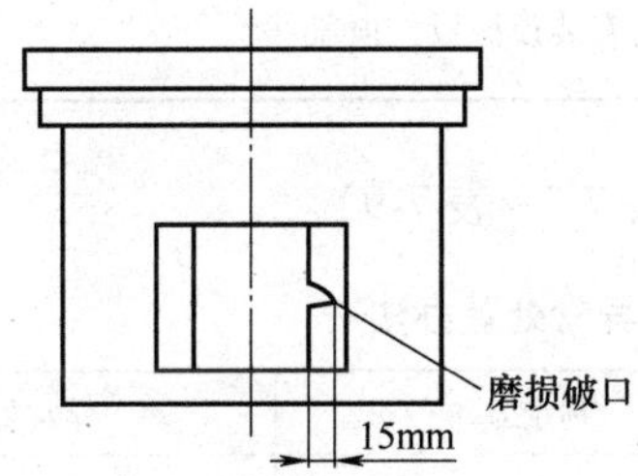 **磨损破口** 15mm 窗开口部位磨耗 15mm 以上并扩大时	取下导入管，更换新件，恢复原状 注：更换定向套后，要保证更换后新定向套窗口的位置与原位置相同；因弹丸挤住而取下困难时，用锤等工具轻敲边缘，这样拆卸会容易一些
分丸轮	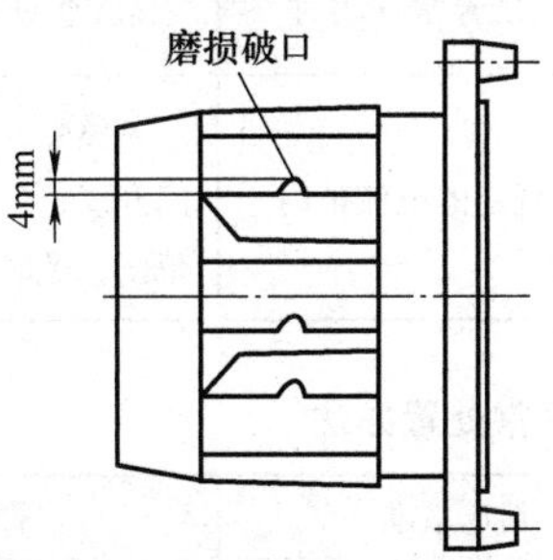 **磨损破口** 4mm 窗口部磨耗 4mm 以上并扩大时	1）取下导入管、定向套 2）拔下中心螺栓便可取出，更换新件，恢复原状
顶部护板	因磨耗出现坑洼并加剧，如果再发展下去会开孔时	打开顶盖，松开止动块，即可取出
端护板	因磨耗出现坑洼并加剧，如果再发展下去会开孔时	1）取出顶盖、顶护板 2）取出固定用的调整螺栓，即可拆卸更换

（续）

名称	更换判定标准	更换要领
侧护板	因磨耗出现坑洼并加剧，如果再发展下去会开孔时	仅导入管侧更换时 1）取出顶盖、顶护板、端护板 2）取出导入管、定向套 3）取出定向套固定用支架 4）取出侧面护板安装螺栓，拔出垫板，即可取出 两侧都更换时 1）取出顶盖、顶护板、端护板 2）取出导入管、定向套、分丸轮、叶片 3）取出定向套固定用支架 4）取出侧面护板安装螺栓，拔出垫板，取出导入管侧的护板 5）取出轴承侧护板安装螺栓，即可取出护板 安装顺序 1）安装轴承侧的侧护板 2）放入导入管侧的侧护板，安装定向套固定用的支架 3）放入垫板，与侧面护板一起连接安装 4）安装端部护板，此时如果和侧面护板结合处有错位，则可松开侧面护板安装螺栓，调整侧护板位置 5）安装叶片、分丸轮、定向套，固定导入管 6）安装顶护板、顶盖

3. 抛丸机日常检查项目及异常处置办法（见表 7-7～表 7-9）

表 7-7　每天检查项目及异常处置办法

部位		点检项目	点检方法	判定基准	异常处置办法
抛丸器	抛丸器轴承部	运转状态	听声音、测温度	1）发生异常声音时 2）出现异常振动时	1）停机 2）查明原因
	电动机电流值	电流值（抛丸量）	看电流表	超出规定的电流值时	调整弹丸流量调节装置的阀门开度，将电流值稳定在要求范围。及时补充丸料

表 7-8　每周检查项目及异常处置办法

部位		点检项目	点检方法	判定基准	异常处置办法
抛丸器	抛丸叶片	磨损	目测	1）被弹丸磨出沟形时 2）局部磨损时 3）壁厚 3mm 以下时 4）出现振动时	1）翻转叶片 2）更换叶片（8 片同时）
	分丸轮	磨损	目测	抛射窗磨损 4mm 以上时	更换部件

（续）

部位		点检项目	点检方法	判定基准	异常处置办法
抛丸器	定向套	磨损	目测	抛射窗磨损 15mm 以上时	更换部件
		刻度偏离时	目测	1）内外每项磨损 1/2 以上时 2）刻度偏离时	对准刻度后，固定好
	中心螺栓	磨损	目测	角部磨损，不能用扳手时	更换部件
	传动带	松弛	听声音	抛丸时	调整电动机活节螺栓
	抛丸器轴承部	运转情况	1）听声音 2）目测	1）发生异常声响时 2）出现异常振动时 3）出现异常高温时（室温 50℃ 以上）	1）停机 2）查明原因
管路	管路	是否漏尘	目测	不得漏尘	调整
提升机	提升带、螺栓	松动、磨损	目测	不可使钢丸逆流	1）张紧提升带 2）查明原因
	提升带	1）张紧状况 2）蛇行	目测	1）用手压带体松弛约 100mm 2）输送料斗无碰挡 3）提升带应在带轮内	1）更换备件 2）对带的松紧进行调整
	减速机	运转状况	1）听声音 2）测温度	1）不得有异常声音 2）温升在 50℃ 以内	1）停止 2）查明原因
		润滑状态	目测	以油标线确定油量	加油
分离器	螺旋片	磨损	目测	1）不得有磨损孔 2）不得有明显变形	1）校正 2）更换部件
抛丸室门	门体	漏丸	目测	丸料不应频繁飞散	更换密封件
	开关制动块	1）松动 2）位置偏移	检修手锤	1）不可松动 2）不得有漏丸现象 3）门和回转轴不得有摩擦	1）更换部件 2）调整
	内面护板及安装螺栓螺母	1）磨损 2）松动	1）目测 2）检修手锤	1）被弹丸磨出孔 2）壁厚 2~3mm 以下时或出现不大的变形	1）更换部件 2）调整
其他	导入管	磨损	目测	不能有孔、漏丸	1）修补 2）更换部件
	上料斗	磨损	目测	不能有孔、漏丸	1）修补 2）更换部件

表 7-9　每月检查项目及异常处置办法

部位		点检项目	点检方法	判定基准	异常处置办法
抛丸器	导入管的安装	松弛	用手接触导入管，看是否松动	如果导入管松动时	调整到正常位置
	底板	安装螺栓松动	用扳手检查螺栓松动情况	如果螺栓松动时	调整到正常状态
	侧板及支撑螺栓	磨损	目测	1）因磨损造成不平衡，振动大时 2）侧板的侧面磨损量达到 2mm 以上时 3）支撑螺栓直径磨损 1/3 以上时	更换部件
	护板及抛射口	磨损	目测	因磨损，壁厚在 3mm 以下时	更换部件
	传动带	松弛	用手指下压检查	用 3kg 的质量下压传动带中部，下沉 10mm 以上时（或用张紧规测）	1）用 3kg 的质量压传动带中部，使其下沉 10mm 2）调整电动机拉紧位置
		龟裂	目测	传动带内周已经龟裂 2~3 层以上时	更换（传动带要同时更换）
	内面护罩	磨损、罩	目测	因磨损，壁厚在 3mm 以下时	更换部件
流丸闸门	闸门部	漏丸	目测	弹丸不应频繁飞散	1）修补 2）更换部件
	导入管	磨损	目测	不可磨透出孔	1）修补 2）更换部件
	安装螺栓	松动	检修手锤	如果螺栓松动时	调整到正常状态
提升机	料斗	磨损	目测	料斗壁厚磨损 15mm 以上时	更换部件
		破损	目测	出现裂纹	更换部件
	上下部带轮	磨损	目测	出现异常磨损	更换部件
	轴承部	轴承的状态	1）听声音 2）目测	1）不可有异常声音 2）防尘圈不可破损	更换部件
	提升带	1）磨损 2）安装状态	目测	内部不可漏出来	更换部件
抛丸室门	门	变形	目测	不可有变形	调整
	刚护板	磨损	目测	不可磨透，使弹丸泄漏丸	更换护板

（续）

部位		点检项目	点检方法	判定基准	异常处置办法
抛丸室	内护板	1）磨损 2）安装状态	目测	最小厚度 2～3mm 以下，间隙 3～5mm 以上	1）调整、修补 2）更换部件
	顶面护板	磨损	目测	不可磨透出孔	更换部件
	各安装螺栓	松弛	用锤子敲击检查	螺栓不应松动	紧固
		磨损	外观	边角已磨掉，用扳手无法紧固	更换
管路	管路	磨损	目测	不可磨透出孔	修补及调节蝶阀

4. 常见型号抛丸机的定期检查项目

对表 7-10 列出的事项必须进行日常维护作业。每天的运转时间以 8h 为单位，凡运转超过 1 天时，应相应缩短维修保养周期。

表 7-10　常见型号抛丸机的定期检查项目

	通用检查项目
日检	1）检查各检修门、抛丸室大门是否关闭严密 2）检查除尘管道有无漏气现象，除尘器中的滤袋有无灰尘或破损 3）检查分离器中过滤筛上有无积物，并及时清除 4）检查供丸闸阀是否能正常开启和关闭 5）检查抛丸器的振动情况。一旦发现机器有较大振动，应立即停止工作；检查抛丸器耐磨件的磨损及叶轮的偏重情况，并更换已损坏的零件 6）检查各限位开关状态是否正常 7）检查控制台上信号灯工作是否正常 8）关注抛丸清理质量，及时补充新弹丸：由于弹丸在使用过程中会磨损、破碎，应定期补充一定数量的新弹丸，尤其当被清理工件的清理质量不达标时，弹丸量过少可能是一个重要原因
月检	1）检查各部件连接处的螺栓紧固情况 2）检查传动部位运转是否正常，并润滑链条 3）检查风机、风管的磨损和固定情况 4）检查提升带的张紧情况，松弛时应及时张紧，以免发生事故 5）清扫电气控制箱上的灰尘 6）检查抛丸室内护板的磨损情况，若发现磨损或破裂，应立即更换，以防弹丸击穿室体壁，并飞出室体外伤人
季检	1）检查轴承、电控箱的完好情况，并加注润滑脂或润滑油 2）检查电动机、链轮、风机的固定螺栓及法兰连接的紧密性
年检	1）检查所有轴承的润滑情况，并补充新润滑脂 2）检修布袋除尘器，若布袋破损则更换，若布袋粘灰过多则清洗 3）检修全部电动机轴承，视情况做相应的处理 4）更换或焊补抛射区内护板 5）如有必要，对设备进行一次大修

（续）

专用检查项目	
Q32 型履带式抛丸机	检查履带、端盘的磨损情况，及时张紧履带
Q37 型吊钩式抛丸机	检查导轨、吊钩及自转系统是否正常
Q48 型悬链步进式抛丸机	1）检查导轨、悬链、吊钩及自转系统是否正常 2）检修悬链松紧程度，视情况做相应的处理
Q58 型通过式抛丸机	1）检查导轨、积放链、吊钩及自转系统是否正常 2）检修积放链松紧程度，视情况做相应的处理
QH69 型辊道通过式抛丸机	1）检查输送辊道是否正常运行 2）检查自动上下料机构运转是否正常 3）检查前后副室的密封条是否损坏，视情况做出相应的处理
Q76 型台车式抛丸机	1）检查台车是否正常行走 2）检查自转机构是否正常 3）检查台车轨道是否有变形、开裂 4）检查台车护板是否有破损、穿透
QGW 型钢管外壁抛丸机	1）检查进出料辊道是否正常 2）检查自动上下料机构运转是否正常 3）检查辊道 V 形轮磨损情况 4）检查抛丸室进出口密封情况
QT37 型吊钩通过式抛丸机	1）检查导轨、吊钩及自转系统是否正常 2）检查带机是否运转正常 3）检查电动大门和顶部密封是否严密

5. 机器存放条件

如果机器由于长期停工而需要存放时，应按照以下程序进行：

1）在正常使用的情况下，对机器进行整套常规维修，即使没有达到预定的小时数，也可以提前进行维护，以保证机器可以迅速高效地再次投入运行。

2）给所有的支架和所有的减速机仔细进行一次润滑，使用符合要求的润滑剂（参阅使用和维修手册中的润滑点示意图）。

3）将机器存放在干燥的地方，不要暴露于雨淋、霜冻和灰尘之中。

4）如果机器要被寄送，建议先将机器拆卸，每个部件分别用防潮箱包装（热封和真空的防潮袋覆盖），再放置于木箱中。

5）如果机器将被再次投入运转，建议在起动之前，更换所有减速电动机的润滑剂（尤其当机器停工 6 个月以上），对所有轴承和支架进行润滑。

6）抛丸机及其全套部件不适于露天存放。

7）将抛丸机及其拆卸下来的部件暴露在恶劣天气条件下，会损坏其机械和电气组件。

8）沉积在料斗、提升机和螺旋式输送器底座的冷凝物或水会导致机器故障，因为当机器装载了浸湿的弹丸后，会形成坚硬的凝块，难以去除。

基于上述说明，保护好机器的整套部件是十分重要的，如果达不到所要求的存放条件，应采用防水的包裹物。

7.4.3　抛丸机的润滑

1. 一般润滑说明

1）通常情况下，轴承不需要任何周期性润滑，轴承表列出的特殊轴承除外。

2）有缺陷的密封件或毡圈必须立即更换。

3）抛丸器由自动润滑器润滑。

4）正确按照润滑表的要求进行润滑，是抛丸机可靠运行的保证。

5）液压系统。液压油必须定期进行更换。旧的液压油必须先完全排空，清理液压油箱；必须使用同一类型的液压油；液压油的使用必须符合相关标准。

6）气动系统。必须保证压缩空气不含水和杂质。在压缩空气管路中安装空气过滤器和冷凝水过滤器。

7）轴承。轴承内腔用润滑脂填满，外腔添充润滑脂 30%～50%。如果轴承润滑脂过多时，不利于散热。

2. 通用润滑安排

机器在运转前，应按照相应的润滑安排对设备进行完全润滑。

各部件中的电动机、摆线针轮减速机、振动电动机等均需按减速机或振动电动机的润滑要求进行润滑，见表 7-11。

表 7-11　通用润滑安排

序号	检查部位	相应措施	频次
			运行时长/h
1	抛丸器电动机	检查滚动球轴承，更换润滑脂	10′000
2	抛丸器轴承	及时清洁并润滑油嘴，润滑脂符合 GB/T 7324—2010	4′000
3	1）螺旋驱动减速机 2）电动机	1）检查油位 2）更换齿轮油（符合 GB 5903—2011） 3）检查轴承，必要时更换	2′000 10′000 10′000
4	螺旋驱动承载轴承	清洁并润滑轴承油嘴，润滑脂符合 GB/T 7324—2010	10′000
5	螺旋轴承载轴承	清洁并润滑两个轴承油嘴，润滑脂符合 GB/T 7324—2010	10′000
6	提升机上部轴承	清洁并润滑两个轴承油嘴，润滑脂符合 GB/T 7324—2010	10′000
7	提升机下部轴承	清洁并润滑两个轴承油嘴，润滑脂符合 GB/T 7324—2010	10′000
8	1）提升机驱动减速机 2）电动机	1）详见减速机说明书 2）检查油位 3）更换齿轮油（符合 GB 5903—2011） 4）检查轴承，必要时更换	2′000 10′000 10′000

（续）

序号	检查部位	相应措施	频次 运行时长/h
9	风机电动机	1）见备件供应商信息 2）检查滚动球轴承 3）更换润滑脂（符合 GB/T 7324—2010）	10'000
10	振动筛电动机	1）见备件供应商信息 2）检查滚动球轴承 3）更换润滑脂（符合 GB/T 7324—2010）	10'000

7.5　抛丸机的常见故障及解决办法

作业人员在检查和排除故障之前，必须受过相关培训，熟悉相应的抛丸机。

故障检查和排除应当在危险区域之外进行。当必须进入危险区域作业时，应当采取合理的防护措施，尽量减少人员暴露于风险中的概率。

许多故障可以通过正确的定期维修来避免，同时建议严格遵循相关的维修方法和预防性定期维修表中的指示进行。

进行维修、部件更换之前，了解根本原因是最重要的，不然可能以后还会再度出现。机械的某部分有异常，可能还能继续运转，但对作业人员没有安全保障，也会造成产品性能下降或引起机械损伤。要将异常防于未然，发现异常立即维修是非常重要的。

抛丸机的问题一般表现在"弹丸消耗量增加"或"清理效果低下"。出现这种情况，应立即进行维修，保证设备一直在正常状态下运行。

本节提出了常见故障、预测原因及解决办法，如有自己解决不了的故障，可以联系设备制造厂商提供技术支持。

表 7-12 和表 7-13 分别列出了抛丸机通用故障及解决办法和不同类型抛丸机的特有故障及解决办法。

表 7-12　抛丸机通用故障及解决办法

序号	故障现象	预测原因	解决办法
		抛丸器	
1	异常振动、异音发生	抛丸器不平衡	侧板、叶片、分丸轮等磨损、裂纹，检查更换
		旋转部分与固定部分相碰	调整间隙
		轴承损伤	更换
		固定螺栓松动	紧固
2	漏丸	密封不良	检查调整、更换内盖侧密封件的装配情况
		抛丸器盖板紧固不良引起的间隙	调整紧固

（续）

序号	故障现象	预测原因	解决办法
		抛丸器	
3	电流值过低	弹丸循环量不足	补充弹丸
		导入管、提升机排出部、滚筒筛部被异物堵塞	点检、去除异物
		导入管等弹丸循环系统部件磨穿	修补或更换新配件
		提升带打滑	张紧提升带
		提升机料斗磨损、脱落，达不到提升量	更换、安装
		弹丸控制阀板设定不良	调整
		电流表破损	更换
		抛丸器传动带打滑	调整电动机，张紧或更换传动带
4	电流值过高、电动机过载、热保护跳开	弹丸控制阀板设定不良	调整
		轴承损伤	更换
		缺少润滑	补充润滑脂
		电流表破损	更换
		提升机	
1	提升带打滑	提升带拉长松弛	1）调整张紧 2）如没有调整余量时，更换提升带
		带轮磨损	更换带轮
2	提升带传动不畅	提升机下部箱内异物堵塞	定期检查，清扫（手不得伸入箱内）
		提升带和箱体碰擦	调整张紧，使提升带在轮中间
		带轮轴承不良	换轴承
3	提升机与外壳碰擦声	提升带张紧不良	调整张紧
4	提升带不在轮中心	带轮位置不良	左右调整
		提升带接头不良	接头直角，平行组装
5	驱动电动机超载、热保护跳开	1）因提升机排出部堵塞，丸料向室壳箱内倒流，造成下部轮埋在丸料里 2）料斗磨损、脱落，达不到提升量 3）补丸过量	1）除去异物，解除堵塞 2）卸开下部室壳掏出弹丸（手不得伸入箱内）
		电流表破损	更换
		分离器	
1	合格弹丸从排出管或除尘器排出	分离器风量过大	调整活门，减小风量
2	弹丸粒度过细、含有灰尘	分离器风量太小	调整活门，增加风量
		弹丸向分离器的下落层宽度不均匀	调整滑动板
		除尘器风量降低	调整活门，检查除尘器

（续）

序号	故障现象	预测原因	解决办法
		其他	
1	抛丸不良，抛丸所需时间延长	供丸量不足	如抛丸器电流值低于规定值时（参照抛丸器项）
		投射的弹丸力度不适当（异物未被分离净）	1）调整活门，加大分离器风量 2）检查分离器部分（参照分离器项）
		抛射区不对	检查、调整定向套刻度指向
		抛丸器、滚筒旋转方向不对	修正
		叶片、定向套、分丸轮磨损	检查、磨损、更换
		处理品的形状（长条、含砂量，形状不同）	用其他清理机进行清理比较
2	热保护反复起跳	1）热保护设定值不良 2）机械负载太大	通过电流表检查负载，与设定值进行比较；如电流值正常，热保护值不恰当，要再次设定；如还起跳，更换热保护器 电流值异常高时，查找原因
3	不能自动起动	没有自动起动条件（参照手动运转程序）	用手动操作，使之具备起动条件
		原位置端的检出开关未置于"ON"	调整
4	弹丸消耗量过多	漏丸	各密封处部件磨透，检查、更换、修补
		分离器风量过大	调整蝶阀
5	从抛丸室向外冒尘	换气风量过低	1）调整蝶阀 2）检查除尘器
6	抛丸器不能开启	大门关闭不严，未压合行程开关	检查或更换行程开关
7	运行过程中某电动机突然停止运转	断路器或热元件脱扣	检查各电动机相对应的电气元件
8	机器开车、停车动作不灵敏或不按规定动作	1）有关电气元件损坏或接触不良 2）时间继电器灰尘、污垢过多 3）电气箱灰尘、污垢过多	1）检查更换坏的元件 2）清理电气箱灰尘

表 7-13　不同类型抛丸机的特有故障及解决办法

序号	抛丸机型号	故障现象	检查与解决办法
1	Q32 型履带式抛丸机	抛丸室大门开关不灵；履带打滑	1）检查门轴润滑情况，加注润滑油 2）检查清理的工件是否超重 3）检查履带松紧程度，是否需要张紧
2	Q37 型吊钩式抛丸机	吊钩上下进出行走不灵活；吊钩不转或胶轮打滑	1）被清理工件超重或不足 2）电动葫芦损坏，检修损坏部位 3）减速机或线路故障，检查减速机和线路 4）限位或行程开关损坏，检查更换 5）检查自转装置是否正常啮合

（续）

序号	抛丸机型号	故障现象	检查与解决办法
3	Q48 型悬链步进式抛丸机	悬链不能正常运转 工作位置吊钩不转	1）减速机或线路故障，检查减速机和线路 2）检查被清理工件是否超重或不足 3）检查自转装置是否正常啮合 4）限位或行程开关损坏，检查更换
4	Q58 型通过式抛丸机	积放链不能正常进出；工作位置吊钩不转	1）检查积放链传动装置是否脱扣 2）检查动力电动机是否正常 3）检查位置传感器是否故障 4）检查大门限位开关是否正常
5	QH69 型辊道通过式抛丸机	辊道不转或工件打滑	1）检查链条是否松动，链轮是否损坏 2）检查被清理工件是否超重或过轻 3）检查减速机和线路是否正常 4）检查工件前进路线上是否有异物卡住
6	Q76 型台车式抛丸机	台车不转或不能正常行走	1）检查自转电动机是否正常 2）检查自转机构是否脱扣，链轮是否损坏 3）检查线路是否破损 4）检查导轨是否断开或变形
7	QGW 型钢管外壁抛丸机	辊道不转或托轮打滑	1）检查被清理工件是否超重 2）检查链条是否松动，链轮是否损坏 3）检查减速机和线路是否故障
8	QT37 型吊钩通过式抛丸机	吊钩进出行走不灵活；工作位置吊钩不转	1）检查减速机和线路是否有故障 2）检查限位或行程开关是否损坏，更换 3）检查被清理工件是否超重或不足 4）检查自转装置是否正常啮合

7.6 抛丸机的远程运维与管理

7.6.1 抛丸机维护现状

我国实施制造强国战略，紧密围绕重点制造领域关键环节，依托优势企业，紧扣关键工序智能化、关键岗位机器人替代、生产过程智能优化控制、供应链优化，建设重点领域智能工厂/数字化车间，建立智能制造标准体系和信息安全保障系统，搭建智能制造网络系统平台。针对信息物理系统网络研发及应用需求，组织开发智能控制系统、工业应用软件、故障诊断软件和相关工具、传感和通信系统协议，实现人、设备与产品的实时联通、精确识别、有效交互与智能控制。目前，抛丸机绝大部分属于非智能设备，而是自动化设备、半自动化设备，设备数据还不能完全采集，或者即便数据能够采集，但没有形成大数据。如何在更少的人员、更少的维修费用前提下，使设备更有效、安全、可靠地运行是企业迫切需要解决的难题。因此，实现智能设备管理不仅是国家倡导的方向，也是市场主体和流程工业本身发展的要求。

目前，抛丸机的运维存在以下问题：

1）设备运行状况：设备分布各地，无法远程监测设备运行参数、故障情况，对名下设备的运营情况全然不知，能耗产量等关键数据无从知晓。

2）设备运营服务：当设备发生故障时，无法判断故障原因，服务工程师不能在第一时间获得故障信息、不能看到设备状态、不清楚设备的历史动作时，无法做出正确的维保方案。

3）设备运维成本：出差维护成本高、故障的修复时间长、售后效率低等的管理问题就无法避免。

综上所述，设备的运行维护必须满足状态数字化、诊断智能化、运维智能化的要求，即远程运维，这是智能制造的要求，也是设备管理的必然发展趋势。做好抛喷丸装备运维服务的基本要求是拥有完整的设备运维信息、全面的跟踪和监督机制，以及及时高效的协调调度机制。因此，出现了基于互联网抛喷丸成套装备远程运维服务云平台，对抛丸机信息建立全生命周期管理，吸纳行业高技能人才，建立抛喷丸成套智能装备行业技术工程师团队，通过信息化平台将人、机、料有效衔接起来，做到以最优的服务方案到达现场解决客户问题。

7.6.2 抛丸机远程平台构成

实现工业设备远程运维的技术架构主要包括以下几个部分（见图 7-1）：

1）网络通信：通过互联网和物联网技术，建立设备与远程运维平台之间的通信连接，实现数据的实时传输和交互。

2）云计算平台：云计算平台是远程运维的核心平台，可以实现数据存储、数据处理、数据分析等功能。

3）监控系统：通过监控系统，实现对设备运行状态的实时监控，并在设备发生故障时报警。

4）数据采集与分析：通过数据采集与分析，实现对设备运行状态的全面监控和诊断，为设备维护和管理提供数据支持。

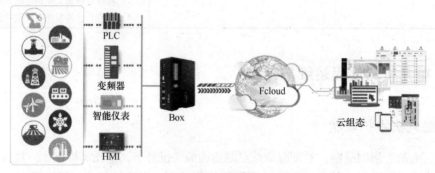

图 7-1 工业设备运维服务平台架构

抛丸机远程平台主要由抛喷丸成套装备 PLC 控制系统、5G 物联网网关、远程设备控制云组态系统、远程运维服务系统组成。建设面向抛喷丸成套智能装备运维服务平台，实现装备物联网远程运维和全面预防性售后服务的信息化云平台开发，搭建 e 修 APP、设备管家APP、设备云助手 APP、运维服务控制平台，满足抛喷丸成套装备客户、制造商、维修工程师（包括第三方服务机构）的信息沟通和运维服务。

7.6.3 抛喷丸成套装备 PLC 控制系统

抛喷丸成套装备主要由抛（喷）丸室、提升装置、分离装置、传送装置、除尘装置和控制系统等组成。为保证设备的先进性及可靠性，确保抛丸设备的正常运转，抛喷丸成套装备采用 PLC 进行全过程控制，控制过程中，各装置使用的动力电动机的电流、电压及运行速度、抛丸量、开关闭合、设备运行时长等指标数据、输入输出信号、模拟量信号由 PLC 采集和处理。对于 PLC 采集的数据，通过物联网网关链接传输到云组态系统，实现抛丸机的远程控制和运维服务。

7.6.4　物联网网关

设备接入是抛喷丸设备实现云平台管理的关键一步，是抛喷丸设备 PLC 系统与云平台通信和数据传递的桥梁。通过物联网网关可兼容 RS-232/RS-485/RS-422/以太网等各种接口，支持 4G、WiFi、以太网三种上网方式，添加配置好的设备，可以轻松地获取 PLC 系统设备的数据。物联网网关的具体功能和作用如下：

1）连接多种通信协议：物联网网关可以支持多种通信协议，如消息队列遥测传输（MQTT）协议、超文本传输协议（HTTP），以便与各种类型的物联网设备进行通信。它可以接收来自设备的数据，并将其转换为云平台可理解的格式。

2）数据转换与集成：物联网网关可以对不同格式和协议的数据进行转换和整合，使其符合云平台的要求。它可以将设备产生的数据进行解析、格式化和封装，以便于云平台的处理和分析。

3）安全与隐私保护：物联网网关通常具备安全功能，包括设备身份验证、数据加密、访问控制等，以确保通信的安全性和隐私保护。它可以在设备和云平台之间建立安全的通信通道，并防止未经授权的访问和攻击。

4）边缘计算与本地处理：物联网网关可以进行一定程度的边缘计算，即在设备附近进行数据处理和分析。这有助于减少对云平台的依赖，提高响应速度，并减少数据传输量和网络负载。

5）网络管理与监控：物联网网关可以监控设备的状态、连接状况和数据流量，并提供网络管理功能。它可以管理设备的注册、配置和固件升级，以确保设备的正常运行和维护。

物联网网关上网方式配置如图 7-2 所示。

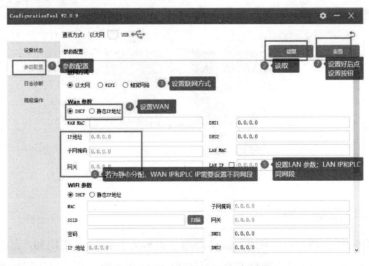

图 7-2　物联网网关上网方式配置

7.6.5　远程设备控制云组态系统

组态是在工业控制领域，使用组态软件可以实现对设备的远程监控和应用，以达到工业控制的目的及要求。

云组态是基于云计算技术和物联网（IoT）的监控与控制系统，是一款专注于工业设备网络配置、设备管理、设备监控、故障预警、设备维保、设备数据分析和应用的设备全生命周期的综合管理平台。云组态需要配合硬件网关产品使用。

传统的组态系统通常基于本地服务器和专用网络，而云组态可以将这些功能移至云端。可通过云组态平台实现设备的数据存储、处理和分析应用，从而实现了更高的可扩展性、灵活性和可用性。

云组态允许用户通过互联网访问和管理监控系统，无论身处何地。它通过传感器和设备将实时数据收集到云端，然后利用云平台的计算和分析能力，提供实时监控、数据分析、告警和远程控制等功能。用户可以通过计算机端系统界面、移动应用程序或其他终端设备访问云组态系统，实现设备管理和远程监控。

云组态为工业物联网平台的数据展示终端形式之一，各种 PLC、变频器、智能仪表、HMI 设备通过智能物联网网关设备连接，将数据推送至云服务器，云组态平台从服务器获取数据进行展示。云组态能实现百万级的数据并发，秒级的数据实时变化。

抛丸机远程设备控制云组态系统通过数据源、数据表和云组态元件设计（见图 7-3），实现工业设备管理、设备监控与控制、故障预警、设备维保、设备数据分析和应用的设备全生命周期的综合管理。

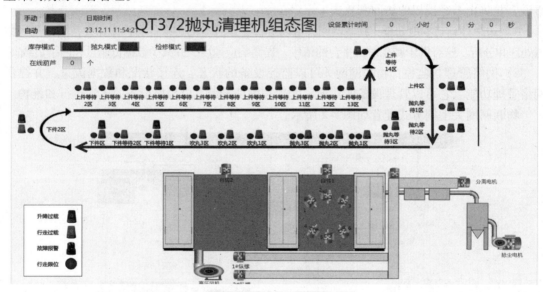

图 7-3　云组态元件设计

7.6.6　远程运维服务系统

远程运维服务系统在设计上采用了软件即服务（SaaS）的技术架构和产品分层架构，以保证系统的性能、扩展性、应用多样性和接入多样性。远程运维服务系统的架构如图 7-4 所示。

1）远程运维服务系统在结构上可分为数据服务、基础框架、应用集成、应用服务、终端接入、运营支撑等多层模块架构，各个模块负责各自的功能，并在设计上做了很好的封装，采用面向对象编程（OOP）及对象关系映射（ORM）等面向对象的设计思想及开发思

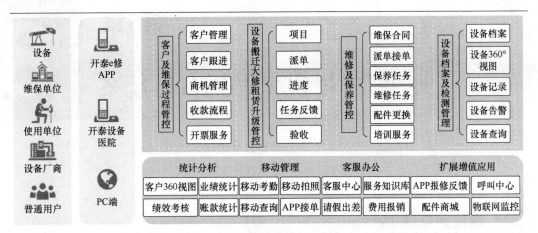

图7-4 远程运维服务系统的架构

路，使产品在后续的发展中做到有效的扩展性。

2）远程运维服务系统的数据服务模块主要负责数据的结构存储及分析，在数据库中构建各种业务数据的逻辑关系；该模块为远程运维服务系统基于 SaaS 模式下的云计算服务支撑提供数据基础。

3）远程运维服务系统的基础框架模块主要负责各种基础功能引擎的处理，通过面向对象的设计思想，对各功能引擎进行最大的封装和抽象，为灵活处理业务应用服务的请求打下基础，主要包括界面展现引擎、查询搜索引擎、数据库存取引擎、自定义逻辑处理引擎、工作流引擎、统计分析引擎等。

4）远程运维服务系统的应用服务模块通过底层的基础功能引擎，构建各种应用服务，如客户管理、联系人管理、设备档案管理等，通过底层强大的自定义及角色权限流程定义，可为不同用户提供个性化的应用方案。

5）远程运维服务系统的应用集成模块为满足企业现有业务系统，如企业资源规划（ERP）系统、办公自动化（OA）系统等，与远程运维服务系统进行数据通信集成。该模块可封装各种 API 接口，供第三方系统调用；同时，也通过集成各种第三方服务的 API，如短信接口、微信接口、邮件接口等，让远程运维服务系统提供更丰富的各类增值应用。

6）远程运维服务系统的终端接入模块可支持苹果 iPhone、iPad 等手持终端设备的接入，也支持安卓系统各类手机和平板计算机的接入，同时 PC 端也能通过浏览器访问远程运维服务系统。该模块主要负责处理接入终端界面展示、数据展现的差异化处理。该模块采用 HTML5 技术，使平台支持三屏（手机、平板计算机、PC）合一的访问。

7）远程运维服务系统的运营支撑模块。为支持远程运维服务系统基于 SaaS 模式的运营及云计算体系下的大量客户访问及数据存储，该模块主要负责运营管理、客户账号、渠道管理、系统监控、容灾备份等系统功能，为远程运维服务系统能提供良好的运营支撑。

通过抛丸机远程控制与运维服务云平台设计，可拉动企业信息系统、数字化车间和智能制造水平，有效促进同行业工业互联网平台建设，推动智能检测硬件/装备的标准化生产。通过产业推动、互联互通，切实推动实体经济的数字化转型，不断以信息化、数字化应用助推企业快速发展。

8.1 钢板预处理生产线

钢板在轧制过程中遇水急剧冷却后表面产生的含铁氧化物称为氧化皮，其主要成分是 Fe_2O_3、Fe_3O_4 和 FeO。其中，Fe_2O_3 呈红色，Fe_3O_4 呈黑色，FeO 呈蓝色，由于氧化皮中各种氧化成分比例随其氧化过程不同而变化，因此表现颜色不同，当 Fe_2O_3 所占比例较大时，即表现为红色，当 FeO 较多时，表现为蓝灰色。

钢板预处理是指钢板在原材状态下进行表面除锈并喷涂防腐漆的处理工艺。经抛丸处理后，钢板表面具备一定的表面粗糙度和清洁度，可以提高漆膜在材料表面的附着力，从而提高钢板的耐腐蚀能力和表面质量。通过抛丸处理，不仅可以使钢板表层晶粒细化，位错密度提高，疲劳性能增强，还可以改善钢板的内在质量。

钢板表面经抛喷丸清理后可以采用清洁度、覆盖率、表面粗糙度、灰尘等级四项技术指标来评判表面清理质量。具体清理质量要求详见 1.4 节。

8.1.1 设备主要结构及工艺流程

钢板预处理生产线主要由横移上料、输入辊道、钢板校平、高压水洗、吹干预热、抛丸清理、丸料吹扫、喷漆、烘干、输出辊道、横移下料、丸料循环净化、漆雾处理、除尘、电控等系统组成。设备主要结构轴测图如图 8-1 所示。

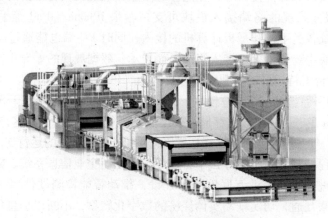

图 8-1 钢板预处理生产线轴测图

钢板在运输过程或长期堆积后，会发生变形，对于变形较严重的钢板，抛丸清理前，通常采用两重式或四重式校平机做校平处理，以确保清理和涂装效果。

钢板预处理生产线工艺流程如图 8-2 所示。

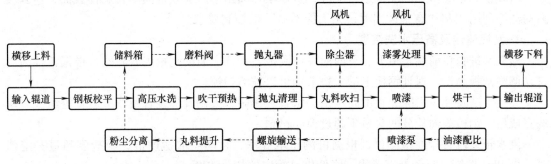

图 8-2　钢板预处理生产线工艺流程

8.1.2　设备主要结构简介

QXY4000 型钢板预处理生产线主要由上下料横移机构，工件输送系统，光电检测装置，刮板清洁及高压水洗装置，吹干、预热系统，抛丸清理及除尘系统，自动喷漆系统，漆雾处理系统，烘干系统，以及电控系统等部分组成。

1. 上下料横移机构

上下料横移机构各为 6 组，间距 2500mm；机构宽度 5500mm（不含辊道内尺寸），设计快、慢两个速度档位与"三升，三平"两个动作。通过上、下料横移机构实现钢板升降和水平移动。

2. 工件输送系统

工件输送系统由上、下料横移机构（见图 8-1）、输入辊道、抛丸室内辊道、中间过渡辊道、烘干室板链输送机和输出辊道等组成。

输入辊道、中间过渡辊道及输出辊道的辊轴均采用优质碳素钢无缝钢管与调质轴头焊接而成。喷漆室内所有辊道需设计钢板底面油漆"齿式"点接触结构。

中间过渡辊道位于 1 号抛丸机和 2 号抛丸机之间，以及抛丸机与喷漆机之间，承接经抛丸清理后的钢板及型材，可在此检查除锈效果；中间过渡辊道的上方设有横向过道平台，在此可观察抛丸清理及吹扫的效果，并可方便地从生产线的一侧到达另一侧。

前后副室及抛丸室内的辊道采用厚壁钢管加工而成，抛丸室辊道装有可方便更换的 ZG120Mn13 护套。辊轴两端采用耐磨轴瓦、迷宫盘、聚氨酯密封圈、轴承垫板及外置密封罩等多级密封，以实现防砂、防尘、防磕碰，提高轴承的使用寿命。

烘干室采用非标滚子输送链将 V 形板链组串接在一起。非标滚子输送链传动灵活，易于互换，板链为 V 形结构，喷漆后钢材与板链形成线性接触，使钢材表面漆膜损伤降低到最小限度，V 形板链骨架承重能力强，抗拉强度及抗扭强度高，每根板链 V 形角铁增加四个不锈钢接触点。

3. 光电检测装置

在抛丸室的入口前，设有压辊装置、光电检测装置。通过光电检测装置检测工件厚度，并通过 PLC 控制清扫室中清扫滚刷、收丸螺旋、高压风吹的升降电动推杆来实现精确的高度调整。当工件尾部离开压辊后，光电检测装置复位至低点。

在喷漆室的工件入口处，设有工件宽度检测装置。该装置对工件进行检测，在喷漆过程中，PLC 依照该数值控制喷枪进行喷漆，这样喷嘴喷出的漆有效地喷射在工件表面，达到较高的油漆利用率和"有工件则喷，无工件不喷"的控制要求。

4. 刮板清洁及高压水洗装置

抛丸室进料口前端辊道上、下两面设计刮板，工件上面的刮板为升降式，根据工件高度自动调整刮板高度，保证钢板上的大块杂物可以被清扫掉。

高压水洗及油污去除装置由高压泵、水管、滚刷、滚刷升降装置及调节装置等组成。水洗完成后，钢板表面盐分的含量不超过 $50\mathrm{mg/m^2}$。

供水箱处设置盐度检测仪，根据可测量电导率，自动获取盐度值，当盐度超过一定值时，由 PLC 控制，自动补充淡水，降低供水箱内的盐分浓度。

钢板上、下面各增设一个滚刷装置，滚刷采用高强度尼龙材质。上部滚刷可自动调节高度，下部滚刷高度手动调节。工件通过水洗室时，滚刷在旋转过程中将工件上表面的泥渍清扫干净。

5. 吹干、预热系统

为了保障预处理效果，配备吹扫装置一套，在钢板通过燃气预热装置前，通过吹扫装置可以上、下吹扫钢板表面，清除钢板表面残留的积水、霜冻、积尘等，可大大提高预热效果及生产效率。

吹干、预热系统由吹干预热室、高压风机、吹管、加热管、升降机构等组成。钢板经过水洗后，表面残留的水分在高压吹扫室经高压气流吹干，然后经过预热室，将钢板温度增加到 40~45℃，便于表面处理。

预热装置为立式结构，主要有机架、上加热组件、下加热组件、自动点火系统、气路控制系统、温控系统、辊轮架、辊轮和预热保温间（可选）组成。预热装置结构简图如图 8-3 所示。

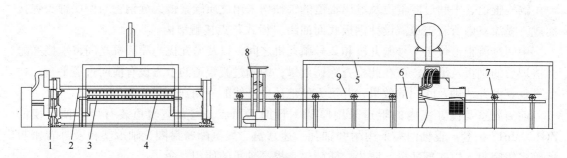

图 8-3　钢板预热装置结构简图
1—机架　2—上火线横梁　3—下火线横梁　4—加热燃烧组件　5—预热保温间
6—控制箱　7—辊轮架　8—预清扫装置　9—钢板

6. 抛丸清理及除尘系统

（1）抛丸室及前后副室　抛丸室室体由钢板焊接而成，并设有检修门。室体内衬轧制 Mn13 护板进行防护，并用防护螺母压紧，便于拆装更换。护板之间采用不锈钢焊条焊接。

　　前后副室由钢板及型钢骨架焊接而成，内衬优质耐磨橡胶护板，室腔内各有多层耐磨橡胶密封帘实现密封功能，采用悬挂式结构，便于拆换维修，底部设有毛刷排，使密封更加严密，防止弹丸飞出和粉尘外逸。底部弹丸回收装置上铺设一层网板，以防止异物掉入螺旋槽中，阻塞螺旋器的正常运转。

　　地坑底部加设收砂装置，采用刮板机构自动回收泄漏到地坑下面的钢丸，将其送入提升机，参与丸料循环。

　　（2）抛丸器　抛丸室侧壁上安装 8 台抛丸器总成。该抛丸器选用的是 KT500ETA 系列直连抛丸器，其技术特点详见 3.2 节。

　　（3）丸料循环净化系统　丸料循环净化系统由螺旋输送器、斗式提升机、丸砂分离器、气动供丸阀、溜丸管等组成。丸料循环净化系统结构简图如图 8-4 所示，其技术特点描述详见 3.3 节与 3.4 节。

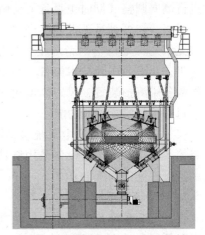

图 8-4　丸料循环净化系统结构简图

　　（4）三级清扫装置　为保证清理后钢板上无残留弹丸及粉尘，系统采用三级清扫装置（见图 8-5）。

　　1）一级：犁形刮板（仅限钢板）。用于清除累积在钢板上的绝大部分弹丸，刮板的材料是软材质聚氨酯，一般不得少于 3 道。刮板根据钢板厚度自动调整高度（同时也具备手动调整功能），当清理的工件含有型材时，其升降高度不低于型材高度，且系统具备清理板材和清理型材两种工作模式，切换到清理型材模式时，刮板和滚刷自动升到最高位置不工作。

图 8-5　三级清扫装置结构简图

　　2）二级：滚刷和收丸螺旋。滚刷清扫系统采用高强度尼龙滚刷+收丸螺旋完成清扫。滚刷清扫系统装有高强度尼龙滚刷、收丸螺旋输送器及高度手动或自动调节机构。工件通过清扫室时，人工调节清扫室外壁上的按钮，使滚刷及收丸螺旋升降至最佳高度（滚刷与工件相接触），滚刷通过旋转将工件上表面的积丸清扫至收丸螺旋内，收丸螺旋将丸料输送到室内，落入底部螺旋而参与循环。滚刷和收丸螺旋结构简图如图 8-6 所示。

　　滚刷采用高弹性复合耐磨材料制作，刷丝中含有钢丝，不易变形，滚刷可以根据检测钢板高度自动进行高度调整（同时也具备手动调整功能）。

3）三级：吹丸风机。采用高压风机在清扫室内上部布置前后两道吹管而实现两次吹丸，将滚刷遗漏的丸料和浮尘吹干净。钢板下部设置一台风机并布置一道吹管吹扫。风刀根据钢材检测高度自动进行高度调整（同时也具备手动调整功能）。

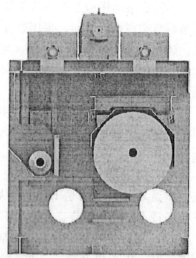

三级清扫可满足正常的生产工艺要求（清扫后工件上应无钢丸、无粉尘，满足相关标准要求）。为了满足特殊工艺要求或作为技术储备，另配置一套压缩空气风刀作为备用清扫装置，风刀高度可手动和自动调整，具有型材和板材模式转换功能。

（5）除尘系统　除尘系统包括除尘器本体、风机、沉降箱、管路等。本节设备采用脉冲滤筒式除尘器，其技术特点详见 3.6.3 小节。

图 8-6　滚刷和收丸螺旋结构简图

7. 自动喷漆系统

自动喷漆系统是本生产线的重要组成部分，它可以实现对钢材的自动喷漆。喷漆室采用"手动"与"自动"两种控制方式：在喷漆室旁设有手动按钮；自动控制则由 PLC 控制实现。

自动喷漆系统由喷漆室、喷漆小车、检测装置、漆泵系统、漆雾处理系统等部分组成。传动室与喷漆室隔开，软拖链、传动系统、喷漆小车、喷枪全部设计在传动室内，防止漆雾污染，方便人工维修保养。喷漆室内只有 4 根漆管及 4 个喷嘴，并且喷嘴可调节斜度，喷漆室四面全部设计合页式开门，并要求设计喷漆小车传动部分的维修地坑。

喷漆室内有过渡承接辊道，承接辊道采用气缸调节高度，以防钢板下垂而无法通过。喷漆室内的喷枪可以根据需要实现自动升降调节，以满足不同高度的工件喷漆要求。

1）在喷漆室的四个侧面均设有维修门；上下设有抽风口，抽风口上设置风量控制阀以控制风量大小，抽风量≥32000m³/h。喷漆室结构简图如图 8-7 所示。

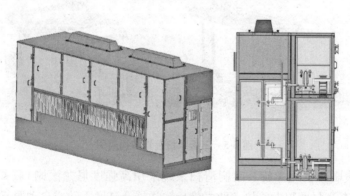

图 8-7　喷漆室结构简图

2）喷漆室内设有喷漆小车用以驱动上下喷枪（上下喷枪各 1 把）。工作时，变频调速伺服电动机通过齿轮、齿条驱动喷漆小车在垂直于钢材行进的方向上做同步往复运动（无级调速）。

喷漆室操作方式分为"喷一停零（即喷漆小车往复移动时各有两把喷枪在工作）"，

"喷一停 I（即喷漆小车向一个方向移动时喷枪工作，向另一个方向移动时喷枪不工作）"和"喷一停 II（即喷漆小车向一个方向移动时喷枪工作，然后喷漆小车空运行往复一次后喷枪再工作）"，操作方式的选择原则主要是适应全线辊道输送速度和实现"单覆盖"或"双覆盖"的要求。

喷漆小车的移动速度、喷嘴的大小及辊道运行速度可以控制漆膜的厚度。喷漆小车两端的减速距离均≥1000mm。

3）在喷漆室的传动及检测室，设有钢材位置检测装置（见图8-8）。该装置固定在上喷漆小车上，与上喷漆小车同时动作。该装置对钢材位置进行检测，确保喷漆过程中喷出的漆有效地喷射在钢材表面上，达到较高的油漆利用率。

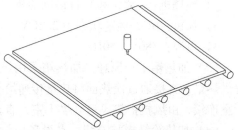

如图 8-8 所示，当处理钢板时，喷枪直接根据工件检测装置所检测到的数据进行喷漆。

当处理型钢时，PLC 根据工件检测装置检测到的数值，计算出喷枪喷漆及停喷位置，喷枪根据该数值进行喷漆。

图 8-8　钢板位置检测装置结构简图

4）喷漆系统根据涂覆生产线速度、工件宽度及所需涂层厚度自动调整，喷涂均匀且全覆盖。对于不同工件，系统可自动调整喷枪喷漆宽度、高度，钢板最大通过宽度不低于4000mm，最大通过高度不得小于 320mm，喷漆效果满足 8m/min 的工作速度要求。当喷漆系统启动工作后，无工件通过时自动停止喷漆，有工件通过时自动喷漆。

8. 漆雾处理系统

漆雾处理系统由烘干室地坑、喷漆室地坑、管道、漆雾过滤+催化燃烧装置、风机和烟囱等组成。

在喷漆的过程中会产生大量的漆雾和气态有机污染物，必须对喷漆过程中产生的废气进行处理。根据漆雾和气态有机污染物的特点，需要分步进行处理。首先通过干式过滤材料截留废气中固体颗粒状的漆雾，然后再通过活性炭对废气中的气态有机污染物质进行吸附，吸附后的气流通过抽风机、烟囱高空排放。

9. 烘干系统

烘干系统由烘干室室体、天然气加热装置、板链输送机、风机等组成，采用天然气加热烘干。工件通过烘干室烘干后，表面漆膜可达到指干或实干状态。

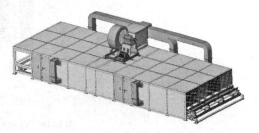

烘干室采用热风循环烘干原理，由意大利百得燃油机直燃产生热量。钢板通过烘干室烘干后，表面漆膜可达到实干状态，因此，即使在冬季 -20℃ 的条件下，从烘干室走出的钢板也不会在送出辊道上沾漆。烘干系统结构简图如图 8-9 所示。

图 8-9　烘干系统结构简图

室体顶部和两侧面采用双层薄板结构，可方便拆卸。双层薄板间衬保温材料。室体左右各设 1 个带照明装置的透明观察门及 2 个检修门，便于维修板链。烘干室内的工件输送采用板链输送机（请参看工件输送系统）。

　　加热热源（即加热箱）设置在烘干室上部的风机管道中，调整风管上的扇阀可调节风量，利用电触点式温度传感器可以将室内温度自动控制在 50～65℃。当温度升高到设定值上限时，加热箱停止工作，随着风机继续工作，室内温度逐渐降低；当温度降低到设定值下限时，加热箱自动工作，使温度重新升高到设定值范围内。温控仪安放在烘干室侧壁上，工作人员可以方便地观察与调整。

　　（1）加热箱技术参数

　　1）外形尺寸：2000mm×1500mm×1500mm。

　　2）燃烧机：（意大利）百得燃油机。

　　3）风机：6C，额定功率为 2.2kW。

　　4）电源：380V，50Hz。

　　（2）加热箱工作原理　加热箱采用燃烧机内置设计，燃烧机在换热器内部燃烧燃料并提供热量，直接通过换热面将热量传递给介质，循环风机在加热箱侧面送风，另一侧面与烘干室连接，由风机把热风送到烘干室，直至室内温度达到所需温度为止。

　　（3）加热箱结构与安装　本设备由钢板、镀锌板、换热器、燃烧机、循环风机、保温棉组装而成，加热箱的右侧预留法兰口与用户的送风口连接。

　　10. 电控系统

　　该钢板预处理生产线采用 PLC 控制，变频器与 PLC 基于 PROFIBUS 完成通信。全线选用直观的模拟监控系统（WinCC）工业以太网实现 L1 级通信，可以实现故障点自动检测、自动查找，对易损件等功能部件实现运行累计计时，能有效考查各易损件的使用寿命；实现L2 级通信，集成用户工厂级实时监控系统。

8.2　铁路车辆、罐车涂装前清理解决方案

　　针对铁路车辆、罐车等大型构件涂装前清理，一般采用滑触线式抛丸清理+人工补喷方案来完成。滑触线式抛丸机结构简图如图 8-10 所示。

图 8-10　滑触线式抛丸机结构简图

8.2.1　工艺流程及特点概述

　　该设备工作时，首先在前密封室外的输送平车上装载工件，把工件推到上料轨道下方，

由上料工位上的翻转机构吊起，把工件翻转至某一便于清理的角度（0°~90°）；待工件平稳后，再由环形导轨上的 2 个电动葫芦将工件吊入前密封室，关闭密封室大门，工件继续前进，供丸阀自动打开，抛丸器抛射磨料，开始对工件进行抛丸清理，直至工件完全离开抛丸室，工件抛丸清理完毕。此时后密封室大门自动打开，工件进入补喷室，工件下降至合适高度，人工清理工件表面积聚的钢丸，然后对工件表面抛丸不彻底部位进行补喷。补喷结束后，补喷室大门自动打开，工件进入清丸室，由人工对工件进行吹扫清理，除掉残留丸料及浮灰。清理结束后，开始卸载工件，利用清丸室的下料机构上的 4 个电动葫芦，对工件进行翻转卸载，起吊工件采用尼龙吊带，以减少工件损伤。工件翻转正位后，放置在台车上并推出清丸室，至此，工件的整个抛丸工序即完成。工艺流程如图 8-11 所示。

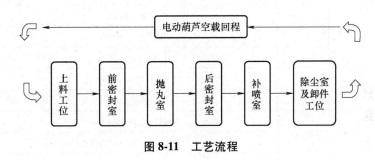

图 8-11 工艺流程

8.2.2 主要配置及参数

滑触线式抛丸机技术参数见表 8-1。

表 8-1 滑触线式抛丸机技术参数

序号	名称	数量	技术参数		备注
1	抛丸室	1	尺寸（长×宽×高）：3500mm×4800mm×6000mm		
			护板：轧制 Mn13 护板		
2	前密封室 中间密封室	各 1 套	尺寸（长×宽×高）：13500mm×4800mm×6000mm		气动大门
			护板：距离抛丸室 2m 内为轧制 Mn13 护板		
			其余：耐磨橡胶护板		
3	补喷室	1	尺寸（长×宽×高）：15000mm×6600mm×6000mm		气动大门
			护板：耐磨橡胶护板		
4	清丸室	1	尺寸（长×宽×高）：15000mm×6600mm×6000mm		气动大门
			护板：耐磨橡胶护板		
5	电动葫芦	8 套	型号：$CD_1$10 -9D		
			功率：8×13kW		
		8 套	型号：$CD_1$5-9D		
			功率：8×7.5kW		
6	抛丸器	18	型号：KT380LK		带传动
			抛丸量：18×165kg/min		
			电动机功率：18×11kW		

（续）

序号	名称	数量	技术参数	备注
7	提升机	1	提升量：200t/h	
			功率：15kW	
8	纵向螺旋输送器	1	输送量：200t/h	
			功率：11kW	
9	横向螺旋输送器	1	输送量：200t/h	
			功率：11kW	
10	分离器	1	分离量：200t/h	
			功率：11kW	
11	带式输送机1	1	输送量：90t/h	
			功率：4kW	
12	带式输送机2	1	输送量：90t/h	
			功率：11kW	
13	喷砂机	1	喷砂量：2×38kg/min	
			气源压力：0.6~0.8MPa	
			耗气量：2×6m³/min	
14	除尘器	2	沉降箱+旋风+脉冲滤筒除尘器	
			过滤面积：>1440m²	
			过滤风速：<0.8m/min	
15	除尘风机	2	风量：72000m³/h	
			风压：2360Pa	
			电动机功率：2×75kW	
16	总功率	—	≈575kW（装机功率）	
17	耗气量	—	14.5m³/min（含2把喷枪消耗量）	

8.2.3　工作程序

工作程序：工件翻转上挂、除尘系统运行、分离器运行、提升机开启、螺旋输送器开启、吊钩系统开启、抛丸器开启、工件前行，在工件到达预定位置后开启供丸阀抛射弹丸，抛丸工序开始，工件进入补喷工序，工件进入清理工序，翻转卸件后工作完成，按顺序停机。

停机顺序：关闭供丸阀，关闭抛丸器，关停螺旋输送器，关停提升机，关停分离器，关停除尘器，整机工作停止。

8.2.4　设备主要结构及特点

该设备主要由清丸室、输送系统、抛丸器总成、丸料循环系统（螺旋输送器、提升机、分离器、供丸阀）、平台等辅助系统、喷砂系统、除尘系统、电控系统等部分组成。

1. 室体

室体顶部的吊钩行走槽处采用毛刷、聚氨酯护板多层严密防护，可以有效防止弹丸反弹至室体外部。

（1）抛丸室　抛丸室是对工件进行抛丸清理的操作空间，室体为 Q235 钢板及型钢焊接结构。室内铺设一层轧制 Mn13 护板进行防护。护板之间采用 Mn13 条进行防护。同种护板可通用互换，均用特制防护螺母压紧，便于必要时拆装更换。

抛丸室底部设有集丸斗，以使弹丸流入底部的螺旋输送器中，螺旋输送器上面设有格栅，并全部铺设高铬铸铁孔板进行防护。

（2）前后密封室　前后密封室的室体为板材及型钢焊接结构，室体靠近抛丸室的 2m 范围内，铺设轧制 Mn13 护板进行防护，其余部位铺设耐磨橡胶护板，均用特制防护螺母压紧，便于必要时拆装更换。室体底部为集丸斗，以使弹丸流入底部的带式输送机中，螺旋输送器上面设有格栅及筛孔板，靠近抛丸室 2m 范围内加铺高铬铸铁孔板进行防护。

（3）补喷室　补喷室的室体为板材及型钢焊接结构，室内铺设耐磨橡胶护板，均用特制防护螺母压紧，便于必要时拆装更换。室体底部为集丸斗，以使弹丸流入底部的带式输送机中，螺旋输送器上面设有格栅及筛孔板。室内设有照明及辅助平台，便于喷砂作业，照度 600lx（工件底部 400lx）。室体的侧面设有除尘口，除尘系统通过这里对补喷室内部进行通风除尘。室体两侧设有安全门，方便工人进出。

（4）清丸室　清丸室的室体为板材及型钢焊接结构。室体底部为集丸斗，以使弹丸流入底部的带式输送机中，螺旋输送器上面设有格栅及筛孔板。室内设有照明及辅助平台，便于清理作业。室体的侧面设有除尘口，除尘系统通过这里对清丸室进行通风除尘。另外，清丸室内设有卸件机构。

前后副室及补喷室、清丸室室体两侧均设有安全门，方便工人进出。前后副室安全门设有接近开关，防止工人误操作，保证工人安全。

整机设置 4 个电动大门，分别位于前副室前端、后副室与补喷室连接处、补喷室及清丸室连接处、清丸室后端。

2. 输送系统和翻件机构

输送系统由轨道、支架、电动葫芦等组成。本输送系统安装 4 套挂具，每套挂具由 2 套葫芦构成。轨道为环轨形式，便于输送完工件的电动葫芦空载回程。电动葫芦起重载荷均为 98kN，行走小车变频控制，输送速度为 0.5~5m/min（无级调速）。

翻件机构由支架、电动葫芦、导轨等组成。一套翻转机构分别由 2 个主梁组成（主梁固定），每个主梁设置 2 个起重载荷为 4.9kN 的钢丝绳电动葫芦。一个工件由 4 个电动葫芦起升翻转。

3. 抛丸器总成

抛丸器顶盖设置接近开关，当工人检修抛丸器时，不会因为其他工人误操作而对检修工人安全造成威胁。抛丸室的侧壁上安装 18 台抛丸器总成。该设备选用 KT380LK 型抛丸器，其技术特点详见 3.2 节。

4. 喷砂系统

考虑到分离器至后副室距离较长，喷砂距离过长，特将喷砂罐放置在补喷室中部，以减少喷管的长度，保证喷砂力度。

本喷砂系统采用高效大容量喷砂机为该系统的喷砂主机，该型喷砂机为保压式工作原理，可以同时驱动 2 个砂料控制阀和 2 把高速喷枪进行喷砂作业。

喷砂罐罐体（压力容器）（见图 8-12）按照标准设计制造，满足国家相关标准要求，其技术参数见表 8-2。

图 8-12　喷砂罐罐体结构简图

表 8-2　双枪无线遥控喷砂罐

序号	名称	技术参数
1	人工喷砂罐主机型号	KP-0.7-LX-2
2	人工喷砂罐主机数量	1 台
3	人工喷砂罐直径	ϕ824mm
4	人工喷砂罐容积	0.7m³
5	喷枪数量	2 把（1 备 1 用）
6	喷嘴直径	ϕ10mm
7	单枪补喷清理效率	≥15m²/h
8	单枪耗气量	6~6.5m³/min
9	喷砂压力	0.5~0.7MPa
10	喷砂流量	1800~2280kg/h/枪
11	喷枪质量	≤1kg
12	喷枪材质	碳化硼，寿命>500h
13	喷枪控制方式	无线遥控
14	加砂方式	自动加砂
15	喷砂方式	人工手动喷砂
16	磨料选用（推荐）	ϕ0.6~ϕ0.8mm 钢砂

本喷砂系统采用高速喷枪，具有一个文丘里管，气流在进入高速喷枪的收缩段时，气流开始加速直到声速；当气流到达文丘里管的直段时，气流速度稳定在声速；当气流到达文丘里管的扩张段时，气流继续加速达到超声速；在文丘里管的扩张段有沿圆周分布的二次补气孔，因此在超声速阶段，气流急剧膨胀，喷嘴从二次补气孔吸入大量的辅助空气，使砂料进一步加速。与普通喷枪相比，该型高速喷枪的喷砂速度更快，工作效率可提高 50%，且反冲力较小，操作时更省力；该型高速喷枪的收缩段、直段和扩张段全部由碳化硼材料制造，工作寿命长。喷砂罐上设有料位检测开关，可实现丸料上限报警。

5. 平台等辅助系统

平台梯子按照国家标准和相关安全规范设计制作，同时满足用户安全部门的要求，平台上面铺设花纹钢板和安全栏杆，防止维修人员滑倒。

6. 除尘系统

除尘系统包括除尘器本体、风机、沉降箱、旋风除尘器、管路等。滤筒式除尘器技术特点详见3.6.3小节。

8.3 工程机械抛丸清理解决方案

8.3.1 剪叉类钢制零部件抛丸清理方案

剪叉类钢制零部件主要由2~4mm薄板、6~12mm板材、方管等型材板焊接，部分机械加工而成，表面有油污，氧化皮及锈蚀等；机械加工表面有防锈剂、润滑脂等，材质主要为Q235A、Q355B、Q550、20钢等。为了提高清理效率，工件采用成套组合挂装，成套组合挂装后的最大尺寸为6400mm（长）×1200mm（宽）×2500mm（高），单个工件的最大质量为780kg，成套组合挂装后的最大质量为2500kg。在工程机械行业中，针对剪叉类钢制零部件的抛丸清理方案，其工件参数和技术要求见表8-3。

表8-3 工件参数和技术要求

序号	项目	技术要求	备注
1	工件参数	最大外形尺寸（长×宽×高）：6400mm×1200mm×2500mm 工件最大质量：2.5t（不含吊具） 单挂最大表面积：45m² （平均约35m²）	焊接件
2	选用磨料	$\phi0.6 \sim \phi0.8$mm HQ 铸钢丸	推荐
3	清理速度	1.6~3.5m/min	变频调速
4	清理节拍	整线生产节拍：≤2min/挂 单机生产节拍：≤4min/挂	
5	清理目的	清除表面氧化皮，消除应力，提高表面附着能力	
6	表面清洁度	符合GB/T 8923.1—2011，A～B Sa2.5级	抛丸+补喷
7	表面粗糙度	符合GB/T 1031—2009，$Rz = 25 \sim 45\mu m$（薄板），$Rz = 40 \sim 60\mu m$（厚板）	根据钢丸粒径和抛丸速度调整

Q58系列通过式抛丸机主要由抛丸室、抛丸隔音间、前后密封室、补喷室、底部料斗、抛丸器总成、喷丸系统、门形导轨支架、气动供丸系统、分离器、提升机、螺旋输送器、平台梯子、照明系统、除尘系统、电控系统等部件组成。Q58系列通过式抛丸机结构简图如图8-13所示。

1. 设备工作原理

根据涂装制造执行系统（MES）生产指令和生产工艺，利用快链将工件运输至根据不同板厚选择的抛丸机前室内，输送线与室体两端的电动大门联锁，先开大门再送入工件，工件先通过快链牵引到前隔离室，前隔离室内缓存一挂零件，并设有停止器，减少慢链运行距离，同时关闭大门并切换到慢链继续前行；抛丸机前装有RFID读卡器，PLC根据接收到的

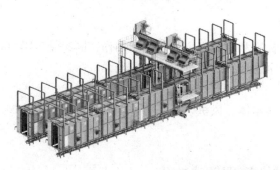

图 8-13　Q58 系列通过式抛丸清理机结构简图

工件相关信息自动启动合理的运行程序，工件匀速前行，开始抛丸；当工件移出抛丸室后，再切换到快链并牵引至补喷室，人工对抛丸死角进行补喷、清灰、吸砂、吹净。

物流输送流程：上件/等待工位→前副室 2 台（连续进挂）→抛丸室→后副室→补喷室→人工清扫室→等待/后续工位。

2. 设备具体技术参数

剪叉类钢制零部件抛丸机技术参数见表 8-4。

表 8-4　剪叉类钢制零部件抛丸机技术参数

序号	名称	内容	单位	技术参数	数量	备注
1	室体部分	抛丸室尺寸（长×宽×高）	mm	3500×2000×4175	1 套	
		前密封室尺寸（长×宽×高）	mm	7500×2000×4175	2 套	
		后密封室尺寸（长×宽×高）	mm	7500×2000×4175	1 套	
		补喷室尺寸（长×宽×高）	mm	8500×3500×4175	2 套	
		门洞尺寸（宽×高）	mm	1800×3420	—	
2	补喷室照明	功率	kW	30×0.1（含地坑 6 个）	20 套	LED 型照明灯
3	密封门	功率	kW	气动门	5 套	
4	抛丸器	型号	台	QKT380	12 套	皮带传动变频电机变频控制
		抛丸量	kg/min	12×300		
		功率	kW	12×18.5		
		抛射速度	m/s	≤80		
5	供丸阀	流量	kg/min	14×350	14 套	自动调节丸料流量
		控制方式	—	气动控制		
6	提升机	提升量	t/h	240	1 套	具有自动检测功能带制动
		功率	kW	15		
7	分离器	分离量	t/h	240	1 套	幕帘风选+自动检测功能
		功率	kW	11		
8	带式输送机	输送量	t/h	90	2 套	具有自动检测报警功能
		功率	kW	4+5.5		
9	横向螺旋输送器	输送量	t/h	180	1 套	具有自动检测报警功能
		功率	kW	7.5		

（续）

序号	名称	内容	单位	技术参数	数量	备注
10	喷砂罐	容积	m³	0.7m³	1 套	双枪连续式
		喷枪数量	把	2×10		
11	风机	风量	m³/h	60000	1 台	变频控制
		功率	kW	75		
12	除尘系统	除尘器型号	—	HR-60K	1 套	二级除尘: 惯性沉降+ 脉冲滤筒
		清灰方式	—	脉冲反吹式		
13		总功率	kW	≈343		
14		耗气量	m³/min	10	—	
15		粉尘排放浓度	mg/m³	≤10		
16		设备噪声	dB(A)	≤93		

3. 设备组成及各部件的结构特点

（1）抛丸室、前后密封室、补喷室　该设备抛丸室、前后密封室、补喷室结构与铁路车辆、罐车涂装前清理解决方案中的机构类似，其技术特点详见 8.2 节的有关描述。

（2）抛丸室顶部密封　抛丸室体顶部吊钩行走槽处采用德国技术，由 Q235 钢板、轧制 Mn13 护板、聚氨酯板、毛刷、橡胶板等组成迷宫式密封带，结构精巧，可以有效防止弹丸反弹至室体外部。

（3）密封大门　设备各进出口均设有 5 套气动密封大门；前后密封室的密封大门采用厚度为 5mm 的耐磨橡胶板进行防护，四周有橡胶密封件对大门四周进行有效密封。大门下面均设有 300mm 宽的回丸槽，完全避免大门导向槽内出现积丸现象。

（4）抛丸器总成　抛丸室上安装 12 台抛丸器总成。该设备选用 KT380LK 型抛丸器，其技术特点详见 3.2 节。该设备抛丸器采用分层设计，根据工件的高度选择开启数量，可有效降低能耗、减少空抛、节省成本。分层设计示意图如图 8-14 所示。

（5）丸料循环净化系统　该设备的丸料循环净化系统由带式输送机、螺旋输送器、斗式提升机、丸渣分离器、气动供丸阀等组成，其技术特点详见 3.3 节与 3.4 节。

（6）平台等辅助系统　平台等辅助系统的技术特点详见 8.2.4 小节。

（7）除尘系统　除尘系统的技术特点详见 3.6.3 小节。

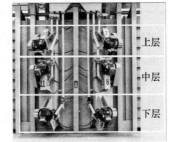

图 8-14　分层设计示意图

（8）电控系统　电控系统由电控柜、触摸屏、PLC、限位装置、电气管线等组成。设备带有能源管理系统且抛丸配备上位机中央控制系统，通过配置触摸屏能对生产过程进行实时监控显示，如每天生产工件的数量（可调用输送系统数据）、设备运行时间、工艺流程及故障报警等信息的显示。同时，预留有与车间 MES 和工厂 ERP 系统的通信接口。

8.3.2　塔机类钢制结构件抛丸清理方案

塔机类钢制结构件和剪叉类钢制零部件的涂装线工艺类似，一般由积放式输送链、抛丸室、清理室、喷漆室、流平室、烘干室、前处理脱脂磷化、喷粉室、粉末固化室等组成。

生产工艺要求：两种工件吊装上线后均先进行抛丸清理，然后喷涂一遍底漆，经流平后再喷涂一遍面漆，最后烘干、下线，按节拍完成涂装作业。

因此，塔机类钢制结构件与剪叉类钢制零部件的抛丸清理工艺一致，清理装备的工作原理和结构组成也相似，只是抛丸室大小略有不同。本小节不再累述塔机类钢制结构件抛丸机结构，可参照 8.3.1 小节剪叉类钢制零部件抛丸清理方案。

8.4 钢结构件表面清理解决方案

钢结构件具有高强度、轻量化、灵活性和经济性，能够满足不同项目的设计要求，并且具备较好的耐久性和耐腐蚀性能。因此，钢结构件应用范围非常广泛，包括建筑领域、工业领域、桥梁工程、航空航天领域、市政工程等。为改善钢结构件的表面性能，并增强其涂覆性能，往往使用抛丸机进行表面处理。为提高表面处理效率，采用通过式悬链与辊道混合抛丸清理方式进行表面清理作业，其工件参数和技术要求见表 8-5。

表 8-5　工件参数和技术要求

序号	项目	技术参数	备注
1	工件参数	最大尺寸（长×宽×高）：13500mm×3000mm×3000mm 工件质量：≤5000kg	结构件
2	生产率	0.5~1m/min，保证 13.5m 长桁架抛丸处理时间≤30min	变频调速
3	所用磨料	$\phi0.8~\phi1.4mm$ HQ 铸钢丸	仅供参考
4	清理目的	清除工件表面的氧化皮、铁锈，提高工件表面的附着力	
5	表面清洁度	符合 GB/T 8923.1—2011，A~B Sa2.5 级	
6	表面粗糙度	符合 GB/T 1031—2009，$Rz = 40~60\mu m$	根据钢丸粒径和抛丸速度调整

QH6930 型通过式悬链与辊道混合抛丸机主要由以下部件组成：抛丸室、抛丸隔音间、前后密封室、清砂室、辊道输送系统、底部料斗、抛丸器总成、门形导轨支架、分离器、提升机、螺旋输送器、辅助系统、照明系统、除尘系统、电控系统等。QH6930 型通过式抛丸机如图 8-15 所示。

图 8-15　QH6930 型通过式悬链与辊道混合抛丸机

8.4.1　设备工作原理

本机工作时，首先将除尘系统、分离器、提升机、螺旋输送器、辊道系统等依次开启运行，随后启动抛丸器，设备预备工作。针对不同长度工件，抛丸机采用两种模式进行抛丸清理作业，使得抛丸机既可以在线生产也可以离线生产。

当设备使用辊道清理模式时，在抛丸室外的进料辊道上装载工件，工件通过辊道前进，然后进入抛丸室。在抛丸室入口处设有检测装置，当工件的头部通过时进行检测，经过 PLC 的计数延时后，供丸阀自动打开，开始对工件进行抛丸清理。工件一边前行，一边接受弹丸击打，以清除工件表面的氧化皮、铁锈和污物等，直至离开抛丸室。当工件的尾部通过出口时进行检测，经过 PLC 的计数延时后，供丸阀自动关闭。工件进入出料辊道时，工件便一次性清理完毕。工件完全离开抛丸室后，在出料辊道上将工件卸下。重复此过程直至工作完毕，按顺序停机。

当设备使用积放链清理模式时，根据涂装 MES 生产指令和生产工艺，输送链将工件运输至抛丸机前室内，输送线与室体两端的电动大门联锁，先开大门再进工件，工件先通过输送链牵引到前隔离室，前隔离室内缓存一挂零件，并设有停止器，同时关闭大门；抛丸机前装有 RFID 读卡器，PLC 根据接收到的工件相关信息自动启动合理的运行程序，工件匀速前行，开始抛丸；当工件移出抛丸室后，电动大门开启，由输送链带动工件进入下步工序。

8.4.2　设备具体技术参数

钢结构零部件抛丸机技术参数见表 8-6。

表 8-6　钢结构零部件抛丸机技术参数

序号	名称	数量	技术规格	备注
1	抛丸室	1	尺寸（长×宽×高）：3500mm×3800mm×6100mm	
2	前副室	1	尺寸（长×宽×高）：12000mm×3840mm×5300mm	
3	后副室	1	尺寸（长×宽×高）：12000mm×3840mm×5300mm	
4	电动推拉门	2	功率：0.75kW	
5	前后输入辊道	2	长度：7000mm 辊距：1000mm 载荷：9.8kN/m 辊道直径：ϕ168	功率：2×2.2kW（变频调速） 运行速度：0.5~4m/min
6	室内辊道	1	长度：约26000mm 辊距：1000mm 载荷：9.8kN/m	功率：4kW（变频调速） 运行速度：0.5~4m/min
7	抛丸器	20	型号：QY360 抛丸量：(16×150+4×280)kg/min 叶轮转速：3000r/min 投射速度：78m/s	传动方式：电动机直驱 电动机功率：(16×11+4×18.5)kW

（续）

序号	名称	数量	技术规格	备注
8	提升机	1	型号：KTS-220 提升量：220t/h 输送带运行速度：1.21m/s	减速机功率：18.5kW
9	分离器	1	分离量：220t/h 分离区风速：4~5m/s	减速机功率：15kW 分离效果：>99%
10	供丸阀	21	型号：DK28`	气动控制
11	横向螺旋输送器	1	输送量：220t/h	减速机功率：11kW
12	纵向螺旋输送器	1	输送量：220t/h	减速机功率：15kW
13	带式输送机	2	输送量：45t/h	减速机功率：2.2kW+3kW
14	除尘器	1	型号：HR3-60A 过滤面积：1380m^2 通风量：48000m^3/h	惯性沉降箱+旋风除尘器+ 脉冲滤筒式除尘器 风机功率：55kW 过滤效果：>99.5%
15	总功率		≈378kW	工作电压：380V/50Hz 操作电压：220V/50Hz
16	压缩空气	—	气源压力：0.5~0.7MPa	压缩空气消耗量：0.5m^3/min
17	初装丸料量		11000kg	
18	粉尘排放浓度		≤10mg/m^3	
19	设备噪声		≤93dB(A)	

8.4.3 设备组成及各部件的结构特点

（1）抛丸室、前后密封室　该设备抛丸室、前后密封室结构与铁路车辆、罐车涂装前清理解决方案中的结构类似，其技术特点详见8.2节的相关描述。

（2）密封大门　密封室外端共设有一对电动推拉对开门，两扇大门均采用移动方式，通过滑架将门体悬挂在大门顶部的工字钢上，门体下面设有导向轮，大门的开关采用减速机驱动。大门内侧采用耐磨橡胶进行防护。

（3）抛丸器总成　抛丸室上安装20台抛丸器总成。该设备选用QY360型抛丸器，其技术特点详见3.2节。

（4）丸料循环净化系统　该设备丸料循环净化系统由带式输送机、螺旋输送器、斗式提升机、丸渣分离器、气动供丸阀等组成，其技术特点详见3.3节与3.4节。

（5）平台等辅助系统　平台等辅助系统技术特点详见8.2.4小节。

（6）除尘系统　该设备除尘系统由滤筒除尘器、旋风除尘器、沉降箱、管道等组成。滤筒除尘器技术特点详见3.6.3小节。

（7）电控系统　电控系统由电控柜、触摸屏、PLC、限位装置、电气管线等组成。

抛丸配备上位机中央控制系统，通过配置触摸屏，能对生产过程进行实时监控显示，如每天生产工件的数量（可调用输送系统数据）、设备运行时间、工艺流程及故障报警等信息的显示。同时，预留有与车间MES和工厂ERP系统的通信接口。控制系统设有主要耐磨件使用时间记录,当达到预设时间时,系统自动提醒哪些耐磨件需要更换。

8.5　中小型铸、锻件表面清理解决方案

目前,铸造行业连续在线作业、应用广泛的抛丸机主要有 DT 系列连续通过式摆床抛丸机、CT 系列连续通过式钢履带抛丸机、QWD1250 型铸造专用网带式抛丸机和 IBC7-37 系列制动盘专用带通过式抛丸机四种。

QWD1250 型铸造专用网带式抛丸机主要应用于怕磕碰的薄壁件或盘状类中小型铸铁件等的表面抛丸清理,工作时,工件被均匀放置在锰钢网带上,边随网带行走边接受丸料清理,清理效率较低,清理完成后,工件下表面可能存在网纹。

IBC7-37 系列制动盘专用带通过式抛丸机主要用于汽车制动盘的清理,属于专用抛丸机,应用范围较小,在此不做详细表述。

DT 系列连续通过式摆床抛丸机和 CT 系列连续通过式钢履带抛丸机主要适用于铸造、锻造、热处理等行业的中小型零件(如制动片、制动毂、法兰件、曲轴、凸轮轴、缸体等)的抛丸处理,尤其适用于流水线的大批量生产,在铸造行业连线生产中应用较为广泛。

8.5.1　连续通过式摆床抛丸机

连续通过式摆床抛丸机适用于中小型铸件、锻件或多种混合工件的自动、连续抛丸清理,减少了物料周转过程,大幅提升了生产的连贯性,其具体特点如下。

1)全自动、连续的生产流程,易于整合到生产线中,降低运行成本。

2)清理性能高,抛丸周期短,实现生产率最大化。

3)全自动清理模式,无须手动操作,有助于改善工作环境和降低操作人员受伤害的风险。

4)优化的多角摆床内部空间结构,利于较大工件的柔和翻滚及表面清理。

5)可拆卸的多角摆床内衬高锰钢板,便于摆床床体的维护和更换。

6)可实现生产速率的自适应调整。根据进件流量检测,可自动调整抛丸流量和摆床运行速度,实现最佳的抛丸清理效果和最低的设备及丸料损耗。

7)优化设计的单壳体双提升机构,占地空间小,且有效降低设备安装高度。

8)通过对高效节能抛丸器的内部结构优化,实现耐磨件的快速更换。

1. 连续通过式摆床抛丸机结构

连续通过式摆床抛丸机由抛丸室、多角摆床机构、抛丸器、摆床驱动、提升机、分离器、除尘系统、丸料回收输送系统等部件组成,其结构简图如图 8-16 所示。

2. 设备工作流程

工作时,除尘系统、分离器、提升机、螺旋输送器、振动筛、输送系统等依次开始运行后,开启抛丸器。首先,在室外的进料系统装载工件,工件进入抛丸室,开始对工件进行抛丸清理。工件一边前行一边翻滚,同时接受弹丸击打,以清除工件表面的氧化皮、铁锈和污物等,直至离开抛丸室,进入输送系统时,工件便一次性清理完毕。重复此过程直至工作完毕,按顺序停机。

连续通过式摆床抛丸机的工艺流程如图 8-17 所示。

图 8-16　连续通过式摆床抛丸机（DT11-350）结构简图

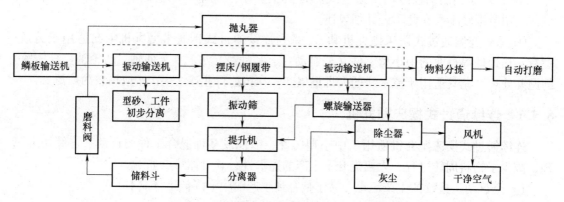

图 8-17　连续通过式摆床抛丸机的工艺流程

3. 选型参数

根据工件大小及生产量的需求，山东开泰集团有限公司设计了 3 款共计 6 个型号的连续通过式摆床抛丸机供用户选用，选型参数见表 8-7。

表 8-7　连续通过式摆床抛丸机选型参数

型号	DT11-350	DT14-450	DT14-650	DT14-850	DT17-650	DT17-850
工件对角线尺寸/mm	≤450	≤850	≤850	≤850	≤950	≤950
最大工件质量/kg	30	80	80	80	150	150
抛丸器数量/个	3	4	6	8	6	8
单个抛丸器功率/kW	30~45	30~55	30~55	37~55	37~55	37~55
连续处理能力/(t/h)	4~6	6~8	8~12	12~15	12~20	15~25

4. 关键零部件简介

（1）抛丸室

1）室体：室体包括钢结构及其支承的所有必备组件，室体由钢板与型材焊接组装而成，内衬优质轧制 Mn13 板，室体上开检修门，用于设备检查和维修。排气罩通过除尘管道连接到除尘系统。抛丸室合理布置抛头，确保最佳的丸料抛射角度，从而彻底清理工件。

2）倾角调整：根据工件数量及生产速率，基于预设的参数，可通过液压缸对摆床的倾斜角度进行控制，使摆床处于最佳状态，确保最佳清理效果和对设备零部件及丸料的最低损耗。

（2）多角摆床　多角摆床内部隆起多个角，便于工件反转。多角摆床内衬为耐磨高锰钢板，内衬底部的穿孔有助于丸料的排出与回收。多角摆床由液压系统驱动，以120°的摆角围绕槽的纵轴左右摆动，摆动频率调节通过电气控制完成，结合旋转限位机构，避免摆床回转振动，保证形状各异的工件在抛丸过程中得到柔性翻滚。在摆床翻滚过程中，丸料不断被排出，甚至工件内腔的丸料也可以被彻底清除。

（3）抛丸器　抛丸室顶壁上安装了3~8台抛丸器总成。该设备采用SRD500型抛丸器，其技术特点详见3.2节。

（4）丸料循环净化系统　丸料循环净化系统由连杆振动输送机、螺旋输送器、斗式提升机、丸渣磁选分离器、气动供丸阀等组成，其技术特点详见3.3节与3.4节。

（5）振动筛　该设备前后各装有1台振动输送器，参与物料输送循环。

进料振动输送器位于室体入口处，接收流水线上传送来的工件，将其送入摆床机构。进料振动输送器装有检测装置，检测输送量及较大尺寸工件，如有超过处理要求尺寸的工件，控制系统能接收相应的信号，实现自动控制或报警。

出料振动输送器位于室体出口处，接收摆床内抛打完成的工件，将其送入相应的传输线。出料振动输送器还有筛分功能，将工件带出来的丸料筛分出来进入底部收丸螺旋中，最终回到弹丸循环系统。

5. DT11-350型连续通过式摆床抛丸机技术参数

DT11-350型连续通过式摆床抛丸机技术参数见表8-8。

表 8-8　DT11-350 型连续通过式摆床抛丸机技术参数

序号	名称	数量	技术参数	备注
1	处理能力		2~6t/h	视工件复杂程度 工件存在轻微磕碰现象
2	对工件的要求	一	工件对角线尺寸：≤400mm 单个工件质量：≤30kg 工件最高温度≤80℃	
3	抛丸室	1	主室尺寸（长×宽×高）： 6608mm×2042mm×2200mm	
4	多角度摆床	1	长度：5505mm 滚筒内径：ϕ1100mm 摆动角度：120°	
5	抛丸器	3	型号：SRD500 抛丸量：3×650kg/min	传动方式：带传动 电动机功率：3×45kW
6	提升机	1	双提升机构 单边提升量：120t/h	减速机功率：15kW
7	分离器	1	磁选分离器 一级磁选+二级磁选+布料螺旋+风选	减速机功率： 1.5kW+0.25kW+5.5kW

（续）

序号	名称	数量	技术参数	备注
8	弹丸循环量	—	120t/h	
9	供丸阀	3	型号：DK50	气缸控制开关
10	除尘系统	1	脉冲布袋除尘器：MC260BF 旋风除尘器：XLP/B-2X10.6 处理风量：21000m³/h	风机功率：37kW
11	摆床驱动	1	液压驱动	
12	振动输送机	2		电动机功率：2×2.2kW （前后各1台，共8.8kW）
13	连杆振动输送机	1		电动机功率：5.5kW
14	收丸螺旋输送器	1	输送量：60t/套	电动机功率：1.5kW
15	布料螺旋	1	输送量：120t/h	电动机功率：5.5kW
16	设备总功率		≈230kW	工作电压：380V/50Hz 操作电压：220V/50Hz
17	初装丸料量	—	6000kg	
18	压缩空气		气源压力：0.6~0.8MPa	消耗量：3m³/min
19	粉尘排放浓度		≤10mg/m³	
20	噪声		≤93dB（A）	

6. DT14-650型连续通过式摆床抛丸机技术参数

DT14-650型连续通过式摆床抛丸机技术参数见表8-9。

表8-9　DT14-650型连续通过式摆床抛丸机技术参数

序号	名称	数量	技术参数	备注
1	处理能力		10~15t/h	视工件复杂程度 工件存在轻微磕碰现象
2	对工件的要求	—	最大工件尺寸（长×宽×高）： 680mm×500mm×350mm 单个工件质量：≤150kg 工件最高温度：≤150℃	
3	抛丸室	1	主室尺寸（长×宽×高） 9000mm×2600mm×3000mm	
4	多角度摆床	1	长度：8595mm 滚筒内径：φ1460mm 摆动角度：120°	
5	抛丸器	6	型号：SRD500 抛丸量：6×650kg/min	传动方式：带传动 电动机功率：6×55kW
6	提升机	2	提升量：200t/h	减速机功率：2×18.5kW

（续）

序号	名称	数量	技术参数	备注
7	弹丸循环量	—	200t/h	
8	供丸阀	6	型号：DK80	气缸控制开关
9	除尘系统	1	脉冲布袋除尘器：MC490B 旋风除尘器：XLP/B-2×15.0 处理风量：≥36000m³/h	风机功率：55kW 过滤效果：≥99.5%
10	摆床驱动	1	液压系统	
11	设备总功率		≈500kW	工作电压：380V/50Hz 操作电压：220V/50Hz
12	初装丸料量	—	20000kg	
13	压缩空气		气源压力：0.5~0.6MPa	消耗量：2m³/min
14	粉尘排放浓度		≤10mg/m³	
15	噪声		≤93dB（A）	

7. DT17-650 型连续通过式摆床抛丸机技术参数

DT17-650 型连续通过式摆床抛丸机技术参数见表 8-10。

表 8-10　DT17-650 型连续通过式摆床抛丸机技术参数

序号	名称	数量	技术参数	备注
1	处理能力		12~20t/h	视工件复杂程度 工件存在轻微磕碰现象
2	对工件的要求	—	工件对角线尺寸：≤950mm 单个工件质量：≤100kg 工件温度：≤80℃	
3	抛丸室	1	主室尺寸（长×宽×高）： 9475mm×3030mm×3095mm	
4	多角度摆床	1	长度：8660mm 滚筒内径：φ1800mm 摆动角度：120°	
5	抛丸器	6	型号：SRD500 抛丸量：6×650kg/min	传动方式：带传动 电动机功率：6×45kW
6	提升机	2	提升量：240t/h	减速机功率：2×22kW
7	分离器	1	磁选分离器 一级磁选+二级磁选+布料螺旋+风选	减速机功率： 0.75kW+0.75kW+0.25kW+ 1.5kW+5.5kW
8	弹丸循环量		240t/h	
9	供丸阀	3	型号：DK80	气缸控制开关

（续）

序号	名称	数量	技术参数	备注
10	除尘系统	1	脉冲布袋除尘器：MC490B 旋风除尘器：XLP/B-2×15.0 处理风量：≥36000m³/h	风机功率：55kW
11	摆床驱动	1	液压驱动	
12	振动输送机	3		电动机功率：2×3.7kW
13	带式输送机	1		电动机功率：5.5kW
14	收丸螺旋输送器	1	型号：LX60 输送量：60t/套	电动机功率：1.5kW
15	布料螺旋	1	输送量：240t/h	电动机功率：15kW
16	底部输送螺旋	1	输送量：240t/h	电动机功率：7.5kW
17	设备装机功率	—	≈485kW	工作电压：380V/50Hz 操作电压：220V/50Hz
18	初装丸料量		6000kg	
19	压缩空气		气源压力：0.6~0.8MPa	消耗量：2m³/min
20	粉尘排放浓度		≤10mg/m³	
21	噪声		≤93dB(A)	

8.5.2 连续通过式钢履带抛丸机

连续通过式钢履带抛丸机适用于中小型铸件、锻件或多种混合工件的自动、连续抛丸清理，减少了物料周转过程，大幅提升了生产的连贯性，其具体特点和连续通过式摆床抛丸机相似，在这里不再重复叙述。

1. 连续通过式钢履带抛丸机结构

连续通过式钢履带抛丸机由抛丸室、履带输送机构、抛丸器、提升机、分离器、除尘系统、送（出）料振动筛，丸料回收输送系统等部件组成，其结构简图如图8-18所示。

2. 设备工作流程

待清理的工件从用户的进料输送器到达该设备的振动输送器上。随后，工件经进料滚筒进入抛丸区，安装在抛丸室顶部的抛头对其所有的表面进行彻底的抛丸清理，同时由钢履带搭接形成的滚筒使工件不停

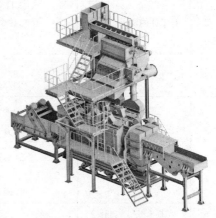

图8-18 连续通过式钢履带抛丸机结构简图

地翻滚，确保了表面残余磨料的清除。清理后的工件被送至下料振动输送器上，接着再送达用户提供的输送器上。

进/出口滚筒及钢履带均有穿孔，用于丸料的排除与回收。该设备的核心部件是高锰钢制成的履带板，工件在履带板连续转动的过程中持续滚动以实现彻底的清理。

3. 选型参数

根据工件大小及生产量的需求，山东开泰集团有限公司设计了 5 个型号的连续通过式钢履带抛丸机供用户选用，选型参数见表 8-11。

表 8-11　连续通过式钢履带抛丸清理机选型参数

型号	TR3-12/CT3-45	TR4-10/CT4-45	TR4-12/CT4-55	TR6-12/CT6-55	TR6-18/CT6-90
工件对角线长度/mm	≤500	≤500	≤900	≤900	≤1000
最大工件质量/kg	80	80	80	80	100
抛丸器数量/个	3	4	4	6	6
单个抛丸器功率/kW	30~45	30~45	37~55	45~55	55~90
连续处理能力/(t/h)	4~8	6~10	8~15	10~18	18~25

4. 关键零部件简介

（1）抛丸室室体　室体包括钢结构及其支承的所有必备组件，室体由普通钢板与型材焊接组装而成，内衬优质轧制 Mn13 板，室体上开检修门，用于设备检查和维修。排气罩通过除尘管道连接到除尘系统。抛丸室合理布置抛头，确保最佳的丸料抛射角度，从而彻底清理工件。室体呈 2° 的倾斜角，便于工件在翻转中前行，且使履带处于最佳填充状态，确保最佳清理效果和对设备零部件及丸料的最低损耗。抛丸室室体结构如图 8-19 所示。

（2）履带输送机构　履带由固定在左、右链环上的履带板搭接而成，形成筒体。履带板为耐磨性高锰板切割而成（寿命大于 20000h），板上有 ϕ10mm 的穿孔，便于丸料的排出与回收。履带板搭接而成的滚筒在驱动轴的作用下转动，带动工件在筒体内翻转，工件翻转频率及行走速度可通过控制器调节减速机转速来实现，保证形状各异的工件在抛丸过程中进行柔和翻滚。在筒体转动过程中，丸料不断被排出，甚至工件内腔的丸料也可以被清理干净。履带输送机构如图 8-20 所示。

图 8-19　抛丸室室体结构

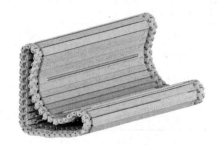

图 8-20　履带输送机构

（3）进出口滚筒　由焊接滚筒、轴承、轴承密封等组成，筒体内衬为轧制 Mn13，筒体上有 ϕ12mm 的漏砂孔，便于型砂与丸料排出。进出口滚筒通过轴承与室体紧固，一端压在连接履带板的链环处，使搭接的履带板形成筒体形状。

（4）抛丸器　该设备采用 SRD500 型抛丸器，其技术特点详见 3.2 节。

（5）丸料循环净化系统　丸料循环净化系统由连杆振动输送机、螺旋输送器、斗式提升机、丸渣磁选分离器、气动供丸阀等组成，其技术特点详见 3.3 节与 3.4 节。

（6）振动筛　参见8.5.1小节连续通过式摆床抛丸机关键零部件简介中关于振动筛的介绍。

5. TR3-12/CT3-45型连续通过式钢履带抛丸机技术参数

TR3-12/CT3-45型连续通过式钢履带抛丸机技术参数见表8-12。

表8-12　TR3-12/CT3-45型连续通过式钢履带抛丸机技术参数

序号	名称	数量	技术参数	备注
1	处理能力	—	4~8t/h	视工件复杂程度
2	对工件的要求		单个工件质量：≤80kg 工件温度：≤80℃	工件对角线尺寸：≤900mm
3	抛丸室	1	尺寸（长×宽×高）：2988mm×2289mm×3931mm	
4	履带输送机构	1	长度：1200mm 端盘直径：φ1450mm	高耐磨性轧制Mn13板
5	抛丸器	4	型号：SRD500 抛丸量：3×650kg/min	传动方式：带传动 电动机功率：3×45kW
6	提升机	1	提升量：120t/h	减速机功率：11kW
7	弹丸循环量		120t/h	
8	供丸阀	4	型号：DK50	气缸控制开关
9	除尘系统	1	型号：FDC-126 旋风除尘器：XLP/B-2X10.6 处理风量：>15000m³/h	扁布袋旁插式除尘器 风机功率：30kW
10	履带驱动	1	减速机	2×5.5kW
11	设备总功率	—	≈220kW	工作电压：380V/50Hz 操作电压：220V/50Hz
12	补加钢丸装置	1	储料斗、筛网、弹丸控制阀，料位检测等	
13	初装丸料量		6000kg	
14	压缩空气		气源压力：0.5~0.6MPa	消耗量：1m³/min
15	维护平台	1	支架、爬梯、栏杆等	
16	工件送料机构	2	进料振动输送机、出料振动输送机	
17	粉尘排放浓度		≤10mg/m³	
18	噪声		≤93dB（A）	

6. TR4-10/CT4-45型连续通过式钢履带抛丸机技术参数

TR4-10/CT4-45型连续通过式钢履带抛丸机技术参数见表8-13。

表8-13　TR4-10/CT4-45型连续通过式钢履带抛丸机技术参数

序号	名称	数量	技术参数	备注
1	处理能力	—	6~10t/h	视工件复杂程度
2	对工件的要求		单个工件质量：≤100kg 工件温度：≤80℃	工件对角线尺寸：≤500mm

（续）

序号	名称	数量	技术参数	备注
3	抛丸室	1	主室尺寸（长×宽×高）： 3330mm×2230mm×3000mm	
4	履带输送机构	1	长宽：2750mm 端盘直径：ϕ1250mm	履带板厚度：25mm 高耐磨性轧制 Mn13 板
5	抛丸器	4	型号：SRD500 抛丸量：4×650kg/min	传动方式：带传动 电动机功率：4×45kW
6	提升机	1	提升量：150t/h	减速机功率：11kW
7	弹丸循环量		150t/h	
8	供丸阀	4	型号：DK50	气缸控制开关
9	除尘系统	1	脉冲布袋除尘器：MC260BF 旋风除尘：XLP/B-2X10.6 处理风量：20000m³/h	风机功率：37kW
10	履带驱动	1	减速机	2×5.5kW
11	设备总功率	—	≈210kW	工作电压：380V/50Hz 操作电压：220V/50Hz
12	补加钢丸装置	1	储料斗、筛网、弹丸控制阀， 料位检测等	
13	初装丸料量	—	6000kg	
14	压缩空气		气源压力：0.5~0.6MPa	消耗量：2m³/min
15	维护平台	1	支架、爬梯、栏杆等	
16	工件送料机构	2	进料振动输送机、出料振动输送机	电动机功率：2×3kW
17	整体设备	—	外形尺寸（长×宽×高）： 14500mm×9900mm×6700mm	
18	粉尘排放浓度		≤10mg/m³	
19	噪声		≤93dB(A)	

7. TR4-12/CT4-55 型连续通过式钢履带抛丸清理机技术参数

TR4-12/CT4-55 型连续通过式钢履带抛丸机技术参数见表 8-14。

表 8-14 TR4-12/CT4-55 型连续通过式钢履带抛丸机技术参数

序号	名称	数量	技术参数	备注
1	处理能力		8~15t/h	视工件复杂程度
2	对工件的要求	—	单个工件质量：≤100kg 工件温度：≤80℃	工件对角线尺寸：≤900mm
3	抛丸室	1	主室尺寸（长×宽×高）：3345mm×2380mm×3000mm	
4	履带输送机构	1	长度：2750mm 端盘直径：ϕ1450mm	履带板厚度：25mm 高耐磨性轧制 Mn13 板

(续)

序号	名称	数量	技术参数	备注
5	抛丸器	4	型号：SRD500 抛丸量：4×650kg/min	传动方式：带传动 电动机功率：4×55kW
6	提升机	1	提升量：200t/h	减速机功率：15kW
7	弹丸循环量	—	200t/h	
8	供丸阀	4	型号：DK50	气缸控制开关
9	除尘系统	1	脉冲布袋除尘器：MC360BF 旋风除尘器：XLP/B-2X12.0 处理风量：25000m³/h	风机功率：45kW
10	履带驱动	1	减速机	2×5.5kW
11	设备总功率	—	≈210kW	工作电压：380V/50Hz 操作电压：220V/50Hz
12	补加钢丸装置	1	储料斗、筛网、弹丸控制阀，料位检测等	
13	初装丸料量	—	8000kg	
14	压缩空气		气源压力：0.5~0.6MPa	消耗量：2m³/min
15	维护平台	1	支架、爬梯、栏杆等	
16	工件送料机构	2	进料振动输送机、出料振动输送机	电动机功率：2×3kW
17	整体设备		外形尺寸（长×宽×高）： 15600mm×10000mm×7500mm	
18	粉尘排放浓度	—	≤10mg/m³	
19	噪声		≤93dB(A)	

8.5.3　铸件专用连续通过式网带抛丸机

WDS1250-850型连续通过式网带抛丸机主要适用于铸铁、铝合金等材质的扁平、薄壁及易损件的清理，工件运输平稳可靠无冲击，上下两面均能实现均匀抛丸，其主要特点如下。

1）特别适用于扁平、薄壁及易损件的清理需求。

2）锰钢线制作的钢丝编织网状输送带。

3）网带运行速度、丸料抛射速度和丸料量自动调整。

4）表面清理均匀，提高工件表面清理一致性。

1. 被清理工件及要求

WDS1250-850型连续通过式网带抛丸机被清理工件及要求见表8-15。

表8-15　WDS1250-850型连续通过式网带抛丸机被清理工件及要求

序号	名称	技术要求	备注
1	工件	最大尺寸（长×宽×高）：540mm×410mm×180mm 最小尺寸（长×宽×高）：60mm×75mm×20mm 工件质量：≤75kg	含砂量： 最大30%，平均13%
2	处理目的	清除残余粘砂、表面氧化皮等，直观发现表面铸造缺陷	

2. WDS1250-850 型连续通过式网带抛丸机结构

WDS1250-850 型连续通过式网带抛丸机由抛丸室、网带输送机构，抛丸器、提升机、分离器、除尘系统、振动筛筛分机构等部件组成，其结构简图如图 8-21 所示。

（1）工作原理　除尘系统、带式输送机、振动输送机、分离器、提升机、螺旋输送器、网带输送系统、抛丸器等依次开始运行后，设备预备工作完成。工件清理时首先在抛丸室外的网带上装载工件，然后工件会随着网带进入抛丸室，当工件到达指定位置时供丸阀依次打开并开始对工件进行抛丸清理作业。工件随着网带向前运动，接受弹丸击打，以有效清除铸件表面粘砂、氧化皮等杂质，直至离开抛丸室并进入高压吹扫区域，并由高压风机对工件表面残留灰尘及弹丸进行清理，随后工件将由网

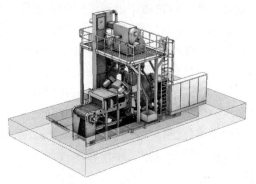

图 8-21　WDS1250-850 型连续
通过式网带抛丸机结构简图

带送至下道工序。当工件随网带进入设备出件口时，由出件口光幕进行检测，当光幕未在固定时间段内检测到工件，供丸阀将自动关闭。重复此过程直至工作完毕，按顺序停机。

WDS1250-850 型连续通过式网带抛丸机工艺流程如图 8-22 所示。

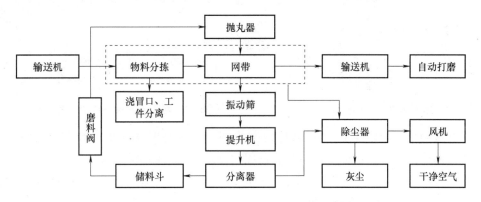

图 8-22　WDS1250-850 型连续通过式网带抛丸机工艺流程

（2）选型参数　WDS1250-850 型连续通过式网带抛丸机选型参数见表 8-16。

表 8-16　WDS1250-850 型连续通过式网带抛丸机选型参数

最大工件质量/kg	最大装载量/(kg/m)	网带宽度/mm	装载高度/mm
50	200	1250	1100
抛丸器数量/个	单个抛丸器功率/kW	单台抛丸量/(kg/min)	网带速度/(m/min)
8	37~45	520~650	1~3

（3）关键零部件简介

1）抛丸室室体：抛丸室是对工件进行抛丸清理的作业空间，室体由钢板及型钢焊接而成。抛丸室内铺设一层轧制 Mn13 耐磨锰钢护板，且护板缝隙采用焊接轧制 Mn13 钢板条进行防护。同种护板可以通用互换，均用特制防护螺母压紧，便于必要时拆装更换。抛丸室室

体结构简图如图 8-23 所示。

抛丸室底部设有集丸斗，以使弹丸流入底部的振动输送机中，室体底部设有防护板。

抛丸室室体侧壁装有检修门，便于人工检修。检修门均设有安全开关，防止工人在设备启动及设备运行过程中出现误操作而受伤。

2）前后密封室室体：前后密封室室体均由钢板及型钢焊接而成，内衬耐磨橡胶板，并用特制防护螺母压紧，便于必要时拆装更换。室体底部均设集丸斗，以使弹丸流入底部的振动输送机中。前后密封室内各设 5 层橡胶密封帘，可有效阻止弹丸飞溅。

3）吹扫系统：负责对工件表面残留的弹丸及浮尘进行清理。吹扫系统采用高压风机提供高压空气，并在密封室内靠近出口位置布置喷吹管对工件表面进行吹扫清理，且喷吹管高度可根据室体进口检测光幕自动调整高度，高度调节采用丝杠升降机及拉线编码器进行精确调节。由于部分工件实际形状尺寸较为复杂，可能会存在喷吹后表面仍然会有弹丸残留的现象。

4）网带输送系统：由水平金属网带、主动辊筒、改向辊筒、张紧装置、支承辊道等组成，其结构简图如图 8-24 所示。

图 8-23　抛丸室室体结构简图　　　　图 8-24　网带输送系统结构简图

水平金属网带采用特殊工艺方法制作而成，其金属网带形状使得工件在抛丸清理时弹丸能有效通过网带网孔，以保证工件上下表面能得到均匀有效的抛射清理。

水平金属网带特点：①网带材质采用耐磨锰钢；②锰钢丝直径 6.3mm，横轴钢丝直径 8mm；③网带孔长 80mm、宽 50mm。

主动辊筒采用优质大口径钢管制作，外表进行挂胶处理，以增加网带与辊筒之间的摩擦力，使运转更顺畅。支撑辊道轴均采用优质碳素钢无缝钢管与调质轴头焊接而成。抛丸室内支承辊道采用高铬耐磨合金护套进行防护。网带输送系统由齿轮减速机带动主动滚筒旋转以驱动网带运转，齿轮减速机采用变频调速，以适应不同工件的清理速度（注：工件与网带接触面会有网痕现象）。

网带张紧采用弹簧加气缸张紧方式，首先弹簧会为网带增加一预张紧力，再通过气缸对网带进行主动张紧，此种设计可有效避免因压缩空气中断导致的网带松动问题。并且底部两根从动辊设有手动可调式张紧装置，也可以对网带进行手动张紧。

网带底部及侧部均设有安全防护装置，以确保网带运行时工作人员的安全。

5）抛丸器：该设备采用 SRD500 型抛丸器，其技术特点详见 3.2 节。

6）丸料循环净化系统：由连杆振动输送机、螺旋输送器、斗式提升机、丸渣磁选分离器、气动供丸阀等组成，其技术特点详见 3.3 节与 3.4 节。

（4）主要技术参数　WDS1250-850 型连续通过式网带抛丸机主要技术参数见表 8-17。

表 8-17　WDS1250-850 型连续通过式网带抛丸机主要技术参数

序号	名称	数量	技术参数	备注
1	抛丸室	1	尺寸（长×宽×高）：5850mm×2100mm×2720mm 丝杠升降机速度：4mm/s	吹扫风机功率：7.5kW 丝杠升降机功率：2.2kW
2	网带输送系统	1	运行速度：1~3m/min 网带张紧：弹簧+气动张紧	功率：1.5kW（变频） 网带：锰钢丝直径 6.3mm， 横轴钢丝直径 8mm
3	抛丸器	8	型号：SRD500 抛丸量：8×550kg/min	带传动 电动机功率：8×37kW（变频）
4	提升机	1	提升量：270t/h 输送带运行速度：1.2m/s	减速机功率：22kW 带制动功能
5	磁选滚筒分离器	1	二级磁选分离 分力量：270t/h	一级磁选电动机：2×0.75kW 二级磁选电动机：0.25kW
6	振动输送机 1	1	输送量：150t/h	电动机功率：2×3kW
7	振动输送机 2	1	输送量：150t/h	电动机功率：2×3kW
8	振动输送机 3	1	输送量：270t/h	电动机功率：2×3kW
9	螺旋输送器	1	输送量：270t/h	电动机功率：15kW
10	收灰螺旋	1	输送量：8t/h	电动机功率：0.75kW
11	自动补料装置	1	容量：2t	DK50 型弹丸阀控制
12	弹丸循环量	—	270t/h	
13	供丸阀	9	型号：DK50	气缸控制开关（电控流量调节）
14	隔音房	—	整机设备全封闭	选配
15	除尘系统	1	脉冲布袋除尘器：MC410B 旋风除尘器：CLP/B4-8.2 处理风量：28000m³/h	风机功率：37kW
16	总功率		≈402kW	工作电压：380V/50Hz 操作电压：220V/50Hz
17	压缩空气	—	气源压力：0.5~0.7MPa	消耗量：0.5m³/min
18	初装丸料量		6000kg	
19	粉尘排放浓度		≤20mg/m³	
20	设备噪声		≤93dB（A）	

8.6　铝压铸件清理解决方案

在工业生产中，有色金属件（如铝件、铜件）以及不锈钢件等常常需要经过表面处理去除表面的氧化物、污垢、毛刺、残渣等，以确保产品质量和性能。抛丸机作为一种常见的表面清理设备，能够通过高速抛射不同类型的抛丸介质来清理工件表面，通过控制抛丸介质与所处理材料的一致性，以保证所处理工件表面不会被其他金属所污染，提供了一种高效且可靠的清洁解决方案。

8.6.1 吊钩式铝压铸件抛丸清理方案

中、小型铝压铸件在产量较小时多采用吊钩式抛丸清理机对表面进行去除氧化物、污垢等杂质，其工件参数和技术要求见表 8-18。

表 8-18 工件参数和技术要求

序号	项目	技术要求	备注
1	工件参数	最大尺寸：ϕ1000mm×1200mm 工装吊挂多件或单件处理 单件质量：≤800kg	铝压铸件
2	处理目的	清除飞边毛刺、表面氧化皮等，直观发现表面缺陷，消除应力集中，提高表面附着力	
3	所用磨料	ϕ0.2~ϕ0.3mm 不锈钢丸	仅供参考
4	清理目的	清除工件表面的氧化皮、铁锈，提高工件表面的附着力	
5	表面清洁度	符合 GB/T 8923.1—2011，A~B Sa2.5 级	

Q376L 型/Q378L 型吊钩式抛丸机主要由导轨支架、抛丸室、抛丸器、供丸阀、提升机、分离器、螺旋输送器、自转机构、吊钩系统、辅助装置、水除尘装置等部件组成。Q376L 型/Q378L 型吊钩式抛丸机结构简图如图 8-25 所示。

1. 设备工作原理

本机由吊钩承载工件进入抛丸室进行抛丸清理。工作时，当除尘系统、提升机、分离器、螺旋输送器等依次启动运行后，电动葫芦吊起一挂工件上升至设定高度，然后沿轨道水平运行进入抛丸室，在到达设定位置后停止水平运行，开始自转。此时将抛丸室大门关闭，接着将抛丸器和供丸阀依次打开，开始对工件进行抛丸清理。当设定的抛丸时间结束，供丸阀和抛丸器依次自

图 8-25　Q376L 型/Q378L 型吊钩式抛丸机结构简图

动关闭，将抛丸室大门及顶部密封打开，机内的整挂工件在电动葫芦的驱动下运行至室外设定位置，将清理后的工件卸下，如此一次工作循环即告完成。

设备整机设有多处防爆口，并且电动机均采用防爆电动机。

2. 设备具体技术参数

Q376L 型和 Q378L 型吊钩式抛丸机技术参数见表 8-19 与表 8-20。

表 8-19　Q376L 型吊钩式抛丸机技术参数

序号	名称	数量	技术参数	备注
1	抛丸室	1	尺寸（长×宽×高）：1506mm×2200mm×2868mm 清理范围：ϕ1000mm×1200mm	气动门

（续）

序号	名称	数量	技术参数	备注
2	抛丸器	2	型号：KT380D11 抛丸量：2×165kg/min	带传动（变频） 电动机功率：2×11kW
3	供丸阀	2	型号：DK15	气缸控制开关
4	提升机	1	提升量：20t/h 输送带运行速度：1.1m/s	减速机功率：2.2kW 带制动功能
5	分离器	1	分离量：20t/h	
6	螺旋输送器	1	输送量：20t/h	与提升机共用减速机
7	弹丸循环量	—	20t/h	
8	自转机构	1	自转速度：3r/min	减速机功率：0.55kW
9	吊钩系统	2	最大载重：800kg 升降速度：8m/min 运行速度：10m/min	起重功率：2×0.4kW 运行功率：2×0.75kW
10	除尘系统	1	水除尘器 旋风除尘器：XLP/B-7.0 处理风量：3500m³/h	风机功率：3kW
11	总功率		≈31kW	工作电压：380V/50Hz 操作电压：220V/50Hz
12	压缩空气	—	气源压力：0.5~0.7MPa	消耗量：0.2m³/min
13	初装丸料量		6000kg	
14	粉尘排放浓度		≤10mg/m³	
15	设备噪声		≤93dB(A)	

表 8-20　Q378L 型吊钩式抛丸机技术参数

序号	名称	数量	技术参数	备注
1	抛丸室	1	尺寸（长×宽×高）：1978mm×2700mm×3100mm 清理范围：φ1500mm×1600mm	气动门
2	抛丸器	2	型号：KT380D11 抛丸量：2×165kg/min	带传动（变频） 电动机功率：2×11kW
3	供丸阀	2	型号 DK15	气缸控制开关
4	提升机	1	提升量：20t/h 输送带运行速度：1.1m/s	减速机功率：2.2kW 带制动功能
5	分离器	1	分离量：20t/h	
6	螺旋输送器	1	输送量：20t/h	与提升机共用减速机
7	弹丸循环量	—	20t/h	
8	自转机构	1	自转速度：3r/min	减速机功率：0.55kW
9	吊钩系统	2	最大载重：800kg 升降速度：8m/min 运行速度：10m/min	起重功率：2×0.4kW 运行功率：2×0.75kW

（续）

序号	名称	数量	技术参数	备注
10	除尘系统	1	滤筒除尘器：PF-4-L 旋风除尘器：XLP/B-7.0 处理风量：4000m³/h	风机功率：4kW （清理铝压铸件可更换水除尘装置）
11	总功率		≈32kW	工作电压：380V/50Hz 操作电压：220V/50Hz
12	压缩空气	—	气源压力：0.5~0.7MPa	消耗量：0.2m³/min
13	初装丸料量		6000kg	
14	粉尘排放浓度		≤10mg/m³	
15	设备噪声		≤93dB(A)	

3. 设备组成及各部件的结构特点

（1）抛丸室　抛丸室是对工件进行抛丸清理的密闭操作空间，室体为轧制 Mn13 钢板焊接结构。抛丸室的一面侧壁上装有抛丸器总成，保证对被清理工件进行全面的抛丸清理。室体内热区多加一层轧制 Mn13 护板，采用挂式结构，方便拆卸更换。

室体下部有钢板围成的漏斗，以使弹丸流入底部的螺旋输送器中。室体顶部的吊钩行走槽设有密封机构，槽内设有密封板，既方便吊钩的进出，又提高了设备的密封效果，同时在密封上部设有气动盖板装置，对密封进行加强，防止弹丸飞出。

（2）气动大门　抛丸室大门采用气动开门方式，大门内侧衬有轧制 Mn13 护板，大门四周的海绵橡胶密封条起到有效的密封作用。大门的下方借用室体前部的收丸料斗装置，将开门时带出的少部分弹丸回收到抛丸室内，避免造成钢丸堆积浪费。

（3）抛丸器总成　抛丸室侧壁上安装了 2 套抛丸器总成，该设备选用 KT380D11 型高效抛丸器，其技术特点详见 3.2 节。

（4）丸料循环净化系统　丸料循环净化系统由螺旋输送器、斗式提升机、丸渣分离器、气动供丸阀等组成，其技术特点详见 3.3 节与 3.4 节。

（5）吊钩系统及自转机构　吊钩系统由电动葫芦、被动链轮、特制吊钩、导轨及支架等组成。吊钩的移动与升降由电动葫芦驱动，吊钩在室体内部的旋转由减速机驱动实现。工作时，吊钩下降吊起工件，在上升到设定位置并触碰行程开关后停止上升，然后沿轨道水平运行进入抛丸室，到达设定位置后停止。

自转机构由减速机、主动链轮及链条、底座支承架等部件组成。工作时，减速机带动主动链轮及链条进行自转，而链条传动过程中带动吊钩系统上的被动链轮自转，从而使被清理工件在抛丸室内回转，实现对工件的全面清理。

（6）除尘系统　该设备采用三级过滤，其中沉降箱进行初级沉降，再由旋风除尘器、水除尘器进行高精度过滤。水除尘器利用离心力和水与含尘气体的充分混合实现空气净化，含尘气流通过一个局部浸没在水中的固定叶轮片时会产生水幕，当含尘气流通过此水幕时，粉尘会从气流中分离高速通过叶轮片的气流而形成湍流，并带走一部分水，在叶片底部有一专门设计的槽形口，用于将额外的水补充到叶轮开口最窄的部位，因为叶轮片会产生某个固定的压降，所以水从槽形口进入后总是向上流动以达到叶轮片净气侧的水位，通过槽形口向上流动的水增加了灰尘与水的相互作用，从而提高了收尘效率。除尘系统还设有一个除渣器，用于收集底部灰尘。

湿式除尘器具有以下优点。

1）由于气体和液体接触过程中同时发生传质和传热的过程，因此这类除尘器既具有除尘作用，又具有烟气降温和吸收有害气体的作用。

2）适用于处理高温、易燃易爆介质。

3）运行正常，净化效率高。

4）可用于雾尘收集。

5）排气量恒定。

6）结构简单、占地面积小，投资低。

7）运行安全、操作及维修方便。

（7）电控系统　本机采用西门子 PLC 控制，且电控系统带有防爆措施。

8.6.2　网带式铝压铸件抛丸清理方案

中、小型铝压铸件在产量较大或连线生产时，多采用网带式抛丸机对表面进行去除氧化物、污垢等杂质的操作，其工件参数和技术要求见表 8-21。

表 8-21　工件参数和技术要求

序号	项目	技术参数	备注
1	工件	最大尺寸：W1000×H500mm 单件质量：≤100kg	铝压铸件
2	处理目的	清除飞边毛刺、表面氧化皮等，直观发现表面缺陷，消除应力集中，提高表面附着力	
3	所用磨料	$\phi 0.3\sim\phi 1.2mm$ 铝丸	仅供参考
4	清理目的	清除工件表面的氧化皮、铁锈，提高工件表面的附着力	
5	表面清洁度	符合 GB/T 8923.1—2011，A~B Sa2.5 级	

QWD1250L 型网带式抛丸机主要由工件输送系统、抛丸室、提升机、抛丸器总成、分离器、提升机、螺旋输送器、弹丸分配系统、高压吹扫系统、湿式除尘系统、电控系统等部件组成。QWD1250L 型网带式抛丸机主体部分与常规网带式抛丸机相比，其抛丸器增加了变频控制，且电动机及减速电动机均增加防爆配置，除尘器由常规脉冲或滤筒除尘器更换为湿式除尘器。

因 QWD1250L 型网带式抛丸机主体部分与常规 QWD1250 型网带式抛丸机规格基本保持一致，其工作原理及各部件结构特点详见 8.5 节。QWD1250L 型网带式抛丸机技术参数见表 8-22。

表 8-22　QWD1250L 型网带式抛丸机技术参数

序号	名称	数量	技术参数	备注
1	抛丸室	1	尺寸（长×宽×高）：2400mm×2120mm×2800mm	
2	前副室	1	尺寸（长×宽×高）：1200mm×2120mm×2250mm 进料口尺寸（宽×高）：1350mm×600mm	

（续）

序号	名称	数量	技术参数	备注
3	后副室	1	尺寸（长×宽×高）：1200mm×2120mm×2250mm 出料口尺寸（宽×高）：1350mm×600mm	
4	网带输送系统	1	长度：≈21600mm 有效宽度：1100mm 运行速度：0.3～2m/min 锰钢丝直径 6.3mm 横轴钢丝直径 8mm	功率：1.1kW（变频调速） 采用气动张紧
5	抛丸器	8	型号：Q034 抛丸量：8×210kg/min 叶轮直径：420mm 投射速度：50～80m/s（变频调速） 传动方式：带传动	电动机功率：8×15kW（防爆）
6	提升机	1	型号：KTS120 提升量：120t/h 输送带运行速度：1.22m/s	减速机功率：11kW
7	分离器	1	型号：KFL120，满幕帘风选式 分离量：120t/h 分离区风速：4～5m/s，分离效果：>99%	减速功率：5.5kW
8	供丸阀	8	气缸控制开关，流量自动调节	
9	横向螺旋输送器	1	输送量：120t/h	减速机功率：5.5kW
10	纵向螺旋输送器	1	输送量：120t/h	减速机功率：7.5kW
11	高压吹扫系统	1	风压：5770Pa，风量：2737m³/h 吹管高度可自动调节（根据工件高度）	减速机功率：2.2kW 高压风机功率：5.5kW
12	除尘器	1	湿式除尘器：DEG-SS-N，size 16 通风量：18000m³/h 过滤效果：>99.5%	风机功率：22kW（防爆）
13	电控系统	1	整机采用 PLC 控制 触摸屏动态模拟 电控柜配备空调系统	
14	总功率		≈182kW	工作电压：380V/50Hz 操作电压：220V/50Hz
15	压缩空气	—	气源压力：0.5～0.7MPa	消耗量：1.2m³/min
16	粉尘排放浓度		≤10mg/m³	
17	设备噪声		≤93dB（A）	

离心铸管内外壁表面清理解决方案

离心铸管广泛应用于公共供水管网、中水供应管网、建筑排水管网、水利工程、城市地下管廊、各种口径输水管路和中低压输气管路等，近年来，离心铸管的使用领域、使用比例和使用量仍在迅速增加。

为提升离心铸管的使用寿命，在铸管出厂前，需对其进行表面喷涂，铸管外壁涂层一般选用聚氨酯、铝粉漆、环氧树脂、高氯化聚乙烯作为涂料，铸管内壁涂层一般选用聚氨酯、环氧陶瓷作为涂料。为了提升涂层的附着力，喷涂前需对铸管内外壁进行抛喷丸处理。因涂层较厚（铸管内壁喷涂的环氧陶瓷厚度不小于 1.2mm），铸管内外表面抛喷丸处理后所要求的表面粗糙度也较大（75~135μm）。

8.7.1 离心铸管结构简图及规格尺寸

离心铸管结构简图如图 8-26 所示，本节介绍的离心铸管内外壁表面清理设备适用铸管的表面清理范围及生产能力要求见表 8-23。其中，DN100~DN350 规格的铸管内壁采用喷砂处理，DN400~DN1000 规格的铸管内壁采用抛丸处理。

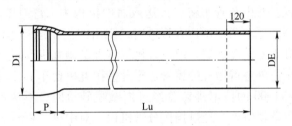

图 8-26 离心铸管结构简图

表 8-23 离心铸管规格尺寸和生产能力要求

规格	DE/mm	D1/mm	P/mm	Lu/mm	生产能力要求/根		
					内喷砂	内抛丸	外抛丸
DN100	118	163~189	88~135	5700~6000	9		18
DN150	222	278~296	100~153	5700~6000	9		18
DN200	274	336~353	105~160	5700~6000	9		18
DN250	326	393~410	110~171	5700~6000	9		18
DN300	378	448~468	110~175	5700~6000	9		18
DN350	429	500~522	110~182	5700~6000	9		18
DN400	480	540~575	120~186	5700~6000		9	18
DN500	532	604~630	120~200	5700~6000		8	18
DN600	635	713~739	130~223	5700~6000		8	18
DN700	738	824~863	150~250	5700~6000		8	14
DN800	842	943~974	160~267	5700~6000		7	14
DN900	945	1052~1082	175~281	5700~6000		7	12
DN1000	1084	1158~1191	185~285	5700~6000		7	12

8.7.2　离心铸管内外壁表面清理装备结构组成

本节介绍的离心铸管内外壁表面清理装备主要由铸管三工位内壁喷砂机、驱动轨道、三工位布管机、挡拨分管机构、对中机、V形支架、举升运管车、铸管双工位内壁抛丸机、铸管双工位外壁抛丸机等组成。

8.7.3　设备工作原理

规格为DN100~DN350的待清理铸管由六工位布进梁输送至铸管三工位内壁喷砂机工位，进行铸管内壁的喷砂处理。内喷砂结束后，再通过六工位布进梁将其运输至驱动轨道上方（同时，六工位布进梁继续将待清理铸管输送至铸管三工位内壁喷砂机工位），再由驱动轨道将铸管送至挡拨分管机构位置。挡拨分管机构将单根铸管逐一送入三工位布管机中，布管小车先将单根铸管送至对中机处，使其承口对齐，并检测铸管直径及管长，操作完成后，再由布管小车将工件送入V形支架中，四工位运管车检测到尾车两工位均有管道时，四工位运管车同时举起内壁抛丸机自转托架上的铸管与V形支架上的铸管，并由减速机驱动运管车行进一个工位，头车将内壁抛丸机自转托架上的铸管送至驱动轨道上，尾车将V形支架上的铸管运送至内壁抛丸机自转托架上。驱动轨道上的工件由驱动轨道顶升液压缸将其推送至挡拨分管机构位置，并由布管车将工件送入对中机构中，待对中完成后送入V形支架中。四工位运管车检测到尾车两工位均有管道时，则由四工位运管车液压顶升将工件托起，由减速机驱动，头车进入外抛丸区域，由举升机构将外壁抛丸机台车上的工件托起，送至驱动轨道上，同时，尾车将外壁待抛丸的铸管送至外壁抛丸机台车上，进行外壁抛丸处理。

规格为DN400~DN1000的待清理铸管经过内壁喷砂机时，不执行内壁喷砂清理作业，由六工位布进梁送至驱动轨道处，经过挡拨分管机构、对中机、V形支架等工位移动，由四工位运管车将其送至内壁抛丸工位，对其进行内壁抛丸清理，然后再逐步运送至外壁抛丸工位，对其进行外壁清理。

8.7.4　转管运管机构简介

1. 驱动轨道

驱动轨道由水平支架、顶升液压缸、顶升支架等组成。顶升支架一端与水平支架铰接，另一端与顶升液压缸铰接，液压缸顶升时，可使顶升支架倾斜一定角度，使内壁清理后的钢管（内喷砂或内抛丸）沿倾斜轨道滚动至挡拨分管机构处。驱动轨道结构简图如图8-27所示。

2. 挡拨分管机构

挡拨分管机构由顶升液压缸、拨管器、分管器等组成。由驱动轨道将工件送至挡拨分管上料位，并由分管器控制钢管位置，再由顶升液压缸推举拨管器，将工件推举至布管机等待工位中。挡拨分管机构简图如图8-28所示。

3. 三工位布管机

三工位布管机由车体、液压升降装置、行走驱动装置组成，上料布管小车对接挡拨分管机构，并从挡拨分管机构进行取件，顶升并行走至下部工位，将工件放置下部工位中。三工位布管机行走驱动减速机采用变频控制，以保证小车平稳运行。行走减速机带有制动装置以提高设备运行的平稳性。三工位布管机的液压升降装置采用液压驱动，动作速度快，运行平稳。三工位布管机结构简图如图 8-29 所示。

图 8-27　驱动轨道结构简图

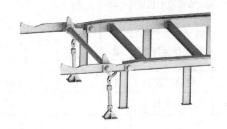

图 8-28　挡拨分管机构简图

4. 铸管对中机

铸管对中机主要由 2 套气动行走推车装置及 V 形拖轮组成。气动行走推车装置由气缸及顶推小车组成，且 2 套气动行走推车装置的气缸推力不同，以保证钢管单边对齐。当钢管在 V 形托辊上时，两边同时驱动，可形成一端完全伸出至固定位置，另一端气缸根据不同管长伸出不同长度，并装有拉线编码器测定钢管长度。另外，无承口端还装有光幕检测工件直径。铸管对中机结构简图如图 8-30 所示。

图 8-29　三工位布管机结构简图

图 8-30　铸管对中机结构简图

5. 四工位运管车

四工位运管车主要由升降装置、横移小车、中间连接臂、液压驱动装置组成。升降装置由升降液压缸顶推带动剪刀状连杆运动，从而使顶部平台完成升降。水平移动则是采用减速机驱动以保证横移小车平稳运行。2 辆横移小车则是采用中间连接臂连接，以保证其同步运行。四工位运管车由布管机进行布管上件。四工位运管车上带有物料检测装置。

6. 转管运管机构主要技术参数

转管运管机构主要技术参数见表 8-24。

表 8-24　转管运管机构主要技术参数

序号	名称	数量	技术参数	备注
1	驱动辊道1	1	升降：≤6m/min	升降驱动：液压
2	三工位布管机	2	载重：4t 运行速度：1~10m/min	功率：2×1.5kW（变频制动） 位置检测采用激光测距

（续）

序号	名称	数量	技术参数	备注
3	铸管对中机	2		气缸推车端部对齐 拉线编码测管长 气驱光电开关测钢管直径
4	四工位运管车	2	升降：≤6m/min 行走：1~10m/min	升降驱动：液压 行走驱动：2×3kW（变频制动）
5	驱动辊道2	1	升降：≤6m/min	升降驱动：液压
6	挡拨分管机构	2	升降：≤6m/min	升降驱动：液压
7	液压系统	1	排量：$2×71cm^3/r$ 转速：2200r/min 流量：2×140L/min	功率：90kW
8	总功率	—	≈189kW	工作电压：380V/50Hz 操作电压：220V/50Hz

8.7.5 铸管三工位内壁喷砂机技术简介

铸管三工位内壁喷砂机的使用范围是规格为 DN100~DN350 的离心铸管。离心铸管规格尺寸见表 8-23。

1. 铸管三工位内壁喷砂机结构组成

本节介绍的铸管三工位内壁喷砂机主要由喷枪移动机构、前密封室、后密封室、自转支架、带式输送机、辅助平台、提升机、喷砂罐、分离器、除尘系统、补料仓等结构组成，其结构简图如图 8-31 所示。

图 8-31 铸管三工位内壁喷砂机结构简图

2. 工作原理

待清理铸管被送入铸管三工位内壁喷砂机自转支架后，检测铸管直径，如果被测铸管在 DN100~DN350 的清理范围内，则铸管三工位内壁喷砂机自动运行，对铸管内壁进行喷砂清理；否则，由六工位布进梁将其运输至驱动轨道上，然后逐步运输至内壁抛丸清理工位，进行内壁抛丸清理。

铸管被送入内壁喷砂清理工位之前，先由铸管对中装置对中，该装置带有管长测量装置，测量的管长数据传入内壁喷砂清理控制系统，由内壁喷砂清理控制系统控制前后密封室运行距离，可有效保证密封室的密封效果，以及避免后密封室的挡辊冲击铸管。

工作原理：除尘系统、分离器、提升机、弹丸输送机构、带式输送机等依次开始运行。由自转支架检测到工件后，前密封室和后密封室按照控制系统指令向中部移动，待移动至指定位置后，喷枪移动小车带动喷枪移动至铸管内部进行喷砂作业。喷砂结束后，喷枪移动小车退回初始位置，前密封室与后密封室也退回初始位置，再由步进梁（图中未标示）对工件进行下料并送至下道工序。

3. 铸管三工位内壁喷砂机主要结构简介

（1）前后密封室 前后密封室为钢板、型钢焊接结构，具有足够的强度和刚度。室内热区采用高铬耐磨合金护板防护，耐磨性能好，经久耐用。护板的固定螺母采用耐磨材料制成。

室体内底面设有格栅，格栅上部设有铸铬耐磨孔板，孔板厚度较大，可防止弹丸打坏格栅、漏斗和下部带式输送机，使用寿命更长。

前后密封室内设计有密封结构，密封采用聚氨酯板，每种管型对应一种密封板。前后密封室可前后移动，使待清理的铸管两端进入前后密封室，防止清理过程中的弹丸及粉尘外溢。前后密封室小车均采用减速机驱动；后副室内装有挡辊装置，防止铸管在自转过程中向后窜动。

在后密封室的顶部设有抽风口，强大的吸力将抛丸后的弹丸吸入后密封室并沉降到室体底部，进入收丸带；同时将粉尘吸进除尘器，完成空气净化。

（2）铸管自转支架 铸管自转支架上设有多组托轮，使铸管做自转运动，保证内部管壁都能被彻底清理。铸管自转驱动可实现变频调速，可以根据表面清理要求进行调整，以求达到最佳清理效果。

（3）喷枪移动装置 喷枪移动装置由车体、驱动减速机、喷枪支架等组成。车体行走电动机采用变频驱动，可根据不同工艺需求控制喷砂速度。喷枪支架采用丝杠升降机+位置检测进行高度精确调节，以保证喷枪能够有效进入钢管内部。

（4）喷砂系统 喷砂系统采用组合式喷枪，即针对不同管径有单枪、双枪等组合，以保证喷砂清理效率。喷砂系统技术特点详见8.2.4小节。

（5）丸料循环净化系统 丸料循环净化系统由螺旋输送器、斗式提升机、丸渣分离器、气动供丸阀等组成，其技术特点详见3.3节与3.4节。

4. 铸管三工位内壁喷砂机主要技术参数

铸管三工位内壁喷砂机主要技术参数见表8-25。

表8-25 铸管三工位内壁喷砂机主要技术参数

序号	名称	数量	技术参数	备注
1	喷砂移动系统	1	行走速度：0.5~5m/min 喷砂升降速度：0.9m/min	功率：2.2kW（变频、制动） 升降功率：0.37kW
2	前密封室	1	端口采用耐磨铸造护板防护 喷砂升降速度：0.9m/min	减速机功率：2.2kW（变频、制动） 升降功率：0.37kW
3	后密封室	1	管口端采用耐磨铸造护板防护， 其余铺设耐磨橡胶护板防护	减速机功率：2.2kW（变频、制动）

（续）

序号	名称	数量	技术参数	备注
4	自转机构	2		功率：6×1.5kW（变频）
5	喷砂系统	1	DN80-150 喷枪：12mm DN200-350 喷枪：12mm×3	2 个喷砂罐
6	带式输送机	1	输送量：30t/h	驱动功率：1.5kW
7	提升机	1	提升量：30t/h 输送带运行速度：1.2m/s	减速机功率：2.2kW（制动）
8	风选分离器	1	分离量：30t/h	螺旋输送器功率：1.5kW
9	弹丸补偿器	1	装载量≥2t	DK28 控制并设料位计
10	弹丸循环量	—	30t/h	
11	供丸阀	2	DK50 型	气缸控制开关
12	除尘系统	1	除尘器型号：MC680B 处理风量：60000m³/h	风机功率：75kW（变频控制）
13	总功率		≈98kW	工作电压：380V/50Hz 操作电压：220V/50Hz
14	压缩空气		气源压力：0.6~0.8MPa	消耗量：54m³/min
15	初装丸料量	—	5000kg	
16	粉尘排放浓度		≤10mg/m³	
17	设备噪声		≤93dB（A）	

5. 铸管三工位内壁喷砂机清理效率

铸管三工位内壁喷砂机清理效率见表 8-26。

表 8-26 铸管三工位内壁喷砂机清理效率

管径	工位数	喷枪数量	清理所需时间/min	喷枪退回时间/min	后密封室运行时间/min	喷砂总时间/min	上卸件时间/min	内喷设备运行总时间/min	处理铸管数/（支/h）
DN100	3	1	9.9	1.54	0.17	11	1.0	13	14
DN150	3	1	14.8	1.54	0.17	16	1.0	18	10
DN200	3	2	9.9	1.54	0.17	11	1.0	13	14
DN250	3	2	12.4	1.54	0.17	14	1.0	15	12
DN300	3	2	14.8	1.54	0.17	16	1.0	18	10
DN350	3	2	17.3	1.54	0.17	19	1.0	20	9

8.7.6 铸管双工位内壁抛丸机技术简介

铸管双工位内壁抛丸机的使用范围是规格为 DN400~DN1000 的离心铸管。离心铸管规格尺寸见表 8-23。

1. 铸管双工位内壁抛丸机结构组成

本节介绍的铸管双工位内壁抛丸机主要由液压承载小车、GN40 型抛丸器撑杆输送系统、前密封室、后密封室、自转支架、带式输送机、辅助平台、提升机、分离器、除尘系统、补料仓等结构组成，其结构简图如图 8-32 所示。

2. 铸管双工位内壁抛丸机工作原理

除尘系统、分离器、提升机、带式输送机等依次开启，内抛自转机构检测到工件后，系统自动判断该工件是否符合内壁抛丸要求，如果符合内壁抛丸要求，前密封室与后密封室向中部移动，密封铸管两端端口，液压承载小车带 GN40 型抛丸器撑杆插入铸管内部，进行抛丸作业。抛丸结束后，抛丸移动小车退回初始位置，前密封室与后密封室也退回初始位置，再由运管车将工件运送至下道工序。

图 8-32　铸管双工位内壁抛丸机结构简图

如果系统判断该工件不符合内壁抛丸要求，则工件在内抛自转机构上等待运管车运送至下道工序。

3. 铸管双工位内壁抛丸机主要结构简介

（1）前后密封室　该设备前后密封室结构与内壁喷砂机的密封室结构类似，具体技术特点详见 8.7.5 小节。

（2）铸管自转装置　该设备的铸管自转装置与内壁喷砂机铸管自转支架的结构类似，具体技术特点详见 8.7.5 小节。

（3）抛丸器输送系统　抛丸器输送系统由支承悬臂、支承小车、扶正器、送料带式输送机等组成，抛丸器的行走速度可通过变频器无级调速，支承悬臂的头部采用扶正器结构，以确保抛丸器在工件内行走自如。支承抛丸器的悬臂高度通过丝杠升降机自动可调，高度采用传感器检测。

（4）抛丸器总成　本设备选用的抛丸器为双圆盘直线叶片，它是经精密加工安装而成的高效抛丸器，抛丸器主要由叶轮、主轴与主轴承座、定向套、分丸轮、叶片、护板、传动装置、液压马达与轴承等零部件组成。弹丸的流入性能好，单位功率的抛射量大，该抛丸器的叶轮体靠近主轴端，结构布置合理紧凑，维修方便。抛丸器回转支承上装有拖轮组，可针对不同清理管径更换相应的拖轮组。

抛头外部有防护罩，防止液压马达、油管漏油污染铸管内壁。抛头液压马达起停时不能有冲击，防止液压马达损坏。液压泵和液压马达的品牌均为博世力士乐，液压泵采用比例变量泵。

（5）丸料循环净化系统　丸料循环净化系统由螺旋输送器、带式输送机、斗式提升机、丸渣分离器、气动供丸阀等组成，其技术特点详见 3.3 节与 3.4 节。

4. 铸管双工位内壁抛丸机主要技术参数

铸管双工位内壁抛丸机主要技术参数见表 8-27。

表 8-27　铸管双工位内壁抛丸机主要技术参数

序号	名称	数量	技术参数	备注
1	处理工件尺寸	1	直径：$\phi400 \sim \phi1000$mm 长度：≤6258mm	
2	抛丸器	2	型号：GN40 最大抛丸量：280kg/min 抛射速度：75m/s	叶片寿命≥700h 传动方式：液压马达传动
3	液压系统	2	工作压力：16MPa 冷却方式：风冷	电动机功率：2×55kW （闭式）
4	液压承载小车	1	输送速度：0~5m/min 抛杆升降速度：0.9m/min	减速机功率：2.2kW（变频） 升降机功率：0.37kW
5	GN40型抛丸器 撑杆输送系统	2	采用带挡边并带中间导向的耐磨夹布输送带	驱动功率：2×1.5kW
6	前、后密封室 移动装置	1	前密封室采用减速机驱动 后密封室采用气缸驱动 抛杆升降速度：0.9m/min	减速机功率：2.2kW（变频、制动） 升降机功率：0.37kW
7	铸管自转机构	1	铸管的自转采用变频调速	功率：4×3kW（变频）
8	横向带式输送机	1	输送量：45t/h	电动机功率：1.1kW
9	纵向带式输送机	1	输送量：45t/h	电动机功率：1.5kW
10	提升机	1	提升量：45t/h	功率：4kW（带制动）
11	分离器	1	筛螺输送器+风选	减速机功率：3kW
12	弹丸循环量	—	45t	
13	供丸阀	2	型号：DK50	气缸控制开关
14	弹丸补充装置	1	弹丸控制：DK28	
15	除尘器	1	处理风量：≥120000m³/h	功率：185kW
16	总功率		≈324kW	工作电压：380V/50Hz 操作电压：220V/50Hz
17	压缩空气		气源压力：0.5~0.7MPa	消耗量：1m³/min
18	初装丸料量	—	5000kg	
19	粉尘排放浓度		≤10mg/m³	
20	设备噪声		≤93dB（A）	

5. 铸管双工位内壁抛丸机清理效率

铸管双工位内壁抛丸机清理效率见表 8-28。

表 8-28　铸管双工位内壁抛丸机清理效率

管径	清理时间 /min	抛杆退回 时间/min	后密封室 运行时间/min	抛总时间 /min	上卸件时间 /min	内喷设备运行 总时间/min	处理铸管数 /（支/h）
DN400	6.3	1.54	0.17	8	0.6	8.6	14
DN500	7.9	1.54	0.17	9	0.6	10.2	12

（续）

管径	清理时间/min	抛杆退回时间/min	后密封室运行时间/min	抛总时间/min	上卸件时间/min	内喷设备运行总时间/min	处理铸管数/（支/h）
DN600	9.5	1.54	0.17	11	0.6	11.8	10
DN700	11.1	1.54	0.17	13	0.6	13.4	9
DN800	12.7	1.54	0.17	14	0.6	15.0	8
DN900	14.2	1.54	0.17	16	0.6	16.5	7
DN1000	15.8	1.54	0.17	17	0.6	18.1	7

8.7.7　铸管外壁抛丸机技术简介

铸管外壁抛丸机的使用范围是规格为 DN100～DN1000 的离心铸管。离心铸管规格尺寸见表 8-23。

1. 铸管外壁抛丸机结构组成

本节介绍的铸管外壁抛丸机主要由台车承载系统、抛丸室、提升机、分离器、收丸螺旋、抛丸器、除尘系统、辅助平台、补料仓及电控系统等组成，其结构简图如图 8-33 所示。

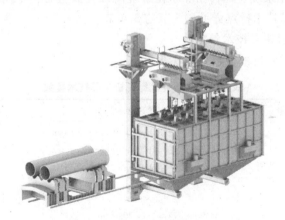

图 8-33　铸管外壁抛丸机结构简图

2. 铸管外壁抛丸机工作原理

除尘系统、分离器、提升机、弹丸输送机构等依次开启，当四工位运管车将铸管放置到外抛丸运管台车上并检测到工件时，台车承载着工件沿轨道前行，进入抛丸室后关闭大门，开始对铸管抛丸清理。

清理时，回转机构带着工件自转，抛丸器盖板打开，10 台抛丸器先后开启，相对应的 10 套供丸阀开启，开始对工件进行抛丸清理，设定的清理时间结束后，供丸阀自动关闭，延时 30s 后，抛丸器盖板关闭，大门自动打开，台车水平后退至抛丸室外，清理完毕后的铸管由四工位运管车运输至下道工序中。

3. 铸管外壁抛丸清理机主要结构简介

（1）抛丸室　抛丸室是对工件进行抛丸清理的密闭操作空间，室体为钢板及型钢焊接结构，室体外板与钢结构框架采用连续焊接工艺，保证有足够的刚度和强度。室体装有高铬

243

耐磨合金护板，并采用特制防护螺母压紧，便于必要时拆装更换。室体顶部四周设有防护栏以提高设备的安全性能。抛丸室的顶部装有 10 套抛丸器总成，保证对被清理工件进行全面的抛丸清理。室体下部由钢板围成斜边形成漏斗，以使弹丸流入底部的螺旋输送器中，室体底部铺有格栅，格栅上部铺有铬合金高耐磨铸造孔板。室体抛丸器安装处设有专用护板进行搭接，便于护板进行更换。

（2）气动大门　抛丸室大门为气动对开方式，门体采用空心方管型材骨架与 Q235 钢板焊接而成，门体内衬高铬耐磨合金铸造防护板，并采用特制防护螺母压紧，便于必要时拆装更换。大门与室体采用多层机械迷宫式密封机构，有效防止弹丸飞出。

（3）台车承载系统　台车承载系统由行走机构及回转机构两大部分构成。回转机构由驱动减速机、承重托轮组组成；行走机构由台车体、防护板（Mn13）、驱动机构等组成。抛丸台车上覆护板，并带有斜度，防止丸料堆积。当生产不同管型时，拖轮间距不调整，台面装有 2 套拖轮系统，一种用于大管，一种用于小管。抛丸台车配挡轮，抛丸台车行走、托轮旋转采用变频控制。抛丸台车的电缆采用电缆卷筒收放。

（4）抛丸器总成　抛丸室顶部安装了 10 套抛丸器总成。该设备采用 Q034 型抛丸器，其技术特点详见 3.2 节。

（5）丸料循环净化系统　丸料循环净化系统由螺旋输送器、斗式提升机、丸渣分离器、气动供丸阀等组成，其技术特点详见 3.3 节与 3.4 节。

4. 铸管外壁抛丸机主要技术参数

铸管外壁抛丸机主要技术参数见表 8-29。

表 8-29　铸管外壁抛丸机主要技术参数

序号	名称	数量	技术参数	备注
1	抛丸室	1	尺寸（长×宽×高）：9000mm×4300mm×3600mm 有效清理范围：φ100～φ1000mm； 长度≤6258mm	气动对开门
2	台车系统	1	载重：<5t 台车行走速度：1～20m/min	运管小车功率：7.5kW（变频） 托轮减速机功率：4kW（变频） 托轮减速机功率：2.2kW（变频）
3	抛丸器	10	型号：Q034 抛丸量：10×280kg/min	带传动 电动机功率：10×18.5kW
4	提升机	2	提升量：90t/h 输送带运行速度：1.2m/s	减速机功率：2×11kW 带制动功能
5	分离器	2	筛选+风选	减速机功率：2×5.5kW
6	螺旋输送器	2	输送量：90t/h	电动机功率：2×5.5kW
7	弹丸循环量	—	120t/h	
8	供丸阀	10	型号：DK28	气缸控制开关
9	弹丸补充装置	1	弹丸控制：DK28	
10	除尘系统	1	脉冲布袋除尘器 处理风量：45000m³/h	风机功率：55kW
11	总功率	—	≈298kW	工作电压：380V/50Hz 操作电压：220V/50Hz

（续）

序号	名称	数量	技术参数	备注
12	压缩空气		气源压力：0.5~0.7MPa	消耗量：$2m^3/min$
13	初装丸料量	一	9000kg	
14	粉尘排放浓度		$\leq 10mg/m^3$	
15	设备噪声		$\leq 93dB(A)$	

5. 铸管外壁抛丸机清理效率

铸管外壁抛丸机清理效率见表 8-30。

表 8-30　铸管外壁抛丸机清理效率

规格	外径/mm	清理所需时间/min	台车运行时间/min	上卸件时间/min	大门开关时间/min	外喷设备运行总时间/min	处理铸管数/（支/h）
DN100	118	1.0	2.5	2.0	0.5	6.0	20
DN150	170	1.0	2.5	2.0	0.5	6.0	20
DN200	222	1.0	2.5	2.0	0.5	6.0	20
DN250	274	1.0	2.5	2.0	0.5	6.0	20
DN300	326	1.0	2.5	2.0	0.5	6.0	20
DN350	378	1.1	2.5	2.0	0.5	6.1	20
DN400	429	1.2	2.5	2.0	0.5	6.2	19
DN500	532	1.5	2.5	2.0	0.5	6.5	18
DN600	635	1.8	2.5	2.0	0.5	6.8	18
DN700	738	2.1	2.5	2.0	0.5	7.1	17
DN800	842	2.4	2.5	2.0	0.5	7.4	16
DN900	945	2.7	2.5	2.0	0.5	7.7	16
DN1000	1048	3.0	2.5	2.0	0.5	8.0	15

8.8　钢瓶内外壁表面清理解决方案

随着工业的发展，钢瓶成了储存气体的常用容器之一。但是，随着时间的推移，钢瓶内部及外部会出现氧化锈蚀，严重影响了钢瓶的使用寿命和安全性。为了消除钢瓶内部及外部的氧化锈蚀，通常采用外壁抛丸机及内壁喷砂机进行清理作业，其工件参数和技术要求见表 8-31。

表 8-31　钢瓶工件参数和技术要求

序号	项目	技术参数	备注
1	工件尺寸	直径：380mm 法兰口直径：38~75mm 长度：≤1500mm	钢瓶
2	生产率	12min/8 件	

（续）

序号	项目	技术参数	备注
3	所用磨料	$\phi0.6 \sim \phi0.8mm$ 铸钢丸与钢砂混合	仅供参考
4	清理目的	清除工件表面的氧化皮、铁锈，提高工件表面的附着力	
5	表面清洁度	符合 GB/T 8923.1—2011，A～B Sa2.5 级	
6	表面粗糙度	符合 GB/T 1031—2009，$Ra = 40 \sim 65\mu m$	

8.8.1 钢瓶外壁抛丸清理方案

钢瓶外壁抛丸机是用于清理钢瓶外部氧化锈蚀的设备。通过高速抛射铸钢丸、不锈钢丸等物料，冲击旋转的钢瓶外表面，起到外壁清理效果。它是一种高效率、低成本的环保型设备。

Q481-1 型吊链式钢瓶外壁抛丸机由抛丸室、抛丸器、丸料循环净化系统、悬链输送系统、自转机构、气动大门、除尘系统、气动系统和电控系统等部分组成，其结构简图如图 8-34 所示。

1. 设备工作原理

本机工作时，首先将除尘系统、分离器、提升机、螺旋输送器、悬链输送系统等依次开启运行后，启动抛丸器，设备预备工作。工件在二次吊具的吊装下，由悬链输送系统驱动进入抛丸室，在悬链带着工件运动的过程中抛丸器是关闭的，当工件即将到达抛射点时，悬链的运动速度由 10m/min 降为 1m/min，到达抛射点 A 后悬链停止，抛丸室门自动关闭。每次有一挂工件同时进出抛丸室，自转机构上的链条与吊钩上的链轮啮合，在自转机构的驱动下带动吊具上的工件自转，同时供丸阀自动打开，抛丸器抛射出的丸料形成弹丸束，对工件进行抛打清理。清理完毕后，供丸阀自动关闭，抛丸室门自动打开，工件在悬链驱动下快速地移动到第二个工位 B 再进行清理，此时，下一工件到达抛射点 A，同时，又有新的工件被送入抛丸室。如此不断地重复循环，直至完成所有工件的清理。在清理工件的同时，操作人员在上、卸料工位装卸工件。

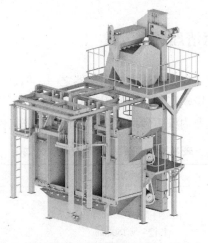

图 8-34　Q481-1 型吊链式钢瓶外壁抛丸机结构简图

2. 设备具体技术参数

Q481-1 型吊链式钢瓶外壁抛丸机技术参数见表 8-32。

表 8-32　Q481-1 型吊链式钢瓶外壁抛丸机技术参数

序号	名称	数量	技术参数	备注
1	抛丸室	1	尺寸（长×宽×高）：2175mm×3050mm×3490mm 有效清理范围：ϕ500mm×1500mm	气动密封对拉门 内衬轧制 Mn13 高锰钢板
2	抛丸器	4	抛丸量：4×220kg/min 叶轮转速：3000r/min	型号：QY360（变频调速） 带传动 电动机功率：4×15kW
3	供丸阀	4	型号：DK28	气缸控制开关
4	螺旋输送器	1	输送量：60t/h	减速机功率：3kW
5	提升机	1	提升量：60t/h 输送带运行速度：1.21m/s	减速机功率：4kW 带制动功能
6	自转机构	2	自转速度：15r/min	减速机功率：2×0.4kW
7	悬链输送系统	1	吊钩数量：8 钩 每钩吊重：≤500kg 吊钩间距：1219mm 悬链运行速度：1m/min（低速） 10m/min（高速） 低速移动距离：150mm(75mm+75mm)	减速机功率：2.2kW 变频调速 三点移动停止时间可调
8	分离器	1	分离量：60t/h 滚筒筛转速：42r/min 分离区风速：4~5m/s	满幕帘风选式 减速机功率：2.2kW 分离效果：>99%
9	除尘器	1	型号：HR-24 通风量：6000m³/h 过滤风速：≤0.85m/min	滤筒式除尘器 风机功率：11kW
10	总功率		≈85kW	工作电压：380V/50Hz 操作电压：220V/50Hz
11	压缩空气	—	气源压力：0.5~0.7MPa	消耗量：0.8m³/min
12	初装丸料量		6000kg	
13	粉尘排放浓度		≤10mg/m³	
14	设备噪声		≤93dB(A)	

3. 设备组成及各部件的结构特点

（1）抛丸室　抛丸室室体由钢板及型钢骨架焊接而成，保证了足够的刚度和强度。室体内衬防护板，采用耐磨钢铁护板进行防护，护板用特制防护螺母压紧，便于必要时拆装更换；底部格栅上铺耐磨钢铁漏板。

（2）密封大门　抛丸室出入口处设气动门，抛丸室顶部吊钩行走槽处采用一层耐磨钢铁护板、一层钢护板、两层耐磨胶板、一层尼龙毛刷进行防护，共同组成迷宫式密封带，结构精巧，有效防止弹丸反弹至室体外。

（3）顶部密封　抛丸室室体顶部吊钩行走槽处由 Q235 钢板、轧制 Mn13 护板、聚氨酯板、毛刷、橡胶板等组成迷宫式密封带，结构精巧，可以有效防止弹丸反弹至室体外部。

（4）抛丸器总成　抛丸室上安装 4 台抛丸器总成，本设备选用 QY360 型抛丸器，其技术特点详见 3.2 节。

（5）丸料循环净化系统　丸料循环净化系统由螺旋输送器、斗式提升机、丸渣分离器、气动供丸阀等组成，其技术特点详见 3.3 节与 3.4 节。

（6）悬链输送系统　本机的悬链输送系统选用轻型冲压可拆链，承载每个吊钩的负载滑架为一个。吊挂在吊钩上的被清理工件，由驱动链轮通过链条拖动，沿轨道依次通过式地行进。轮架在工字钢下翼上运行，导轮用来防止吊钩进入喷丸工作区时产生摆动现象。

张紧装置由接头活动轨、链轮组、小车框架及重锤拉紧装置等部分组成。张紧装置用来补偿链长和轨道长的制造误差，有利于链条的安装，并补偿运转过程中因磨损使链条节距增长的影响，以保持链条的张紧状态。本机张紧装置靠配重体的重力作用使小车框架上的滚轮滚动，带动滚轮组移动，达到自动张紧的目的。

（7）吊钩自转机构　吊钩自转机构由链条、减速机、链轮、支架、张紧装置、从动链轮、吊钩等组成。由减速机驱动的链条与吊钩上的链轮进行啮合而实现吊钩自转。本机吊钩自转机构位于抛丸室顶部，八工位吊钩上的链轮同时与链条啮合，以实现八组工件的同步自转。

8.8.2　钢瓶内壁喷砂清理方案

钢瓶内壁喷砂机是用于清洁钢瓶内部氧化锈蚀的设备。通过高速喷射铸钢丸、不锈钢丸等丸料，冲击旋转的钢瓶内表面，起到内壁清理效果。它是一种高效率、低成本的环保型设备。

Q481-2 型吊链式钢瓶内壁喷砂机由喷砂室、喷砂系统、丸料循环净化系统、悬链输送系统、自转机构、除尘系统、气动系统和电控系统等部分组成，其室体结构简图如图 8-35 所示。

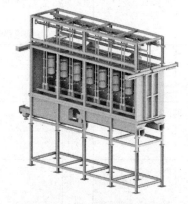

图 8-35　Q481-2 型吊链式钢瓶内壁喷砂机室体结构简图

1. 设备具体技术参数

Q481-2 型吊链式钢瓶内壁喷砂机技术参数见表 8-33。

表 8-33　Q481-2 型吊链式钢瓶内壁喷砂机技术参数

序号	名称	数量	技术参数	备注
1	喷砂室	1	有效清理范围：φ500mm×1500mm	气动门
2	悬链输送系统	1	吊钩数量：8×5=40（个） 每钩吊重：≤50kg 悬链运行速度：8~13m/min	减速机功率：4kW
3	喷砂系统	2	喷砂罐容积：1.5m³×2 单枪喷砂效率：30~40kg/min 喷枪升降速度：0.4~2.5m/min	喷枪数量：2×4 把 升降功率：3kW

（续）

序号	名称	数量	技术参数	备注
4	自转机构	2	自转速度：15r/min 变频调速	减速机功率：2×1.5kW
5	工件定位系统	1		气动抱紧机构
6	提升机	1	型号：KTS30 提升量：30t/h 输送带运行速度：1.21m/s	减速机功率：2.2kW 带制动功能
7	分离器	1	型号：KFL30 分离量：30t/h 分离区风速：4.5m/s	满幕帘风选式 分离效果：>99%
8	供丸阀	2	型号：DK50	气缸控制开关
9	螺旋输送器	4	输送量：4×15t/h	减速机功率：4×1.1kW
10	除尘器	1	型号：HR-24 通风量：16000m³/h 过滤风速：≤0.85m/min	滤筒式除尘器 风机功率：18.5kW
11	总功率		≈35.1	工作电压：380V/50Hz 操作电压：220V/50Hz
12	压缩空气	—	气源压力：0.5~0.7MPa	消耗量：40m³/min （气源用户自备）
13	初装丸料量		10000kg	
14	粉尘排放浓度		≤10mg/m³	
15	设备噪声		≤85dB（A）	

2. 设备组成及各部件的结构特点

（1）喷砂室　喷砂室体由钢板及型钢骨架焊接而成，保证有足够的刚度和强度。室体内衬耐磨橡胶防护板。喷砂室大门内衬耐磨橡胶护板进行防护，护板用特制防护螺母压紧，便于必要时拆装更换。

（2）喷砂系统　喷砂主机是喷砂系统的核心单元，本喷砂系统采用高效大容量喷砂机作为该系统的喷砂主机，该型喷砂机采用保压式工作原理，可以同时驱动2个砂料控制阀和2把高速喷枪进行喷砂作业。喷砂系统技术特点详见8.2.4小节。

（3）密封大门　设备进出口均设有气动密封大门；大门采用耐磨橡胶板进行防护，采用机械密封及橡胶密封对大门四周进行有效密封。大门下面均设有100mm宽的回丸槽，避免开门时丸料散落。

（4）丸料循环净化系统　丸料循环净化系统由螺旋输送器、斗式提升机、丸渣分离器、气动供丸阀等组成，其技术特点详见3.3节与3.4节。

（5）悬链输送系统　该设备的悬链输送系统与钢瓶外壁抛丸机的悬链输送系统类似，技术特点详见8.8.1小节。

（6）喷枪升降机构　喷枪升降机构主要负责将喷枪送入钢瓶内部进行喷砂清理作业。喷枪升降机构由喷枪、链条、减速机、导向机构等组成。喷枪固定在链条上，并且侧部安装一组喷枪升降导向机构，运行时由减速机带动链条运动，再由链条带动喷枪进行上下运动。为保证喷枪升降的一致性，8把喷枪安装在一个支架上进行同步升降。

（7）抱紧机构　为避免工件在自转时发生晃动而导致喷枪无法插入等问题。设备设有抱紧机构，它由抱紧轮、抱紧臂、齿轮、齿条、气缸等组成。一个工位装有2套抱紧机构，1套抱紧机构装有2套从动齿轮及1套主动齿轮，且主动齿轮与1套从动齿轮同轴，齿轮下部装有转轴及抱紧臂，运行时由气缸带动齿条运动，齿条带动主动齿轮运动，2套从动齿轮旋转带动抱紧臂进行抱紧运动，最终使抱紧轮卡住工件，防止其晃动。

（8）吊钩自转机构　该设备的吊钩自转机构与钢瓶外壁抛丸机的吊钩自转机构结构类似，其技术特点详见8.8.1小节。

8.9　制动片在线式表面清理解决方案

在制动片的表面处理过程中多采用橡胶履带式抛丸机进行表面清理作业。为提高橡胶履带式抛丸机的清理效率，设备采用多台橡胶履带式抛丸机并联，并且采用自动物料输送车、带式输送机等进行上/卸料作业，可将设备整合至生产线中，实现工件在线全自动化生产。其工件参数和技术要求见表8-34。

表8-34　工件参数和技术要求

序号	项目	技术参数	备注
1	工件参数	长度：130~160mm，宽度：80~120mm，厚度：10mm 最大质量：1.8kg/片	制动片
2	生产率	2~3t/h	单次装料200kg 5台设备并联
3	所用磨料	$\phi0.8~\phi1.2$mm 铸钢丸	仅供参考
4	清理目的	清除工件表面的氧化皮、铁锈，提高工件表面的附着力	
5	表面清洁度	符合 GB/T 8923.1—2011，A~B Sa2.5 级	
6	表面粗糙度	符合 GB/T 1031—2009，$Rz=5~12\mu m$	

制动片的表面处理所采用的Q326LX型履带连线式抛丸机主要由Q326型抛丸机、集中除尘系统、下料带式输送机、物料小车支架、送料车、上料带式输送机等部件组成。Q326LX型履带连线式抛丸机结构简图如图8-36所示。

图8-36　Q326LX型履带连线式抛丸机结构简图

8.9.1　设备工作原理

本机工作时，首先将除尘系统、分离器、提升机、螺旋输送器、履带、下料带式输送机、运输车、上料带式输送机等依次开启运行，然后启动抛丸器，设备预备工作。

当设备运行时，首先由上料带式输送机对物料小车进行上料作业，物料小车带有质量传感器，当车内物料达到限定额度时，上料带停止运行，物料小车运动至缺料抛丸机位置，由气缸带动物料小车翻转，将物料送入抛丸机内部。当物料加料结束后，物料小车再次运行至上料位进行加料，与此同时，抛丸机关闭大门，开启抛丸器对工件表面进行清理作业，待清理结束后抛丸器关闭，大门开启，履带反转将工件送入下料带中，再由下料带将工件送入下步工序。重复此过程直至工作完毕，按顺序停机。

当设备运行时，只需要上料总时间小于抛丸机运行时间，即可满足连线运行条件。具体工艺时间见表 8-35。

表 8-35　工艺时间　（单位：min）

型号	带式输送机上料时间	运输车最大行走时间（往返）	运输车上料时间	上料时间	上料总时间	抛丸机抛丸时间（抛丸+辅助时间）
1 号抛丸机	1	0.4	0.5	1.9		20
2 号抛丸机	1	0.8	0.5	2.3		20
3 号抛丸机	1	1.2	0.5	1.7	12.5	20
4 号抛丸机	1	1.6	0.5	3.1		20
5 号抛丸机	1	2	0.5	3.5		20

8.9.2　设备具体技术参数

Q326LX 型履带连线式抛丸机技术参数见表 8-36。

表 8-36　Q326LX 型履带连线式抛丸机技术参数

序号	名称	数量	技术参数	备注
1	处理能力		$\leqslant 0.1m^3$ 且 $\leqslant 200kg$	单次处理量
2	对工件的要求	—	单件质量：$\leqslant 10kg$ 长度：$\leqslant 300mm$ 厚度：$\geqslant 10mm$ 直径：$10 \sim 200mm$	工件无油、无水，温度：$\leqslant 80℃$
3	抛丸室	5	最大尺寸（长×宽×高）：1330mm×1010mm×1653mm	
4	抛丸器	5	型号：QY360 抛丸量：120kg/min 叶轮转速：3250r/min 投射速度：约 80m/s	传动方式：带传动 电动机功率：11kW
5	提升机	5	型号：TS-10 提升量：10t/h	功率：1.5kW

（续）

序号	名称	数量	技术参数	备注
6	分离器	5	型号：FL-10 风速：4~5m/min	满幕帘风选式 分离效果：>99%
7	履带承载系统	5	端盘直径：ϕ650mm 履带孔径：ϕ4mm	减速机功率：1.1kW（变频调速） 履带形式：带八字橡胶棱
8	除尘器 （5台设备共用）	1	双筒低阻旋风除尘器、 滤筒除尘器	设备所需总风量：12000m³/h 风机功率：15kW
9	上料带式输送机	1	输送速度 1.2m/min 输送量：300kg/min	功率 1.1kW
10	物料输送车	1	行走速度：10m/min	功率：1.1kW 翻转气缸驱动
11	下料带式输送机	1	输送速度 1.2m/min 输送量：300kg/min	功率 1.1kW
12	设备总功率		≈88kW（5台并联）	工作电压：380V/50Hz 操作电压：220V/50Hz
13	初装丸料量	—	≈400kg（单台，建议弹丸直径：ϕ0.8~ϕ1.2mm）	
14	压缩空气		气源压力：0.4~0.6MPa	消耗量：0.2m³/min
15	粉尘排放浓度		≤10mg/m³	
16	设备噪声		≤93dB（A）	

8.9.3　设备组成及各部件的结构特点

（1）Q326 型抛丸机　详见 4.2.2 小节关于 Q326 型抛丸机的描述。

（2）集中除尘系统　设备采用沉降箱、旋风除尘器、滤筒除尘器三级除尘过滤系统。

（3）上、下料带式输送机　该设备采用带式输送机，技术特点详见 3.3.4 小节。

（4）物料运输车　物料运输车由车体、行走轮、驱动减速机、料斗、料斗翻转气缸、质量传感器、位置传感器等组成。当物料车运行时，由上料带式输送机对料斗进行加料，质量传感器实时监测质量，当料斗内料满后停止加料，并由减速机带动车体向定点位置移动，车体运动时由位置传感器实时检测位置，以保证车体停止位置的准确性。当车体停止运行后，由料斗翻转气缸使料斗翻转，并将料斗内部物料送入抛丸机内部，加料结束后料斗回归原始位置，并由车体带动再次进入上料位进行加料，循环往复直至设备停机。

第9章

抛丸机结构与工艺数据管理平台

9

9.1.1 信息化应用和数据管理现状

抛丸机制造技术和工业互联网的发展和进步，离不开对抛丸机结构和工艺数据的管理与分析，做到对抛丸机从研发设计到生产、使用、售后服务、改造及最终淘汰的全过程管理，并对更新迭代的新版本产品进行有序、精细化管理，基于抛丸机数据形成数字资产，采取大数据分析更有助于抛丸机制造技术不断满足客户的升级需求，甚至通过数据挖掘和市场未来需求研发出全新的抛丸机产品。目前对结构和工艺系统的应用有两种方式：一是采用软件开发商提供的产品数据管理（PDM）/产品生命周期管理（PLM）和计算机辅助工艺设计（CAPP）系统，二是定制开发一套抛丸机结构和工艺 PDM/PLM 系统。前者由软件供应商开发，在制造业图样设计方面的管理应用具有通用性、广泛性，但在个性化行业解决方案中的应用优势不明显；后者由抛丸机制造厂商根据自身对行业的深入了解而开发，对数据管理具有针对性、实用性，可提供行业管理解决方案。当前我国少量抛丸机制造厂商采用上述两种系统之一来管理抛丸机数据。针对目前抛丸机械种类繁多、数据巨大、信息共享程度低、数据传递速度慢、数据难以集成、管理水平落后等问题，数据管理平台通过对抛丸机结构、工艺、应用范围、图样等数据信息整理，达到信息交换的标准化、自动化、规范化，以及为决策提供科学化的数据，实现平台操作简便、界面友好、灵活、实用、安全等特点。

数据平台管理模块主要有：①数据的初始化管理模块，主要实现对使用用户账号登录、角色管理、权限管理；②系列通用结构模块，主要实现产品通用结构初始化、通用结构树生成管理功能；③系列抛丸机管理模块，主要实现具体型号产品批量导入管理、个性化管理、产品结构树管理及综合查询功能；④公司管理模块，主要实现同行业企业信息管理；⑤产品系列管理模块：主要对产品的整体信息，包括应用范围、应用客户、技术成熟度、结构特点等信息进行管理；⑥相关技术知识模块：主要实现相关关键知识集中管理，包括摩擦学、抛丸技术、弹丸回收技术、除尘技术、金属磨料技术等信息的发布与维护。

9.1.2 平台需求分析

1. 选型及工艺数据管理平台的当前情况

目前，企业的产品信息都是按照不同的设计部门分散保存，Q32 系列设备的产品信息由 Q32 系列设计部保管，Q37 系列设备的产品信息则由 Q37 系列设计部保管，工艺资料由工艺部单独保管，完成生产的设计档案都保存在档案管理室。保存产品信息的载体初步由硬盘转向文件服务器，负责产品生产的物料清单由生产计划部负责保存在企业资源系统中，还没有利用一套将设计前、中、后的设计档案集成保存在一个系统中进行集中管理、共享使用的数据管理平台，这导致这些数据访问流程烦琐，查阅不方便，共享不集中，由于设计人员水平不同，在没有一个集中平台进行充分信息检索的情况下，设计的产品不仅标准化程度低、可重用性低，而且会出现同种抛丸机结构重复设计、重复出现设计缺陷的现象。

2. 系统解决的问题

基于浏览器/服务器（B/S）架构的抛丸机选型及抛丸工艺数据管理平台就是要解决抛丸机信息种类繁多、标准化程度低、不易管理、查阅渠道烦琐和不易共享的问题。

为了获取一份全面翔实的抛丸机档案，个人要与多个企业部门进行跨部门沟通才有可能实现，而且不排除一些部门职能调整、人员变更等变化造成的相应抛丸机信息的永久性丢失。第一是建立一个抛丸机选型及工艺数据管理平台系统，信息通过专业系统集中保存，这样就可以解决抛丸机档案集中管理、权限共享这一首要问题。第二是使用者查阅的抛丸机种类繁多、标准化程度低，在浏览抛丸机信息的过程中需要全部查阅一遍，不仅增加了时间成本，同时也提高了人员成本，通过该系统建立规范化的产品系列及结构，为使用者快速选型提供高效的决策依据，解决抛丸机档案不规范、查阅占用成本高的问题。第三是解决信息泄漏的问题，当部门或机构独立管理时，如果管理不规范，个人将会轻易地获取保密信息并将其泄漏出去，通过该系统将数据统一存放在安全设施齐全的机房服务器管理，利用服务器操作系统、安全管理系统，以及对该系统采用权限访问管理，实现数据的冗灾存放、安全访问。第四是解决相关人员的理论学习问题，企业各行政人员、生产人员、销售部门人员，尤其是新入职的技术人员，对公司经营的业务产品了解甚少，通过培训会提高时间成本和人员成本，相关人员根据自身情况，基于该平台授予一定的访问权限，获取相关电子信息，可以随时访问学习，提高产品知识储备，也可以避免在这些方面的重复培训，节省公司资源。第五是通过 B/S 结构实现无须安装客户端即可随时随地获取抛丸机档案的功能。

9.1.3 平台应用价值

（1）提高设计效率　设计人员在信息查询、检索、等待图样、新数据存储等方面花费的时间约占设计开发时间的 25%～30%。PLM 向设计工程师提供适当的工具和访问权限，而无须知道到什么位置去寻找发布的设计或其他数据，以便使数据访问更加有效，大大缩短设计过程。设计人员可以把更多的时间和精力用于创造性地设计和开发，从而提高设计效率，提高整个企业的生产效益。另外，在 PLM 的支持下进行协同设计，可以减少设计过程中发生的修改和重复次数，缩短设计过程，提高设计效率。

（2）缩短产品上市时间　影响产品进入市场的时间包括工程设计所花费的时间、用于审核工作成果所花费的时间或任务交接之间的时间浪费，以及设计过程中工程更改所花费的时间等。PLM 为使用者提供有组织的方式和界面来查询资料，加速寻找正确版本的设计图样或文件，从而缩短设计需要的时间，大幅降低产品开发期间（特别是末期）发生设计变更的可能性并减少错误发生的概率。

（3）提高设计与制造的准确性　PLM 的版本管理功能能够保证所有参加统一工程项目的员工采用统一数据来工作，并且是即时的最新数据，确保设计过程数据的一致性，减少了设计中的重复和更改次数。此外，当用户访问数据时，可以确保所有主文件和历史记录的完整性和一致性。

（4）更好地管理工程变更　PLM 的版本管理功能允许在数据库中生成和保存任意设计的多个修订版本和改型，使用户可以生成一个设计的多个替代方案，而不用担心前面的版本会丢失，而且每个版本和修订版都有"签字"和"创建日期"，可以消除对现有设计的任何修改分歧，提供完整的变更追踪线索。

（5）更好地控制项目　产品开发项目可以通过 PLM 中的项目管理平台实现集中组织、统一管理，可以实现对项目过程的监督和项目进度的控制。将项目产生的大量数据通过产品结构管理、流程管理、变更管理等进行有效的组织。

（6）便于实施全面质量管理　全面质量管理的很多基本原理如通过"个人授权"来识别和解决问题，都是 PLM 结构中固有的。规范的控制、检查、变更管理过程和规定责任也将有助于保证 PLM 能够与质量标准一致。通过在产品开发周期内引入一组相关审查过程，PLM 系统可以建立全面质量管理的环境。

9.2　抛丸机设计管理

一般抛丸机设计大体可分为全新的产品规划与研发、产品改型优化几类，均可按照项目方式进行管理、运作。项目管理解决方案涵盖了接到客户需求、项目开发、项目交付、项目结项等全过程，可直观查看项目各阶段的任务，实时监控任务进展，实现项目经验、教训的积累、沉淀。

以山东开泰集团有限公司设计的抛丸机产品在 PDM/数据管理平台系统应用为案例，通过对业务流程、系统解决办法、基础数据模型等定义，以帮助读者了解抛丸机研发设计组织如何使用平台运作管理。

9.2.1　机械产品设计流程

机械产品设计流程如图 9-1 所示。

9.2.2　平台应用

市场部组织方案图、技术协议及订单信息的评审，技术、采购、生产等部门参与评审，提出问题。市场部根据问题意见进行方案图、技术协议的修改。待订单信息确认后，将相关的资料下发技术部技术总监，技术总监将订单任务下发到相应部门。

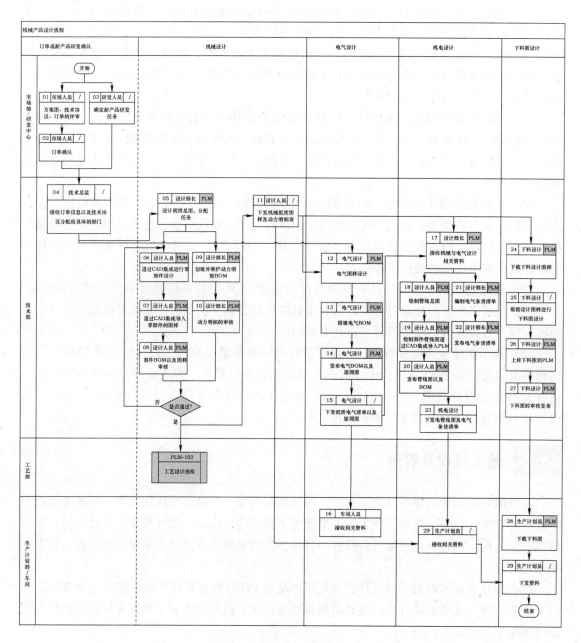

图 9-1 机械产品设计流程

1. 设计初拼及任务下发

（1）总体初拼设计 设计部长收到设计任务后，进行设计总图的初拼设计，通过 CAD 软件集成完成总图明细表的编制，如图 9-2 所示。

完成后，通过 CAD 软件集成的检入功能，生成组成产品的部件 BOM，如图 9-3 所示。

（2）下发任务 将部件发送给具体执行人员，如图 9-4 所示。

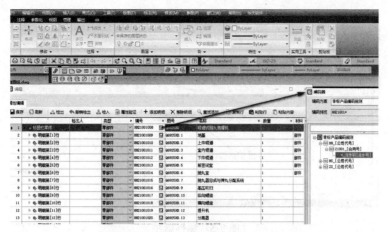

图 9-2　通过 CAD 集成进行初拼设计

图 9-3　部件 BOM

图 9-4　下发任务

2. 机械设计

（1）零部件图样及 BOM 的设计

1）通过 CAD 软件进行设计。

① 编辑明细属性：机械设计人员收到具体的任务后，通过 CAD 软件开展零部件图样设计工作。通过 CAD 软件进行标题栏及明细表数据的编制。

对于新建的零部件可以通过编码器调用其编码，然后进行属性的维护，如图 9-5 所示。

对于标准件、外购件或数据管理平台中已经存在的零部件，设计人员可以通过模糊匹配查找的方式借用平台中的零部件，如图 9-6 所示。

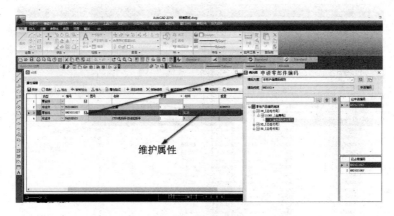

图 9-5　属性维护

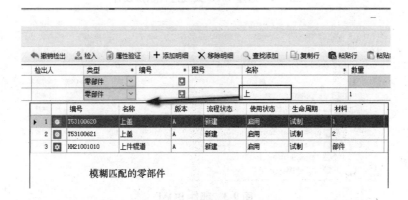

图 9-6　模糊匹配

② 检入数据管理平台：机械设计人员完成部件图样的设计后，通过检入功能将零部件的图样及 BOM 检入数据管理平台中，如图 9-7 所示。

图 9-7　检入数据管理平台

③ 打开修改图样：机械设计人员如果需要查看或修改数据管理平台中零部件的数模，通过 CAD 集成功能中的打开功能，将数据管理平台中的图样下载到本地，通过 CAD 软件进行图样的修改，修改完成后，再检入数据管理平台中，如图 9-8 所示。

2）通过 3D 设计软件进行设计。

① 维护零部件属性：机械设计人员收到具体的任务后，通过 3D 设计软件进行零部件数模的设计，然后通过集成功能进行零部件属性的维护，如图 9-9 所示。可以调用数据管理平台中的编码器申请零部件的编码，再维护零部件的图号、材质、质量等属性。

图 9-8　图样检出下载到本地

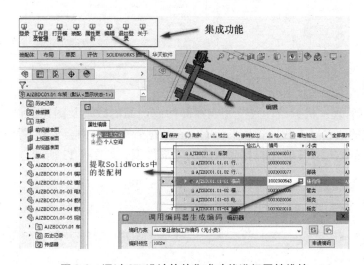

图 9-9　通过 3D 设计软件集成功能进行属性维护

　　② 修改数模及图样名称：在"编辑"界面将零部件的名称修改后，可以自动对数模及工程图的名称进行修改，如图 9-10 所示。

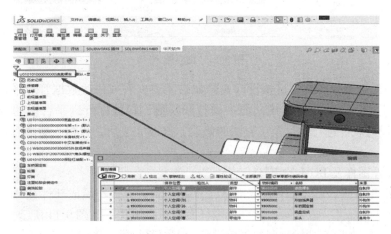

图 9-10　3D 设计软件数模及图样名称的批量修改

③ 装配零部件：对于标准件、外购件、企业标准件及其他可借用的零部件数模，通过 3D 设计软件（以 SolidWorks 为例）集成的"装配"功能，如图 9-11 所示。

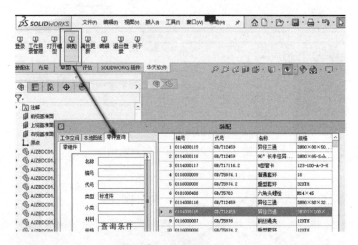

图 9-11 "装配"功能

④ 检入数据管理：机械设计人员完成零部件或产品的数模及图样的设计后，通过检入功能将设计完成的数据导入数据管理平台中，在数据管理平台中会生成零部件或产品的设计 BOM，并将相应的数模及工程图挂接到对应的零部件下，如图 9-12 所示。

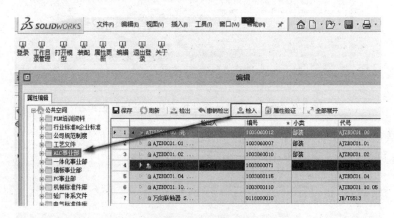

图 9-12 集成检入

⑤ 打开修改数模及图样：机械设计人员如果需要查看或修改数据管理平台中零部件的数模，可以通过 3D 设计软件集成功能中的打开功能，将数据管理平台中的数模下载到本地，通过 3D 设计软件进行数模及工程图的修改，修改完成后，再检入数据管理平台中，如图 9-13 所示。

（2）零部件图样及 BOM 的审核

1）发起审批流程：各个部件的负责人或产品负责人完成产品或部件 BOM、图样的编制后，对整个产品或部件，以及对应数模、图样发起审批流程，如图 9-14 所示。

注意：对于标准设备进行改型的订单设备，需要将标准设备设计关注信息表作为附件添加到流程中，如图 9-14 所示。

图 9-13　打开图样或数模

图 9-14　发起审批流程

2）流程审批：各个节点的人员进行 BOM、数模及图样的审核，可以在系统中查看数模及图样，并且可以进行批注，如图 9-15 所示。

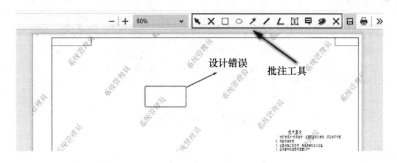

图 9-15　图样的查看及批注

3）流程通知：当各个部件的负责人或产品负责人对部件或产品发起流程时，可以设置流程通知对象，待流程发布时，流程通知中的用户会收到消息提醒，然后相关部门的人员根据产品或零部件的 BOM 和图样开展工作，如图 9-16 所示。

（3）动力明细的设计及评审　设计部长收到设计任务后，首先在系统中创建产品的动力明细虚拟件，然后创建动力明细 BOM，如图 9-17 所示。

（4）产品、零部件图样及动力明细的下发　动力明细 BOM 编制完成后，对动力明细发起审批流程，设置流程通知对象。流程进行完毕后，对应部门的人员会收到消息提醒。该场景与"（2）零部件图样及 BOM 的审核"相同。

图 9-16　设置流程通知

图 9-17　创建动力明细 BOM

对于纸质文档的下发，系统提供批量下载的功能，可以将图样批量下载到本地，然后打印下发，如图 9-18 所示。

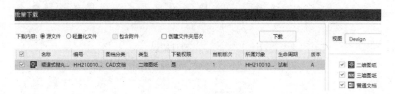

图 9-18　批量下载图样

3. 电气设计

（1）电气原理图的设计　电气设计人员收到产品任务后，进行电气原理图、控制原理图、柜体布局图、端子图的设计。将设计完成的图样通过"新建 CAD 图档"的方式上传到数据管理平台中，如图 9-19 所示。

待机械图样及动力明细表发布后，电气部根据机械图样及动力明细表进行原理图的修改，如图 9-20 所示。

（2）搭建电气 BOM　电气设计人员在数据管理平台中进行电气 BOM 的搭建，通过分类属性添加对应的电气元器件，如图 9-21 所示。

（3）发布电气原理图、电气 BOM　电气图样及电气部门的 BOM 搭建完成后，电气设计人员对电气 BOM 及原理图发起审批流程，该流程与机械设计的"（2）零部件图样及 BOM 的审核"相同。

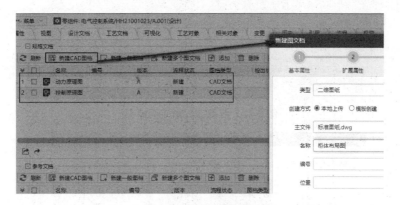

图 9-19　新建电气图样

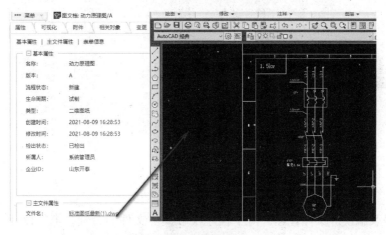

图 9-20　图样的修改

通过分类属性查找

图 9-21　电气 BOM 搭建

　　（4）下发电气原理图、电气清单　电气设计人员通过批量下载的方式下载电气原理图，然后打印下发，如图 9-22 所示。

　　通过系统中的导出元件清单的功能将元件清单导出到本地，如图 9-23 所示。

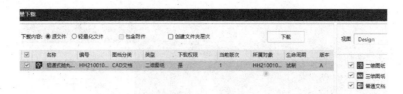

图 9-22 批量下载电气原理图

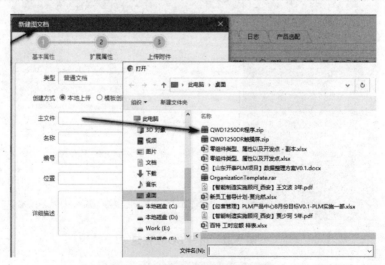

图 9-23 导出元件清单

（5）程序及触摸屏文件管理 对于程序及触摸屏文件的管理，电气设计人员首先在数据管理平台中创建虚拟零组件类型，维护程序及触摸屏的零组件编码、名称。然后将程序或触摸屏文件压缩为压缩包。通过"新建图文档"的形式上传数据管理平台，如图 9-24 所示。

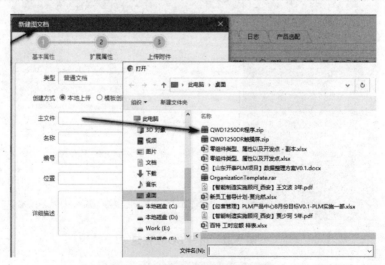

图 9-24 程序及触摸屏文件管理

程序和触摸屏文件上传完成后，在系统中走审批流程，流程通过后，程序和触摸屏文件处于发布状态。如果需要对程序和触摸屏文件进行修改，需要修订程序或触摸屏零组件，然后对图文档的操作选择放弃，将新版本的程序或触摸屏文件上传，如图 9-25 所示。

图 9-25　修订程序或触摸屏零组件

4. 机电设计

（1）绘制管线总图　机电设计人员收到设计任务后，进行管线图的设计，其中标准产品只绘制总图，非标准产品绘制部件图及总图。

如果是非标准产品的设计，通过 CAD 集成新建功能创建管线总图虚拟件，然后进行管线总图的设计，如图 9-26 所示。

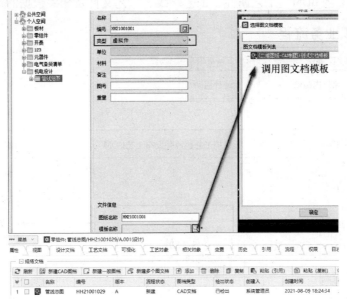

图 9-26　创建管线总图虚拟件

对于部件图的设计，通过编辑的功能填写部件图中零部件的编号、名称、图号等属性，完成后导入数据管理平台中，如图 9-27 所示。

图 9-27　编辑部件关系图及明细

对于标准产品的管线，因为只绘制其总图，所示总图设计完成后，通过 CAD 集成导入数据管理平台后就会生成管线总图的明细。

（2）发布管线总图及 BOM 并下发　机电设计人员完成管线图的设计后，对管线图以及管线 BOM 发起审批流程，直至流程审批通过。机电设计人员通过批量下载的方式下载管线图，然后打印下发。

（3）维护电气备货清单　机电设计人员在数据管理平台中进行电气备货清单的搭建，通过分类属性添加对应的电气元器件。

（4）发布并下发电气备货清单　电气备货清单通过系统中的导出元件清单的功能导出到本地。

9.3　抛丸机工艺管理

9.3.1　关键问题及需求

通过数据管理项目的实施可以固化工艺设计的流程（见图 9-28），并将工艺相关的数据进行管理，包括工艺 BOM、工艺属性、工艺路线、工艺文件及相关数据的审批流程。

9.3.2　TO-BE 业务流程

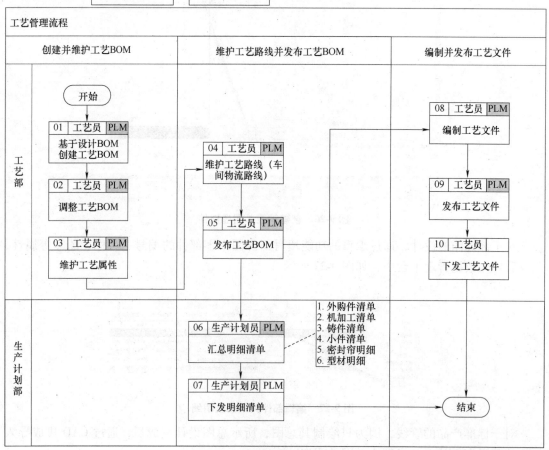

图 9-28　工艺管理业务流程

9.3.3　工艺解决方案

1. 基于设计 BOM 创建工艺 BOM

产品或部件发布后，工艺人员基于产品或部件的设计 BOM 创建工艺 BOM，如图 9-29 所示。

图 9-29　基于设计 BOM 创建工艺 BOM

2. 调整工艺 BOM

工艺人员根据工艺的实际情况，通过工艺件的拆分、移除等操作对工艺 BOM 进行调整。形成完整的产品或部件的工艺 BOM，如图 9-30 所示。

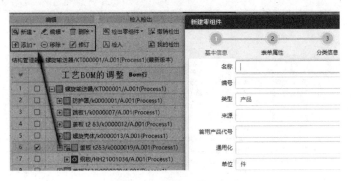

图 9-30　调整工艺 BOM

3. 维护工艺属性

工艺人员在工艺 BOM 基础上维护零部件的工艺属性，如在设计人员维护的来源属性基础上修改零部件的来源属性（下料、机加工、铸造、外购件、小件等），如图 9-31 所示。

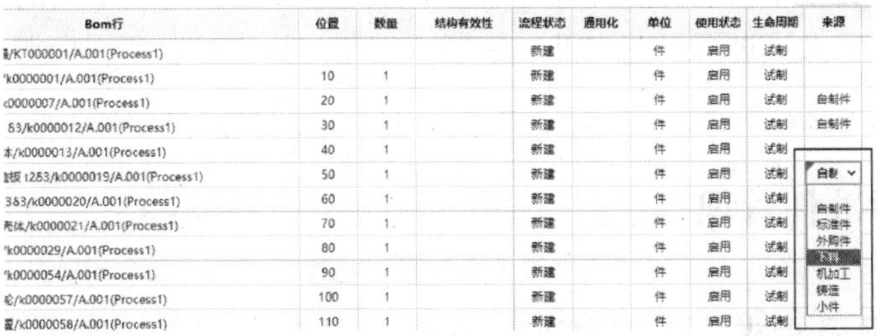

Bom行	位置	数量	结构有效性	流程状态	通用化	单位	使用状态	生命周期	来源
新/KT000001/A.001(Process1)				新建		件	启用	试制	
k0000001/A.001(Process1)	10	1		新建		件	启用	试制	
c0000007/A.001(Process1)	20	1		新建		件	启用	试制	自制件
83/k0000012/A.001(Process1)	30	1		新建		件	启用	试制	自制件
本/k0000013/A.001(Process1)	40	1		新建		件	启用	试制	
板 t283/k0000019/A.001(Process1)	50	1		新建		件	启用	试制	自动
383/k0000020/A.001(Process1)	60	1		新建		件	启用	试制	自制件
壳体/k0000021/A.001(Process1)	70	1		新建		件	启用	试制	标准件
k0000029/A.001(Process1)	80	1		新建		件	启用	试制	外购件
k0000054/A.001(Process1)	90	1		新建		件	启用	试制	下料
论/k0000057/A.001(Process1)	100	1		新建		件	启用	试制	机加工
盖/k0000058/A.001(Process1)	110	1		新建		件	启用	试制	铸造 小件

图 9-31　维护来源属性

工艺人员在工艺 BOM 中维护零部件的净重属性。可以定义不同材质的公式及参数，维护净重时调用公式，然后输入参数，系统自动计算出净重，如图 9-32 所示。

图 9-32　维护净重属性

4. 维护工艺路线

工艺人员完成工艺 BOM 和工艺属性维护后，在工艺路线模块维护产品或零部件的工艺路线（车间物流路线），工艺人员可以调用典型工艺路线库的内容快速进行工艺路线的维护。

5. 发布工艺 BOM

工艺人员完成工艺 BOM、工艺属性及工艺路线的维护后，对工艺 BOM 发起审批流程，直至流程发布。

6. 汇总明细清单并下发

工艺 BOM 发布后，生产计划部人员会收到消息提醒，然后找到对应的产品，通过来源 BOM 汇总的功能（见图 9-33），汇总外购件清单、铸件清单、机加工件清单、小件清单、密封帘清单等。选中下载图样功能，可以将选中的图样下载到本地。

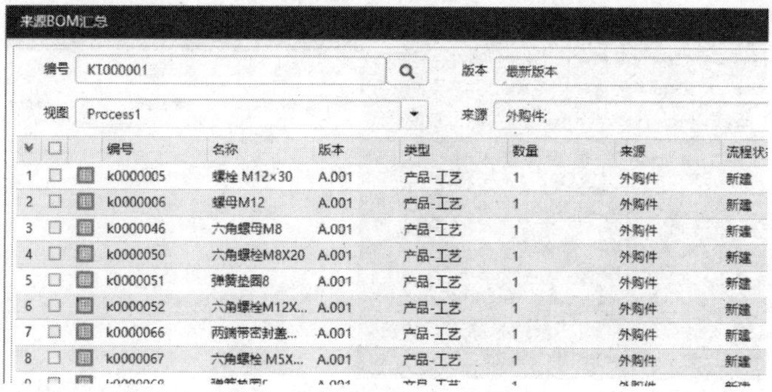

图 9-33　来源清单汇总

7. 编制工艺卡片

工艺 BOM 发布后，工艺人员可以通过机加工工艺过程模板对机加工零部件创建机加工工艺过程卡。对于典型工艺文件（作业指导），可以通过复制典型工艺的方式创建，工艺文件创建完成后，工艺人员进行工艺文件的编制，编制过程中可以调用资源库辅助进行工艺文件的编制。

9.4　企业标准件管理

9.4.1　关键问题及需求

一是若未形成企业的企业标准件库，缺少企业标准件的统一管理。在系统中建立企业标准件库，并定义属性，设计人员可以快速查找需要的企业标准件，提高设计效率。

二是没有有效的手段来帮助标准化人员分析哪些零部件可以升级为企业标准件。希望通过系统能够查询零部件被引用的次数，作为零部件升级企业标准件的依据。

三是系统能够提供通用件、专用件、借用件的系数，为产品的标准化提供数据支撑。

9.4.2　关键解决方案

1. 零部件引用次数的查询

对于在系统中已经创建的自制零部件，系统提供反向查询的功能，可以查看该零部件能否升级为企业标准件（见图 9-34）。可以通过零部件的查询，输入引用次数可以查询出符合条件的零部件。

图 9-34　反向查询

2. 升级企业标准件

根据查询统计出的数据，通过线下讨论确定，将需要升级为企业标准件的零部件进行零部件类型的升级，然后根据企业标准件图号的编码规则将零部件的图号属性改为企业标准件的图号。

3. 产品结构系数统计

系统可以查询出产品中专用件、借用件、通用件的数量、占比及对应的系数（见图 9-35）。

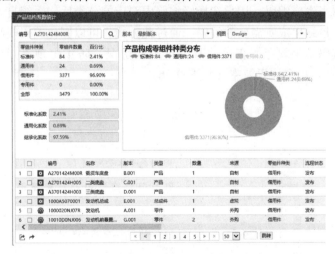

图 9-35　产品结构系数展示

9.5　编码管理

9.5.1　编码基本原则

编码具有以下基本原则。

1）唯一性：一个代码只能唯一标识一个对象。必须要保证"一物一码"。一般地，只要事物的物理或化学性质有变化、只要事物要在仓库中存储，就必须为其指定一个编码。

2）扩充伸缩性：允许新数据的加入，要考虑到因未来新产品发展及产品规格的变更而发生事物扩展或变动的情形，预留事物的伸缩余地。

3）简明性：代码结构应尽量简短明确，占用最少的字符量。编码的目的在于将事物化繁为简，便于事物的管理（未应用信息化系统之前企图编码表达尽可能多的信息是不可取的）。

4）适用性：代码应尽可能反映编码对象的特点，有助于记忆，便于填写。

5）规范性：一个编码系统中，代码符号、结构及长度等编写格式必须统一、规范。

6）一致性：同一类物料编码应具有统一的编码规则，即编码规则具有一致性，如以年限分类为标准时，就应一直沿用下去，在中途不能改用其他标准来分类，若要这么做必须分段或分级进行。

7）完整性：所有的事物都应有事物编码，这样事物编码才能完整。若新的事物没有编码，则不应开展相应工作，从而保证信息化管理的完整、有效。

9.5.2 关键解决方案

1. 编码应用机制

实施数据管理平台之后，对于各类编码的申请使用方式有所改变。各类编码统一使用"分类+流水码"的形式。

将编码规则固化到系统中，系统提供编码生成器。当系统用户需要编制新的编码时，可以通过编码生成器来生成编码，用户选择好编码中对应的分类后，系统自动控制最后顺序流水码的自动生成，最终生成所需要的编码。通过此方式，可以固化编码规则，自动控制顺序码的递增，使得编码结果规范、正确，避免重码的情况，防止出现不规则的编码（错位、少位、多位等），并且提高编码效率（见图9-36）。

图 9-36　系统中固化编码规则

2. 编码使用方式约定

对于属于"分类+流水码"形式的编码，在系统中可以根据企业应用需要控制编码的使用权限，只有具有某类编码规则的申请权限，才能通过调用编码生成器申请自动生成编码。通过对编码使用权限的控制，避免因误操作或误用产生的错误数据或垃圾数据。

9.6　组织结构管理

9.6.1　规则约定

系统中组织结构管理模块有如下几个系统对象，组、角色、用户、人员。

系统内组织结构模型如图 9-37 所示。

图 9-37　组织结构模型

依据实际情况，在系统中搭建组织结构。每个组中按照业务需要添加角色、用户，并为每个组添加对应的卷，用来存放该组的实体文件。

1）人员：个人信息，此信息由客户视实际状况决定，存储员工基本信息。

2）用户：用户信息，与人员关联，账号统一采用人员的工号，对应于数据管理平台的登录账号。

3）角色：每个用户只要存在于某个组，在该组中他必须有一个角色，即组中的用户必须对应具体的角色，如设计员、校对员、主任工程师等。

4）组：组是项目或工程的所有用户的集合，每个数据管理用户至少属于一个组，因此数据管理能够管理项目或工程的所有文件到中心位置即组文件夹。

组织结构可整理成 Excel 表格导入系统中。

9.6.2　关键解决方案

1. 组织结构变更

一旦组织结构需要变更，企业审批通过后，由系统管理员进行组织结构调整，当需要对原来的组、角色进行修改或删除时，需要先将组、角色被引用的位置移除，如只有移除在流程模板中的组和角色，才能在组织结构模块将其移除掉。

2. 人员离职调岗的处理

如果有人员离职或调离，之前的账号不再使用，之前的数据一般建议仍在系统中存留。需要在组织结构中，将账号设置为非活动，并且将所有权转交给其他人员。非活动的账号，在工作空间中查询调用组织结构时，不再显示。

如果有人调岗，只是更换了角色或部门，不再从事以前的工作，但账号还要使用，则可以在组织结构中，将该用户更换到新的组织结构下，并且在系统中将之前的所有数据查询出来，通过转交所有权的功能，将数据的所有者更换为其他人员。

9.7 平台综合运用

9.7.1 平台作用

1）产品数据管理：平台能够集中存储和管理产品的相关数据，包括设计文档、图样、规格、BOM 等。通过数据管理平台，企业可以实现产品数据的统一管理和追溯，确保不同部门之间的数据一致性，减少信息的丢失和误解。

2）设计与开发协作：提供了设计和开发团队之间的协作平台。设计师可以共享设计数据、参与协同审批和版本控制等工作，加快设计过程、提高设计质量，并减少重复工作和沟通成本。

3）变更管理与控制：平台可以实现产品变更的管理和控制。当需要对产品进行设计或规格上的变更时，能够跟踪变更过程，确保变更的有效性、可控性和可追溯性。这有助于减少变更对生产进度和成本的影响，同时防止错误和风险的发生。

4）制造工艺管理：平台能够管理和优化产品的制造工艺。它记录和管理制造过程中的各个环节，包括工序、工艺参数、设备使用等。通过数据管理平台，企业可以优化制造计划和排程，提高生产率和质量，并减少资源浪费。

5）售后服务支持：平台可以支持产品的售后服务管理。它能够跟踪产品使用情况和维修记录，提供售后服务的支持和决策。通过数据管理平台，企业可以更好地了解用户需求和产品问题，并及时响应和解决。

6）配置管理与模块化设计：平台可以实现产品的配置管理和模块化设计。它记录和管理产品的不同配置和组装方式，以满足不同用户的需求。同时，还可以推动产品的模块化设计，将产品的各个部分进行标准化和重用，提高产品的灵活性和可维护性。

7）数据管理平台的意义：平台能够协调不同部门之间的合作，提高设计和开发效率，减少错误和返工的发生。同时，数据管理平台还能够优化制造过程和质量控制，降低成本和资源的浪费。

最重要的是，数据管理平台能够实现产品全生命周期的管理和追踪，帮助企业更好地了解产品与市场的关系，做出更有针对性的决策。

9.7.2 与设计软件集成

数据管理平台与设计软件的集成是将数据管理平台与设计软件进行连接和交互，以实现设计数据的共享、管理和协同。这种集成可以提高设计过程的效率、减少错误，并促进跨部门的合作和信息交流。

1）数据传输：数据管理平台可以与设计软件进行数据传输，例如从 CAD（计算机辅助设计）软件导出设计图样或模型到数据管理平台中，或将产品的设计变更传递回 CAD 软件进行修改和更新。

2）文件关联：数据管理平台可以与设计软件进行文件关联，将设计图样、文档和其他设计资料与数据管理平台中的相关产品记录进行关联。这样可以方便地在数据管理平台中查找和访问与特定产品或设计相关的所有文件。

3）版本控制：通过数据管理平台与设计软件的集成，可以实现对设计文件的版本控制和管理。设计师可以在设计软件中进行修改和更新，然后将其发布到数据管理平台中，确保每个版本都得到记录和保存，避免混乱和丢失。

4）变更管理：数据管理平台可以与设计软件集成，用于管理设计变更流程。当设计发生变更时，相关的通知和审核流程可以通过数据管理平台触发并跟踪，确保设计变更的及时审批和执行。

5）设计审批流程：通过数据管理平台与设计软件集成，可以建立设计审批流程，并实现设计文件的电子化审批。相关部门可以通过数据管理平台中的工作流程进行设计文件的审查、批准和发布，提高审批效率和可追溯性。

9.7.3　与 ERP 系统集成

随着企业运营管理的日益复杂化和全球化程度的不断提高，越来越多的企业开始寻求有效的解决方案，以实现全面的管理和优化运营。在这样的背景下，数据管理平台和 ERP 系统的集成变得越来越重要。

数据管理平台和 ERP 系统是企业中两套不同的系统。数据管理平台关注产品生命周期中的所有活动，包括设计、制造、测试、销售和服务等方面。而 ERP 系统则专注于企业内部的各种业务活动，如财务、采购、库存管理等。这两个系统的目标都是提高企业效率、降低成本，并确保产品质量。

数据管理平台和 ERP 系统集成的主要目的是通过整合产品设计、制造和供应链信息来提高企业的运营效率。通过数据管理平台可以实现对产品数据的全面管理，包括设计文件、规格书、图样、材料清单等。ERP 系统则可以通过跟踪物流、库存和供应链等方面的信息，提供供应链可见性和财务数据管理。

数据管理平台和 ERP 系统集成可以带来多种好处。首先，可以提高企业的响应速度和灵活性，使企业更快地对市场和客户的需求做出反应。其次，可以降低企业的成本，通过减少重复劳动和废品数量来实现成本节约。此外，集成还可以提高企业的生产率，缩短交付时间，加速现金流的转换，提高客户满意度。

在实际的应用中，数据管理平台和 ERP 系统的集成需要确保两个系统的信息互通和数据共享。这需要在两个系统之间建立数据接口，并确保数据在两个系统之间的传输完整、准确和安全。同时，还需要确保两个系统的数据结构和命名规则相匹配。

总之，数据管理平台和 ERP 系统的集成可以提高企业的整体效率和竞争力，使企业更好地满足市场和客户的需求。通过有效地集成，企业可以实现全面管理和优化运营，同时实现更好的产品质量和客户满意度。

9.7.4　与 MES 集成

数据管理平台和 MES 集成可以帮助制造企业在产品设计、工艺规划、生产控制等方面实现更加全面和一体化的管理。具体来说，数据管理平台和 MES 集成的作用包括以下几个方面。

1）产品数据共享：数据管理平台中包含产品设计、工艺规划等相关数据，而 MES 则包含生产过程中的实时数据。数据管理平台和 MES 集成可以实现两个系统之间的数据共享，确保生产过程中使用的数据始终与产品设计一致。

2）生产计划和调度：数据管理平台和 MES 集成可以帮助企业实现生产计划和调度的全面管理。数据管理平台可以提供产品设计和工艺规划信息，而 MES 则可以提供生产过程中的实时数据，从而帮助企业实时调整生产计划和生产线的状态。

3）质量控制：数据管理平台和 MES 集成可以帮助企业实现全面的质量控制。数据管理平台可以提供产品设计和工艺规划信息，而 MES 系统则可以提供实时生产数据，从而帮助企业实时监控生产质量，发现并解决生产中的质量问题。

4）产品追溯：数据管理平台和 MES 集成可以帮助企业实现产品追溯。数据管理平台可以提供产品设计和工艺规划信息，而 MES 系统可以提供生产过程中的实时数据，从而帮助企业追踪产品从设计到生产的整个生命周期。

5）生产率提升：数据管理平台和 MES 集成可以帮助企业实现生产率的提升。数据管理平台可以优化产品设计和工艺规划，而 MES 可以帮助企业实现生产过程中的自动化和智能化，从而提高生产率和降低成本。

数据管理平台和 MES 集成可以帮助制造企业实现全面和一体化的生产管理，从而提高生产率、质量和可追溯性。